U0352760

普通高等教育"十四五"规划教材

冶金反应工程学—基础篇

吴 铿 著

扫码看本书
数字资源

北 京
冶 金 工 业 出 版 社
2025

内 容 提 要

冶金过程与化工过程存在很大的差异，如全盘移植化学反应工程学的结构体系来构建冶金反应工程学，则不能完全适合冶金过程的要求，因此要依据冶金过程的特性和任务建立相应的知识体系。冶金反应工程学基础的内涵为"三传一反"（包括传输微分方程，边界层理论、定解条件、传输系数等）和适应冶金反应过程动力学的分段尝试法。本书以冶金过程的相关动力学参数（"三传一反"传输方程的传输系数和定解条件）来构建基础部分的结构体系，重点介绍建立和改进分段尝试法。以此为建立完整和独立的冶金反应工程学学科体系奠定必要的基础。

本书可以作为冶金工程等相关专业的本科生教材，也可以作为有关人员学习冶金反应工程学的参考书。

图书在版编目（CIP）数据

冶金反应工程学. 基础篇／吴铿著. -- 北京：冶金工业出版社，2025. 1. --（普通高等教育"十四五"规划教材）. -- ISBN 978-7-5024-9903-7

Ⅰ. TF01

中国国家版本馆 CIP 数据核字第 202420D9Y4 号

冶金反应工程学—基础篇

出版发行	冶金工业出版社	**电 话**	(010)64027926
地 址	北京市东城区嵩祝院北巷 39 号	**邮 编**	100009
网 址	www.mip1953.com	**电子信箱**	service@mip1953.com

责任编辑 刘思岐 美术编辑 吕欣童 版式设计 郑小利
责任校对 范天娇 责任印制 禹 蕊
三河市双峰印刷装订有限公司印刷
2025 年 1 月第 1 版，2025 年 1 月第 1 次印刷
787mm×1092mm 1/16；15.5 印张；374 千字；230 页
定价 49.00 元

投稿电话 (010)64027932 投稿信箱 tougao@cnmip.com.cn
营销中心电话 (010)64044283
冶金工业出版社天猫旗舰店 yjgycbs.tmall.com
（本书如有印装质量问题，本社营销中心负责退换）

前　言

在化学反应工程学发展的推动下，日本鞍岩教授等首次提出了"冶金反应工程学"，并于 1972 年出版了专著《冶金反应工程学》。冶金反应工程学引入我国后，国内相继出版了一系列的冶金反应工程学教材。与此同时，国内各冶金院校陆续开始将冶金传输原理作为冶金工程专业的必修课，代替传统的冶金炉及热工计算等课程，对冶金反应工程学学科的发展起到了极大促进作用。

冶金反应工程学相关的教材基本上是将化学反应工程学的研究方法移植到冶金过程的研究。但是，由于冶金过程与化工过程本质上的差异，全盘移植化学反应工程学结构体系，即将其学科定义、研究目的、研究方法中的"化工"替换为"冶金"来建立冶金反应工程学，并不适合冶金过程的要求，主要体现在基础内涵和结构体系及研究重点等方面的差异；同时，化学反应过程动力学的研究方法对冶金过程的适用性也存在争议。

尽管冶金学科和化工学科都起源于化学学科，但随着对各自规律认识的不断深入，冶金学科和化工学科共性之外的差异日趋明显，因而在不断发展中各自形成独立的新学科。

化学反应工程学和冶金反应工程学都是以动量传输、热量传输和质量传输（"三传"）和化学反应（"一反"）作为基础，建立数学模型（传输微分方程）。根据不可逆过程热力学，可以认为化学反应也是一种传输现象，微分方程的传输系数中包括化学反应速度常数。由数学模型和相关动力学参数（"三传一反"传输方程的传输系数和定解条件）来解析各反应过程，进而设计和优化操作工艺参数，以便最终控制反应过程。

尽管有上述共性，但这两个学科的差异也是很明显的。与冶金过程相比，化工过程可以看作是"低温、高压"过程，化学反应是整个过程的控制环节。化学反应工程学主要研究"三传"对"一反"的影响，以及如何提高化学反应的速度。在压力很高条件下，化工过程的反应设备大都为细长圆管状，反应物质多为单一且均匀，气相反应在化工过程中占主导作用。在压力很高时反应管内物质可用广义流体的概念来处理，压力损失主要来自流体与管壁的摩擦。在"三传"中对气体在圆管内不同流动状态已经进行了非常深入的研究，可直接应用已有的成熟结论，按其特点建立不同类型反应器，进而获得相应的数学模型。鉴于低温时单一和均匀物质求解数学模型的相关动力学参数比较简便，可准确解析化工反应过程。简而言之，化学反应工程学基础部分的内涵是化学动力学（"一反"）和反应器（"三传"），研究的重点是不同的反应器，由反应器建立了基础部分的结构体系。利用化工过程的特点，采用反应器概念对设备众多、形状多样，而反应物质相态相对简单的化工设备进行分类，以便同类反应器中的研究方法和结果可以相互借鉴，从而简化研究、提高效率，这在化工生产过程中已得到成功验证。

国内冶金反应工程学教材全面移植化学反应工程学的结构体系，采用反应器的理论和反应器操作的思路，将冶金学科中钢铁冶金课程中与冶金反应过程中"三传"相关内容用不同反应器进行分类，其基础部分"一反"采用冶金物理化学的反应动力学的内容，"三传"采用了不同反应器的内容，同样以反应器概念为主线建立了其基础部分的结构体系，试图在此基础上进行冶金反应过程控制的相关研究。

但是，冶金过程与化工过程在反应温度、反应压力及反应复杂程度上有明显差异，特别是在反应压力上有数量级的差别。需要充分考虑冶金过程的特殊性，与化学反应工程学基础部分的内涵、结构体系和研究重点加以区分，来科学地构建冶金反应工程学这一新兴学科。

化工反应全过程的控制环节是化学反应。而冶金反应过程的控制环节前期为化学反应，后期则是扩散传质。冶金反应工程学的主要目的应该是定量地研究"三传一反"对整个冶金过程各控制环节的影响，冶金反应工程学的动力学属于反应过程动力学（宏观动力学）。

国内既往的冶金反应工程学教材完全采用冶金物理化学研究反应过程动力学的方法和内容作为其基础部分，实际上忽略了这两个学科在研究反应过程动力学目的上的差别，而且还会混淆这两个学科的研究内容。为了达到对冶金过程的准确解析，不同控制环节的传输系数和转换时间是重要的相关动力学参数。冶金反应工程学的基础部分需要建立与其研究目的相适应的、独立的反应过程动力学研究方法。

化工过程按反应设备特点进行分类可以达到提高效率的目的。但冶金主体流程中设备种类并不多，且单体设备复杂、个性突出，因此相互之间缺乏共性，研究结果之间的可借鉴性很低，无法简化研究、提高效率的目的。化学反应工程学中反应器的概念建立在细长型圆管内流体流动的"三传"理论基础上，冶金过程中的主体设备大部分为矮胖型，工作压力大都不超过 1 MPa（10 atm），与化工过程有数量级的差别，炉料无法被充分流化。高炉和竖炉中煤气为非均匀地流过炉料层，流经炉料表面的阻力损失远大于流经反应器壁的阻力损失。在推导流体通过散料压力损失的卡门（Carman）公式中，通常忽略流体与反应器壁的阻力损失。需要指出，冶金过程的高压喷射情况，如喷吹细粉料（煤粉、CaO 粉、炭粉等）和高压气体（氧气、氩气、CO_2 等）的压力较高，流体在细长管内流动，且与喷吹细粉形成流化，可以作为广义流体来处理，故采用反应器概念进行分类和研究则合适，但这些装置在冶金过程中大都是附属设备。由于冶金与化工在主体设备特性上的差异明显，基于反应器概念的理论不适于冶金主体流程的反应过程研究。另外，由于冶金主体流程数量少，研究项目和论文绝大部分是按主体流程的名称来分类，这表明冶金反应工程学基础部分由反应器概念对冶金主体设备进行分类并构建结构体系的尝试，并没有得到普遍认同。

从数学上讲，微分方程反映同一类现象的共性，而相关动力学参数则反映各具体现象的个性。随着计算机功能的不断增强和各种商用软件的广泛使用，可以用数值法求解冶金反应过程中"三传一反"的数学模型，其中最为关键的是相关动力学参数。只有获得冶金过程中的实际相关动力学参数，通过软件计算才能准确描述冶金过程，达到对冶金反应过程准确地解析，进而探明冶金过程规律，并提出改进操作的措施，逐步实现最优控制。

本教材名称为《冶金反应工程学—基础篇》，旨在建立适合冶金过程特点的理论基础，为复杂冶金反应过程的准确解析提供必要的条件。冶金过程主体流程设备种类不多，但形状各异，建立"三传"数学模型需要根据各自情况从基本传输微分方程入手，在基础部分加入"三传"基本传输微分方程、边界层理论和传输系数等。

化工过程中化工合成制品所用的原料基本上是纯度较高和颗粒较均匀的化学物质，气体反应占较大比例，反应物的物性参数大部分为常量或简单函数关系，且"三传"不同传输系数之间有简单函数关系，相关动力学参数可以查到或通过实验容易获得，可以对化工反应过程进行准确解析。而冶金反应大部分为多种物质、非均匀，且物相发生变化，反应物的物性参数多为复杂函数关系，且随时间不断变化。这使得"三传"中传输系数的使用受到一定的限制，不同传输系数之间不是简单的函数关系，相关动力学参数不易获得。而对冶金反应过程准确解析，获得复杂体系的相关动力学参数是冶金反应工程学基础部分的核心内容。

以冶金过程中最复杂的高炉为例，将高炉风口前水平方向不同位置试样中物质物性参数的研究作为基础部分的内容，可直观了解该体系的复杂性和获得相关动力学参数（如物性参数）的难度。高炉内料柱内有气、液和固三种相态，且非均匀，形状和体积也不断变化。反应物的物性参数与沿风口前水平方向的长度呈高次方函数关系，这些参数不仅影响微分方程的传输系数，还需要改进求解数学模型的相关软件。另外，由于在高炉内炉料下降过程中，炉料物性发生非均匀变化，沿高炉中心轴向不同位置的相关动力学参数也随之变化。这凸显了冶金过程的动力学参数研究的复杂性和深入研究的必要性。

冶金物理化学中的动力学研究反应过程动力学，通常采用准稳态法、虚设的最大速度法和 n 指数法（或混合模型法）等方法。准稳态法假定在反应过程中不同的传输过程（化学反应和质量传输）在稳态时可以达成平衡，建立不同传输过程的反应速度方程，但独立的反应速度方程数比不同的传输系数个数少，理论上无法求出所有传输系数。只有通过试验确定了各反应速度方程中的传输系数，才可比较出不同质量传输中速度最慢的传输过程，即为反应过程的控制环节。虚设最大速度法是在有多种物质同时进行的反应过程中，通过试验确定出哪种物质达到反应结束（接近平衡）所需的时间最长，即为反应过程的控制环节。n 指数法（或混合模型法）考虑冶金物理化学动力学采用失重法研究时，单一的机理数学模型对试验数据拟合程度较差，为了提高与试验数据拟合程度，放弃了机理模型采用 n 指数法（或混合模型法）。通过试验数据确定出 n 指数法（或混合模型法）模型在不同阶段的活化能，按化学反应与扩散传质在活化能的数量级差别，根据活化能的变化确定出反应过程的控制环节和大致的区域。

　　需要指出，对于复杂的冶金反应过程，反应前期的控制环节是化学反应，后期的控制环节则为扩散传质，也可表述为低温为化学反应控制，高温为扩散传质控制。冶金物理化学研究反应过程动力学，对于多相反应要确定哪种物质扩散传质为控制环节，对于有多种物质反应则需确定哪种物质的反应过程为控制环节。前面提到的三种常用方法都不关注不同控制环节的转换点，严格意义上讲冶金物理化学研究反应过程动力学仅是半定量的方法。由于不能提供定解的时间条件，冶金物理化学的动力学方法不满足冶金反应工程学定量研究"三传一反"对整个反应过程精确控制的要求，该方法不适合冶金反应工程学，因此需要建立新的方法。

　　冶金反应工程学基础部分的重点，围绕适合冶金反应的反应过程动力学分段尝试法而展开。在分析冶金物理化学中采用的研究反应过程动力学的方法后，提出了冶金反应过程动力学的分段尝试法，与冶金物理化学中的 n 指数法（或混合模型法）对不同反应过程的研究结果进行比较，两种方法都能够确定反应过程的控制环节，而分段尝试法可以定量地得到相关动力学参数中的传输系数和定解时间条件，因此是适合冶金反应过程动力学的一种新方法。

　　根据不可逆过程热力学，熵产生可写作广义通量与广义力乘积的代数和，根据通量和力之间存在着的函数关系可以得到描述不同通量之间关系的唯象方程。在近平衡条件下，广义流与广义力之间存在线性关系，其系数称为唯象系数，包括自唯象系数（即相关动力学中的传输系数）和互唯象系数。依据不可逆热力学的相关理论，在近平衡区域内考虑化学反应对扩散传质干涉的唯象方程，定量确定化学反应对扩散传质干涉的影响，提高由分段尝试法确定扩散传质系数的精度，进一步完善适合冶金反应工程学研究反应过程的动力学分段尝试法。

　　总而言之，《冶金反应工程学—基础篇》中的内涵为"三传一反"（包括传输微分方程，边界层理论、定解条件、传输系数和相互间的关系）和研究反应过程动力学的分段尝试法；以确定复杂冶金反应求解数学模型（微分方程）的相关动力学参数建立基础部分的结构体系；重点是建立和改进分段尝试法。

　　本教材共12章，第1章简述了化学反应工程学学科的发展与冶金反应工程学学科在国内的建立和发展；第2章讨论了冶金反应工程学的内涵和结构体系，根据冶金工程的特点提出了定量研究"三传一反"对整个反应过程的控制程度是其主要目的之一，而冶金过程中复杂体系数学模型的相关动力学参数的匮乏是阻碍冶金反应工程学学科发展的瓶颈；第3章采用积分法给出了"三传"的基本公式，详细讨论了边界层理论的重要性，深入理解该理论的建立思路对创新非常重要；第4章将"三传一反"传输方程的传输系数和求解方程所需的定解条件定义为相关动力学参数，讨论了冶金过程复杂体系与化工过程单一物质和简单体系中对相关动力学参数的不同影响，以及基本方程的传输系数公式的使用条件；第5章研究高炉风口前水平方向不同位置试样的物性参数，结果显示冶金过程复杂体系的相关动力学参数通常与空间位置成高次方关系，这些参数获取难度大，需要对求解数学模型的计算软件进行改进；第6章详细地分析了冶金物理化学中研究反应动力学的方法，采用准稳态、虚设的最大速度和 n 指数法（或混合模型法）等方法可以半定量地确定冶金反应过程的控制环节，但不能确定不同环节的转化点，即不能满足冶金反应工程学所需相关动力学参数的要求；第7章对比了冶金物理化学中数据吻合最好的 n 指数模型法与分段尝试法的结果，发现分段尝试法不但可以定量确定反应过程不同控制环节的转换点，而且还可以提供相关动力学参数；第8章采用分段尝试法分别研究了半焦与 CO_2 气化过程模型机理函数的微分式和半焦与煤混合物燃烧过程模型机理函数积分式的反应过程动力学；第9章介绍了不可逆过程热力学的基本概念和唯象方程，提出了冶金过程中不同的传输现象之间存在"干涉效应"时，应采用非平衡热力学的唯象方程思路，以便在分段尝试法中解决不同过程耦合的问题；第10章和第11章分别采用不可逆热力学的唯象理论，探索性地建立了在等温和非等温条件下，化学反应在近平衡区域对扩散传质的干涉方程式，对后期扩散传质过程中的动力学参数进行了修正，给出了反应后期扩散传质控制的修正方程，进一步改进了等温和非等温条件下的分段尝试法；第12章讨论和展望，对冶金反应工程学基础部分内涵和结构体系及研究方法进一步讨论。只有坚持长期、深入、全面地进行复杂体系相关动力学参数的基础研究，才能建立完整和独立的冶金反应工程学科体系。本教材将魏寿昆院士

1984 年在全国第五届冶金过程物理化学年会上发表的关于冶金反应工程学学科的内容和研究方法的论文"冶金过程动力学与冶金反应工程学——对其学科内容及研究方法的某些意见的商榷（代序）"作为附录。魏老先生在四十年前，对冶金反应工程学的发展进行了多次的讨论，其对冶金反应工程学应用反应器精准的观点和强调复杂冶金过程的相关动力学参数严重缺乏是阻碍冶金反应工程学发展关键的卓识远见，对建立独立的、适合冶金生产实际的冶金反应工程学，仍具有重要的指导意义。

本教材的重点是复杂冶金过程中相关动力学参数，将相关动力学参数作为冶金反应工程学基础的结构体系。冶金过程中包括的炼焦、炼铁、炼钢、炼铝和其他有色金属生产都属于复杂体系，研究各复杂体系的相关动力学参数的试验难度很大，根据不可逆过程热力学理论，唯象系数（传输系数）不能用热力学方法推算，必须用试验方法确定。由于笔者的专业领域、能力和研究经费所限，仅为适应冶金过程的特点，搭建了研究相关动力学参数的基本框架。研究所涉及的内容比较窄，后续还有很多工作需要完成。从冶金专业其他学科的发展历程看，通常需要百年甚至更长时间，经过几代人不断努力才能建立较为完备的学科体系。同样，冶金反应工程学的发展也不可能一蹴而就。首先迫切需要对冶金过程复杂体系的相关动力学参数，通过新思路和新方法，进行大量、长期、深入的研究，解决影响其发展的瓶颈，不断丰富和提高研究内容和水平，并融入大数据、云计算和人工智能等新质生产力。面对第四次工业革命的浪潮，在世界百年未有之大变局之际，遵循党中央关于以新理论指导新实践的精神，增强自主创新能力，加强基础研究，突出原创，鼓励自由探索。用新发展理念，不断拓展认识的广度和深度，推进实践基础上的理论创新，为把我国建成冶金强国做出应有的贡献。

笔者在东北大学攻读硕士学位期间，彭一川教授、郎奎教授、许允远教授和翟玉春教授分别讲授流体力学、传热学、传质原理和不可逆过程热力学，导师杨祖馨教授单独补授冶金物理化学，这些基础知识为笔者编写本书奠定了坚实的理论基础。对此向他们表示最衷心的谢意。

笔者与良师益友东北大学翟玉春教授就不可逆过程热力学的相关理论进行过深入交流，对采用唯象方程进一步完善反应过程动力学的分段尝试法颇感受益，在此再次表示感谢。

教材中部分试验研究结果分别得到了"863"计划、国家自然科学基金和钢铁研究基金（宝钢）的资助，对此表示最真诚的感谢。

教材中主要研究结果来自笔者所在北京科技大学冶金与生态学院的课题组硕士和博士研究生的论文或共同发表的文章，对他们的辛勤工作一并表示深深的谢意。

南京理工大学材料学院吴锵教授对本书进行了全面的修订和审校，提出许多宝贵的意见；戴学斐博士对本书文字进行了全面修改和审校，多年来对笔者的工作一直给予极大的支持，感谢家人的帮助和鼓励。

感谢北京科技大学教务处和冶金与生态学院对本教材的支持。

限于笔者水平，书中难免存在不足之处，恳请读者和专家不吝赐教，并期待进一步的交流和讨论。真诚希望本教材对冶金反应工程学的发展起到抛砖引玉的作用。

吴　铿

2024 年 10 月 30 日

目　　录

1　冶金反应工程学学科的建立和发展

本章提要：

经过近半个世纪的发展，化学反应工程学学科已形成完整的学科体系。在化学反应工程学的推动下，国内外冶金学者将物质转化速率的"三传一反"（动量传输、热量传输、质量传输和化学反应）共性原理应用到冶金实践中，并不断努力以建立新的交叉学科——冶金反应工程学学科。本章在对化学反应工程学学科进行简要介绍后，回顾了冶金反应工程学学科在国内几十年的发展过程。分析了冶金过程的特点，提出建立有独立结构体系、适合冶金过程的冶金反应工程学。

冶金是从矿石等原材料中提取金属和制备合金材料的生产过程，已有几千年的历史。20 世纪 30 年代，化学热力学被引入冶金过程，开启了冶金的科学化进程。经过近一百年的发展，冶金物理化学已经形成完备的学科体系。冶金物理化学的热力学解释了过程的方向和限度，但不涉及反应进行的过程。冶金物理化学的反应过程动力学主要研究反应速度及反应过程的控制环节[1]。

冶金反应工程学学科的创立与化学反应工程学学科密切相关。1926 年，Levenspiel 出版了第一部关于化学反应工程（chemical reaction engineering）的学术专著[2]。20 世纪 50 年代，化学工程研究由传统的化学动力学和化工单元操作发展到考虑"三传一反"（动量传输、热量传输、质量传输和化学反应）的化学反应工程学。冶金学科关于"三传一反"共性原理形成于 20 世纪 60 年代，从而建立了新的交叉学科——冶金反应工程学学科。

冶金传输原理的"三传"理论认为，假设每一个微元体在每一个瞬间都满足物质平衡、动量平衡与能量平衡，则在有限的时间和空间内，由边界条件和初始条件，以及描述速度场、温度场和浓度场的微分方程，共同构成定解问题，求解可得物理量的时空分布函数（即场函数），再将其与化学反应集合就可完整地描述冶金过程，从而导致研究实际冶金反应器中伴随动量传输、热量传输和质量传输传质的反应过程动力学的诞生[3]。

与化工过程的反应大都在低温和高压下进行不同，冶金过程的反应大都在高温和低压下进行，其化学反应速率非常快，因此物质转化速率往往取决于质量传输的速率。换言之，高温冶金反应过程中，质量传输是控制环节，而化工反应过程的控制环节是化学反应。由于存在上述差异，冶金反应工程学不能机械照搬化学反应工程学的结构体系，需要创新性地建立适合冶金过程的、独特的冶金反应工程学的结构体系。

1.1　化学反应工程学学科结构体系的建立和发展

化学反应工程的早期开拓性学术专著有如下三部：1937 年，Damkohler 在《Der Chemie-Ingenieur》第三卷中写了扩散、流动与传热对化学反应速率影响的专章[4]；1947

年，Франк-Каменецкий 发表了论述化学动力学中扩散与传热的专著[5]；1947 年，Hougen 及 Watson 所著的《化学过程原理》的第三卷，详细阐述了动力学与催化过程[6]。1957 年，在荷兰首都召开的第一次欧洲化学反应工程会议正式建立了化学反应工程学学科，系统地论述了化学反应器性能和过程原理的若干基本问题，使人们意识到尽管化学反应器涉及的因素极为复杂，但通过深入研究、系统分析、合理简化、提出相应的模型，同时通过实践的反复检验，各种复杂现象和规律性都是能够认识和掌握的[7-8]。如采用宏观化学反应动力学分析研究非均相反应中传递过程对反应速率和选择性的影响，对合理使用催化剂，设计非均相反应器提供了系统的理论指导，特别是气固催化反应宏观动力学研究，使工业催化剂在一定程度上摆脱了完全通过经验设计的束缚或制约。经过半个多世纪的发展，化学反应工程学学科已经基本完善，并已建立了一套完整的学科结构体系。

不同相关著作对化学反应工程学学科的定义列举如下：以化学反应器的成功设计及操作为目的的工业规模的化学反应的应用研究的工程学科[9]；关于各种类型反应器的设计及最优化的学科[10]；确定生产化学产品的反应器的形状及尺寸，并对现有各种反应器的操作进行评价的学科[11]；将反应器内部发生的化学反应速度和热量、质量及动量等物理变化的速度分别按反应速度理论和传输现象理论进行分析的工程学科，其重要课题则为设计反应器，分析其特性，确定反应条件和控制反应过程[12]；有关化学反应过程的设计及操作的工程学科[12]。这些都从不同的角度给出了化学反应工程学学科所涉及的研究内容。

化学反应工程伴有化学反应的化学工程问题，需要着重解决化学反应器的改进选型、设计放大和操作控制。其理论基础作为一门技术科学学科则被称为化学反应工程学[13]。它广泛应用于化工、石油、冶金、轻工等工业领域，并与能源转换、环境保护和生物工程等新兴领域的发展密切有关。

伯德等所著的《传递现象》和莱文斯皮尔所著的《化学反应工程学》扼要地介绍了化学反应工程有关的基础理论[14-15]，探讨了化学反应和传递现象间的关系，运用应用数学理论，根据准确的试验数据，按分子规模，即颗粒、气泡、液滴或微团的形式，对反应器局部或整体进行了传递过程的分析研究，抽象出定态或动态的数学模型，运用电子计算机及数学模拟方法通过中间试验，更好地掌握了工业反应器的选型、设计放大和操作控制问题。

涉及化学反应工程学学科的书籍较多，Levenspiel 是以《化学反应工程学》命名[15]，但也有化学反应工程学的内容而用其他命名的，例如 Smith 一书以《化学工程动力学》命名，已发行到第 3 版[16]。Hill 和 Cooper 及 Jeffrey 的相关专著则分别被命名为《化学工程动力学及反应器设计》和《化学动力学及反应器设计》[17]。

朱炳辰主编的《化学反应工程（第 5 版）》的主线是化学反应与动量、热量和质量传输交互作用的共性归纳综合宏观反应过程，以及反应装置的工程分析和设计[18]。

其研究方向为：

（1）分析宏观化学反应动力学；

（2）设计反应器；

（3）求解最优操作参数；

（4）寻求自动控制的措施。

其研究内容为：

（1）化学反应动力学方程的建立：对于均相反应，通过小型试验装置求出反应速度与浓度的关系式，即所谓的内部反应速度式或内部动力学方程；对于多相反应，综合传质、传热及动量传递现象，做出必要的假定，求出反应动力学方程。为便于计算，动力学方程内产物的浓度常以转化率代替。

（2）反应器的过程分析及数学模型的建立：根据反应器内物料流动、混合、停留时间及分布状况等以及传热、传质及动量传输理论，利用物料衡算、热量衡算及动量衡算，在一系列近似简化下，对反应器内的过程进行数学描述，即建立一组或几组代数方程、微分方程、偏微分方程或差分方程。这些方程统称为数学模型。

（3）模拟反应器的数学试验：按照数学模型在电子计算机上进行数值计算，或改变不同参数做模拟反应器（或试验装置）的模拟试验。将计算结果与中小型试验在相同条件下的结果进行核对，以验证数学模型是否正确。如果不符，则需要重新调整数学模型或某些原始数据，直至理论模型与试验结果相符合为止。通过这样的数学模拟，可决定反应器的尺寸及几何形状，求出产物的转化率。

（4）最优化操作条件的研究：在给定的原料、产品规格、设计决定的反应器尺寸及工艺条件下，考虑到经济效益、安全生产、环境保护及劳动舒适等因素，对工艺操作进行综合分析，运用最优化数学方法求出最优的操作条件。

（5）反应器的动态分析及自动控制：研究反应器及整个过程受到外界干扰时反应器的稳定性及操作控制的灵敏性，寻求效率高、效果好的调节控制方法[18]。

在其研究内容中，（1）~（3）涉及化学反应过程的基础；（4）和（5）涉及化学反应过程的工程应用的内容。由此可见，化学反应工程学学科包含化学反应工程学（基础理论研究）和化学反应工程（工程应用研究）两个方面。

进行化学反应工程应用研究时，需应用大量参数，例如物质的密度、热容、自由能、平衡常数、焓、反应速度常数、黏度、扩散系数、传质系数、导热率、传热系数等。有些参数通过文献可查，有的则需要通过试验测定，例如某些反应的速度常数、一定流动条件下的传质系数、某些多孔物体的迷宫度等。早期对大多数的化学反应过程只进行物料衡算及热量衡算，动量衡算则应用不多。动量衡算需要掌握物料流动形式与扩散系数、传质系数、传热系数、物料分布及停留时间等参数的影响，随着动量衡算应用的增多，对传输过程的不同参数的研究也会增加。

在计算机未被广泛应用之前，中间试验厂被誉为工业化生产的摇篮。当时一个产品在工业化生产之前，必须经过中间试验研究，求得必要的工艺参数，并进行逐步放大，最后实现工业化生产。计算机应用普及后，运用数学试验模拟，无需中间试验即可得到设计反应器资料，直接建厂生产，如固定床反应器等就是成功的例子。近50年来，化学反应工程学学科有了很大的发展，尤其是随着电子计算技术的应用、数值计算方法和现代测试技术的发展，化学反应工程学学科的基础理论和实际应用都有了很大飞跃。在化学反应工程学学科中广泛地应用了化学动力学、化工热力学、计算数学、现代测试技术、流体力学、传热、传质以及生产工艺、环境保护与安全、经济学等各方面的理论知识和经验，综合应用于工业反应器的结构和操作参数的设计和优化[18]。

由此可见，化学反应工程研究早期大多采用"化学反应工程学"，后期增加了"反应器的设计"，目前的教科书将其定义为"化学反应工程"。如果细分化学反应工程学学科构成，可以将基础研究的相关内容命名为化学反应工程学，以反应动力学为主线，分析流动、混合、传递过程等物理因素对反应速率的影响规律。根据各类反应器的结构和操作特点建立其数学模型（操作方程），目标是实现反应器的优化设计和优化操作，提高反应转化率和目标产物选择性[12]；将生产实践应用的内容命名为化学反应工程，这是一门工程学科，利用自然科学的原理来研究、解释和处理实际化学反应工程问题[18]。

化学反应工程学是化学反应工程的基础，而化学反应工程学的基础是传递过程和宏观动力学，即通常所说的"三传一反"。由此可见，化学反应工程学学科是以传输原理和宏观动力学为基本理论，以化学反应工程学为基础，来支撑化学反应工程将研究成果在化工生产中的开发与应用扩展。化学反应工程学学科经过半个多世纪的发展，已经形成较为完善的学科体系。

1.2　冶金反应工程学学科的发展

20 世纪 50 年代，中国科学院成立了化工冶金研究所，冶金学家叶渚沛所长提出用化学工程学的观点和方法来研究冶金问题，并用热能平衡、物理化学和流体力学的观点来研究高炉，提出强化高炉冶炼的"三高"理论。叶渚沛先生预测将会出现一个高温高压流体力学、传输现象和物理化学相互结合的边缘学科[19]。由物质转化的综合反应速度，物料平衡、热量平衡和动量平衡建立的冶金过程数学模型是冶金反应工程学的关键性问题。早在 20 世纪 60 年代，冶金过程数学模型的研究就已经开始。1969 年召开了第一届冶金过程数学模型会议，1973 年召开了第一届钢铁冶金过程数学模型会议。

关于物质转化速率的"三传一反"具有共性问题的认知始于 20 世纪 60 年代，我国冶金界在 1978 年形成共识。在此期间，欧美的许多学者开始将传输理论、宏观动力学及化学反应工程学的研究方法应用于冶金反应过程。1971 年，Szekely 和 Thewelis 出版了专著《冶金过程速率现象》，该书广泛研究了不同流动场中流动速度、温度及浓度的分布规律。局部的自动控制在不同的冶金过程中也得到应用，例如高炉布料、转炉终点控制、连铸钢流在结晶器内流速及温度的自动控制等，在提高质量、降低成本等方面均获得显著的成效[20]。1979 年，Sohn 和 Wadsworth 出版的《提取冶金过程速率》对湿法冶金过程作了较为全面的论述[21]。这些工作都为冶金反应工程学学科的建立和发展起到了促进作用。

在化学反应工程学的推动下，日本名古屋大学的鞭岩等于 1972 年出版了专著《冶金反应工程学》，它标志着冶金反应工程学学科的正式形成。1981 年中国科学院化工冶金研究所的蔡志鹏和谢裕生将其译成了中文[22]。

20 世纪 70 年代以来，国内在许多方面都开展了冶金反应工程学的相关研究。20 世纪 80 年代是冶金反应工程学学科研究的奠基时代，全国涌现了一批倡导冶金反应工程学学科研究的学者和单位。1982 年，中国金属学会冶金过程物理化学分会（二级分会）成立了冶金过程动力学（三级分会）中的冶金反应工程学学科组（即下属于三级分会），并于 1990 年正式成立了中国金属学会冶金反应工程学分会（二级分会）。前些年成立了中国有色金属学会冶金反应工程学专业委员会（二级分会）。

随着我国钢铁工业的快速发展，对冶金反应工程学学科的认知程度不断加深，其理念、方法在冶金生产中得到逐步应用。近年来，国内的冶金反应工程学学科的学术活动非常活跃。2011 年以来，每年的冶金反应工程学学术会议的研究论文内容丰富，涉及钢铁生产过程、有色冶金、湿法冶金、电炉炼钢、炉外精炼、连铸与凝固、过程数值模拟及控制等各个方面。

经过几十年的努力，冶金反应工程学学科在国内的研究有了较大进展。通过引入计算流体力学及计算机技术等领域的最新成果，应用于不同冶金反应过程中流体流动的数值模拟，由单纯的宏观流动场模拟发展为流动与物质传输、反应热力学、动力学等相关行为之间的耦合，更接近于生产实践，大大地提升了对不同冶金反应过程中关键工艺参数的预测精度。采用功能强大的各种商业计算软件，使得冶金反应工程学的研究方法和数值模拟技术的应用更加广泛，不仅可用于流场的模拟，还可用于凝固和电磁场的模拟，在各种工程技术的研究和开发中起到了重要的作用，精细地展示了过程的特征，且降低了研发难度和研发费用。如关于钢液凝固，特别是特大型钢锭凝固过程数值模拟优化工艺；喷射冶金开始采用动量衡算以分析射入气流或颗粒的运动规律；资源与能源节约型新流程、新反应设备的设计与过程模拟；由于传统钢铁冶金工业是典型的"碳"冶金工业，碳在其中既提供高温能源，同时也是还原剂，由此决定了钢铁工业高能耗、高排放的特点。所以随着国家提出资源节约型、环境友好型的发展战略，各行业必须考虑在资源与环境方面的可持续发展，进行新型清洁能源下的新流程、新工艺的开发。

近年来，国内外学术界更加重视物质转化过程中的时空多尺度效应，认为冶金过程中的新材料、能源和环保可以按多尺度概念进行分类，其要点为：冶金过程同时发生在很宽的时间尺度中，从分子振动的纳秒到生成物消失所需的实际时间尺度。冶金过程的空间尺度包括：纳尺度，即化学键振动的纳米尺度；微尺度，即流体力学和传递中的滴、粒、泡、旋涡运动的微米尺度；介尺度，即反应设备、换热器、分离器、泵等反应和单元操作的装置；宏尺度，即生产单元和工厂，提出在冶金反应工程学的研究中采用多时空尺度的方法[23]。

冶金多相流动、传热、传质和冶金过程的工艺模型在理论研究方面也有了一些新的发展。在冶金反应工程研究中引用系统工程的理念和方法，有些研究者还引入了时间多尺度和不可逆过程热力学的理论和方法[24]。在更为宏观的层次上，如冶金流程工程学与冶金过程系统工程学的交叉领域，也应用了冶金反应工程学的一些成果[25]。

冶金反应工程学学科的发展应该立足国内、面向世界，注重创新、强调应用。重点在以下方面取得突破：对冶金过程全系统的优化操作、以优化设计为目的的对冶金反应的解析，以及以体现节能减排为目标的新工艺、新技术的研究等。

相比之下，进入 21 世纪后，欧美和日本等国因国家战略和产业调整等因素，冶金工业的发展基本趋于停滞状态，冶金人才队伍大幅度减少，具有国际影响力的冶金学者屈指可数，从而为我国引领该领域提供了契机。在冶金工业重心向我国大规模转移的背景下，随着冶金工艺学、冶金物理化学和试验技术、系统工程和控制技术、计算机科学等相关学科的发展，特别是进入大数据、云计算和人工智能的第四次工业革命的浪潮，将会大大地促进冶金反应工程学学科在国内的发展和完善。

冶金反应工程学学科在国内得到了长足的发展，但也要清醒地看到，到目前为止，在欧美等发达国家至今尚未起用该命名的学科，如在盖格、波伊里尔的专著《冶金中的传热传质现象》一书中没有提到冶金反应工程学的概念[26]。这从另一个方面表明冶金反应工程学学科作为一个完整的学科体系在国际上并没有得到完全的公认，尚需要不断地改进和完善。

　　冶金反应工程学学科属于工科性质的工程科学，它必须联系实际，联系生产，注重经济效益。所以进行冶金反应工程的相关研究必须具有生产和经济观念，必须研究其中发生的高温反应过程，提出数学模型进行数学试验。为此，还需要熟悉冶金生产过程，进行合理分析，用数学语言准确地描述冶金反应过程，求出答案，然后在生产中加以验证，反复修改模型以探明冶金过程的规律性，从而提出改进操作的措施，逐步做到最优控制[27]。需要以冶金传输原理和化学反应动力学作为基本理论，建立适合冶金反应工程学学科所需的理论基础和研究方法，进而形成冶金反应工程学学科独立、完整的体系。

　　冶金反应工程学要建立适合冶金过程生产实际情况的理论基础，形成独立和完整的理论基础体系，建立其他学科不可代替的研究方法和内容，进而利用冶金反应工程学学科特有的基础理论和冶金方法，联系生产实际，解决实际问题，关注经济效益。通过新思路和新方法，使得冶金反应工程学学科的研究内容不断丰富、研究水平不断提高，从而不断完善冶金反应工程学学科结构体系[28]。

1.3　本　章　小　结

　　化学反应工程学学科经过半个多世纪的发展，在以研究不同反应器为核心的基础上，已经形成较为完善的学科结构体系。在传输原理和反应过程动力学的基本理论上，以化学反应工程学为基础，支撑在化学反应工程中将研究成果在化工生产中的开发与应用扩展。

　　本章在回顾化学反应工程学学科结构体系发展的基础上，讨论了冶金反应工程学学科的建立和发展。近几十年来，随着国内钢铁行业的快速发展，我国冶金反应工程学学科有了长足的进展。冶金反应过程具有温度高、多种物质并存、非均质等特点，为了满足对冶金反应过程模拟的要求，所需基础研究内容众多且研究方法难度较大。

　　冶金反应工程学要针对冶金反应过程的特点建立适合的基础，进行相关的理论基础研究，密切联系冶金生产实际情况，形成独立的理论基础体系，创新性地建立其他学科不可代替的研究方法和内容，解决实际问题和提高经济效益。

思　考　题

1. 讨论化学反应工程学学科的进展，分析化学反应工程学学科的内涵和结构体系，特别是反应器的概念在化学反应工程学中的重要性。
2. 讨论冶金反应工程学学科在我国的发展历程，以及如何按党中央提出"增强自主创新能力""加强基础研究，突出原创，鼓励自由探索""满腔热忱对待一切新生事物，不断拓展认识的广度和深度，以新的理论指导新的实践"等指示的精神在我国进一步发展冶金反应工程学学科。
3. 对依据冶金过程的特点，进一步发展和完善冶金反应工程学学科结构体系有什么看法，提出哪些建议？

参 考 文 献

[1] 魏寿昆. 冶金过程动力学与冶金反应工程学——对其学科内容及研究方法的某些意见的商榷（代序）[C]//全国第五届冶金过程物理化学年会论文集（上册），1984：1-9.

［2］李士琦，朱苗勇，张延玲．冶金反应工程分学科发展近况［C］//第十七届全国冶金反应工程学学术会议论文集，2013：1-8.

［3］曲英，李士琦．从更广阔的视野观察与思考冶金反应工程学问题［C］//第七届全国冶金反应工程学学术会议论文集，1998：1-3.

［4］Damkohler G. Der Chemie-Ingenieur［M］. Leipzig：Akat Verlagsges，1937.

［5］Франк-Каменецкий．Лиффуаия и Телоередача В хинической книетике［M］. Йад. АНСССР，1947.

［6］Hougen O A，Watson K M. Chemical Process Principles：Vol. 3 Kinetics and Catalysis［M］. New York：Wiley，1947.

［7］吴铿．冶金反应工程学（基础篇）［R］. 北京科技大学讲义（内部资料）．北京：北京科技大学，2015，1.

［8］张濂，徐志美，袁向前．化学反应工程原理［M］. 上海：华东理工大学出版社，2007.

［9］Levenspiel O. Chemical Reaction Engineering［M］. 2nd ed. New York：Wiley & Sons，1972.

［10］Roberts F R，Taylor F，Jenkins T R. High Temperature Chemical Reaction Engineering［M］. London：Institution of Chemical Engineers，1971.

［11］Cooper A R，Jeffreys G V. Chemical Kinetics and Reactor Design［M］. London：Prentice-Hall，1973.

［12］王安杰．化学反应工程学［M］. 北京：化学工业出版社，2005.

［13］顾其威．化学反应工程学的回顾与展望［J］. 化学世界，1980（1）：29-30.

［14］伯德，斯图尔特，莱特福特，等．传递现象［M］. 北京：化学工业出版社，2004.

［15］莱文斯皮尔．化学反应工程学［M］. 北京：化学工业出版社，2002.

［16］Smith J M. Chemical Engineering Kinetics［M］. New York：McGraw Hill，1981.

［17］Hill C G. Chemical Engineering Kinetics and Reactor Design［M］. New York：Wiley & Sons，1977.

［18］朱炳辰．化学反应工程［M］. 5版．北京：化学工业出版社，2012.

［19］严济慈．纪念叶渚沛所长逝世十周年专刊序言［J］. 化工冶金，1981；23（3）：1.

［20］Szekely J，Thewelis N J. 冶金过程速率现象［M］. 北京：冶金工业出版社，1985.

［21］Sohn H Y，Wadsworth M. 提取冶金过程速率［M］. 北京：冶金工业出版社，1984.

［22］鞭岩，森山昭．冶金反应工程学［M］. 蔡志鹏，谢裕生，译．北京：科学出版社，1981.

［23］Liu Q H，Wang D，Zhao X W，et al. Effect of carbon loss reaction kinetics on coke degradation by piecewise analysis［J］. Metallurgical and Materials Transactions B，2023（54）：2519-2529.

［24］刘起航，王帝，赵晓微，等．高炉焦炭微观结构演变的多尺度表征及应用［J］. 钢铁，2022，57（10）：43-54.

［25］李士琦．冶金反应工程学进展的思考［C］//第十六届全国冶金反应工程学学术会议论文集，2012：1-6.

［26］盖格，波伊里尔．冶金中的传热传质现象［M］. 俞景禄，魏季和，译．北京：冶金工业出版社，1981.

［27］曲英，蔡志鹏，李士琦．冶金反应工程学在我国的发展［J］. 化工冶金，1988，9（3）：76-80.

［28］吴铿，任海亮，张二华，等．冶金反应工程学学科体系的初探［C］//第十七届全国冶金反应工程学学术会议论文集，2013：9-18.

2 冶金反应工程学基础的内涵和结构体系

本章提要：

国内的冶金反应工程学采用化学反应工程学的以反应器分类为核心的结构体系，已经走过近半个世纪的发展历程。由于冶金过程与化工过程有很大的差异，采用反应器的相关理论作为冶金反应工程学的基础不适合冶金过程的特性，冶金行业对反应器概念的接受和应用不太普遍。更为重要的是，高温冶金过程的相关动力学参数（"三传一反"传输方程的传输系数和定解条件）严重缺乏，这个瓶颈问题从冶金反应工程学提出之初就一直令人困扰，至今没有得到有效解决。要解决这个瓶颈问题，需要建立适应冶金过程特点的冶金反应工程学基础的内涵和结构体系。需要指出的是，冶金物理化学的反应过程动力学（也可称为宏观动力学）方法并不能够满足冶金反应工程学的要求。冶金反应工程学基础作为一门新的边缘学科，必须有其他学科不可替代的内容和研究方法，不能机械移植其他学科的方法，要充分考虑冶金过程的特点和难点，建立其全新基础的内涵和结构体系。

2.1 冶金反应工程学的相关基础学科

2.1.1 冶金传输原理和冶金物理化学

冶金传输原理（动量传输、能量传输和质量传输）和冶金物理化学的反应过程动力学（宏观动力学）通常称为"三传一反"，是冶金反应工程学的基础学科。随着流体力学、传热学和传质学的发展，人们越来越关注化工与冶金过程的动量传输、热量传输和质量传输，从而推进了冶金反应器中伴随流动、传热和传质的反应过程动力学的诞生。20世纪70年代以来，很多发达国家都将传输原理列为冶金学科的必修课程，国内冶金院校则于80年代末陆续开始将冶金传输原理作为冶金工程专业的必修课，以代替传统的冶金炉及热工计算等课程。近几十年来，国内先后出版了多部冶金传输原理教材，对学科发展起到了重要作用[1-8]。随着科学技术的发展，工程专业的基础学科不断扩大，传输原理在流体力学、传热学、传质学的基础上发展成为一门独立的学科，其中由 Welty、Wicks、Wilson（简称 3W）编写的《动量、热量和质量传递原理》教材已经出版了第 4 版，标志着传输原理课程体系趋于成熟[9]。

国内冶金传输原理教材的书名虽然为冶金传输原理，但其主体还是传输原理的基本内容，其原因是冶金工程专业没有专门设置传输原理学科，而直接设置了冶金传输原理的课程。相比之下，国内所有冶金工程专业都是先学习物理化学课程，再学习冶金物理化学。学生经过物理化学基础课的学习，使得冶金物理化学的基础比冶金传输原理的基础好得多[10-11]。此外，如何突出冶金传输原理中的"冶金"特色，一直是冶金工程学科探索的问题。有些教材曾尝试将一些内容和习题尽量与冶金中的现象联系起来，以增强学生对冶金过程的认识，但这远不能达到突出冶金传输原理中"冶金"特色的目的[12]。

冶金反应过程中，动量传输通常要比热量传输快些，而动量传输和热量传输的速率比质量传输速率要高出几个数量级，因此"三传"中质量传输最慢。在高温冶金反应过程中，质量传输大多伴随着化学反应，因此有化学反应的质量传输是冶金传输原理的重要特点。在高温冶金反应中，化学反应进行得较快，质量传输是整个过程的控制环节，质量传输速率要比化学反应速率低几个数量级。大幅度增加质量传输的内容对冶金传输原理教材来说非常必要，可以显著突出冶金传输原理的冶金特色[13]。另外，通过在冶金传输原理的教材中增加分子扩散和对流传质的内容，可以加强冶金工程学生的质量传输知识，更加深入地理解和掌握冶金反应过程动力学。

热量传输与质量传输有很多相似之处，但也存在明显差异。例如，静止流体中的导热与分子扩散不同，前者是热量由高温向低温流动，此时的热流方向上仅存在热的流动，不存在流体的速度问题；而在分子扩散过程中，由于流体内一种（或几种）分子由高浓度向低浓度扩散，不同分子的扩散速度不同。在质量传输过程中会产生物质的变化，即发生化学反应。为了保持流体总物质的量浓度的守恒，流体必须产生宏观运动，以补偿不同分子扩散速度的差异带来的影响。所以，对于冶金过程的分子扩散，需要考虑扩散带来的物质的量变化对流体宏观运动的影响。如对于一维扩散问题，A 和 B 两组元的分子扩散的摩尔流密度如式（2-1）所示[13]：

$$N_{Az} = J_{Az} + \frac{c_A}{c}(N_{Az} + N_{Bz}) = -D_{AB}\frac{dc_A}{dz} + x_A(N_{Az} + N_{Bz}) \tag{2-1}$$

式中，N_{Az}、N_{Bz} 分别为 A 和 B 组元在传质方向上的传质量，$mol/(m^2 \cdot s)$；J_{Az} 为 A 组元在传质方向上的扩散量，$mol/(m^2 \cdot s)$；c、c_A 分别为总物质的量浓度和 A 组元的物质的量浓度，mol/m^3；x_A 为 A 组元的摩尔分数，%。

上式中的 N_{Az}、N_{Bz} 数值相同，方向相反，即以等物质的量反向扩散，当 x_A 的量很小时，传质的量近似等于扩散量，即 $N_{Az} = J_{Az}$。

显然，源于扩散的这种流体宏观运动会进一步引发质对流。而在导热过程中，仅热量由高温区向低温区进行传递，不会产生物质变化，因此不会形成对流体宏观运动的影响。由此可见，在分子扩散的传输过程中要考虑化学反应前后的物质的量变化。由于传质过程会伴随着化学反应，特别在分子扩散的过程中由于化学反应在反应前后物质的量不同时，其过程要比导热过程复杂得多。由此可见，动量传输和热量传输仅是物理过程，而质量传输则是物理过程伴随化学反应的过程。研究冶金过程中的质量传输必然会涉及化学反应过程，质量传输过程比动量传输和热量传输要复杂些。虽然"三传"之间存在相似性，但在冶金过程中的复杂情况下，将热量传递的方法应用到质量传递中还有大量的工作需要完成。

2.1.2 "三传一反"基本方程

冶金传输原理中的各种冶金装置存在反应物浓度、温度、停留时间的不均匀问题，以及物质流动、混合、传质、传热等宏观动力学因素对反应速率和生产效果的影响问题。因此，冶金反应工程学需要对反应装置内的基本现象进行研究。研究装置内反应过程动力学的控速环节，以及流动、传热、传质等宏观因素对反应速率的影响，确定宏观动力学规律及动力学参数。各冶金反应器中发生的"三传一反"现象，通过对整个体系或其中的一部分进行质量、能量、动量的平衡计算，可以得到相应的基本数学微分方程式。考虑物体性质时（不考虑流动），三种传输现象在一维条件下的表达式如下：

欧拉平衡方程：

$$X = \frac{1}{\rho} \frac{\partial p}{\partial x} \tag{2-2}$$

式中，X 为质量力，Pa；p 为压力，Pa；ρ 为密度，kg/m^3。

傅里叶导热方程：

$$q = -\lambda \frac{\partial T}{\partial x} \tag{2-3}$$

式中，λ 为导热系数，$W/(m \cdot K)$；T 为温度，K。

费克扩散方程（费克第一定律）：

$$J = -D \frac{\partial c}{\partial x} \tag{2-4}$$

式中，D 为扩散系数，m^2/s；c 为浓度，mol/L。

考虑流动时三种传输现象（不考虑其他情况，如外力、内热源和化学反应等）和表示化学反应的通式表达式分别如下：

$$\frac{dv}{dt} = \nu \nabla^2 v \tag{2-5}$$

式中，ν 为运动黏性系数，m^2/s。

$$\frac{dT}{dt} = a \nabla^2 T \tag{2-6}$$

式中，a 为导温系数，m^2/s。

$$\frac{dc}{dt} = D \nabla^2 c \tag{2-7}$$

式中，D 为扩散系数，m^2/s。

表示化学反应通式如下：

$$v_f = \frac{dc}{dt} = -kc^n \tag{2-8}$$

式中，k 为化学反应速度常数；v_f 为化学反应速度，mol/s；t 为反应时间，s；n 为化学反应级数。

当反应级数 n 为 1 时，为一级化学反应方程：

$$v_f = \frac{dc}{dt} = -kc \tag{2-9}$$

式（2-2）~式（2-9）都是微分方程式，为求解微分方程，必须有确定的相关动力学参数，其中微分方程的系数统称为传输系数。根据不可逆过程热力学，认为化学反应也是一种传输现象，传输系数中包括化学反应速度常数。

计算对象的空间范围称为控制体。控制体可以是整个体系或其某一完整部分（宏观计算），也可以是小的微元体（微分衡算）。通过宏观计算可简便地得到参量之间的关系式，实用性较强。要得到控制体内的浓度分布、温度分布和流速分布，则需依靠微分衡算，其结果是描述整个现象的微分方程。

可见，对于简单的体系，建立通用模型的数学方程并不是特别困难。尤其是在电子计算机广泛应用后，求得方程的数值解很方便。进行数学模拟的最大困难往往在于获得定解条件和传输系数，即求解的相关动力学参数。对于反应过程不是很复杂的不同反应装置条件，可以采用合理简化的方法。对数学模型进行简化要在对过程本质的深刻理解和高度概括基础上，首先用物理的语言加以描述，继之用数学的语言加以表达。数学模型虽经过简化，但只要抓住主要矛盾，仍不失反应过程的真实性，至少在一定条件下具有等效性。当然，简化的合理性也需要通过实践进行检验。

2.2　冶金反应工程学的进展和结构体系

2.2.1　冶金反应工程学的进展和现状

作为一门学科，冶金反应工程学是由日本学者鞭岩教授首次提出的，其主要目的是将化学反应工程的研究方法应用到高温冶金生产过程，对不同反应器进行模型计算是该学科的主要方法之一[14]。冶金反应工程学引入我国后，各高等冶金院校在冶金反应工程学课程建设方面开展了许多工作，编写了一些冶金反应工程学教材[15-20]。同时陆续为研究生和本科生开设了冶金反应工程学课程，有力地推动了国内冶金反应工程学学科的发展。

鞭岩等提出的冶金反应工程学主要针对钢铁冶金，相关的冶金过程（如烧结、炼铁、炼钢等）具有长流程特点；将钢铁冶金课程涉及"三传一反"的内容按不同反应器进行分类，移植化学反应工程学的结构体系。国内既往的冶金反应工程学教材基本上采用了上述思路。

于1988年出版的《冶金反应工程学导论》是国内最早的冶金反应工程学教材，该书对推动和普及冶金方面的理论研究和冶金反应工程学在国内的发展曾起到了很大作用[15]。从20世纪初冶金行业开始蓬勃地发展，特别是近几十年来，国内冶金专业的相关主要课程在理论和实践方面已经达到较高的水平，且内容很丰富，从而使得《冶金反应过程学导论》教材中许多内容与其他冶金专业课程的内容发生较多重叠，随着近几十年来冶金专业课程的发展和细分，《冶金反应过程学导论》一书中只有理想和非理想反应器这两章的内容是相对独立的，也正是如此开启了国内冶金工程教材系统地引入化学反应工程学中用反应器进行分类的先河。

此后，分别于1997年和1999年出版的《冶金反应工程学基础》和《冶金反应工程学》教材由冶金宏观（反应过程）动力学、反应器理论和典型冶金反应器操作特性及解析方法三篇组成[20-21]。第一篇内容包括气体-固体间反应、气体-液体间反应、液体-液体间反应、液体-固体间反应和固体-固体间反应；第二篇内容包括理想反应器（间歇式全混槽、连续式全混槽、半连续式全混槽、活塞流反应器、串联全混槽、理想反应器的比较、反应器选择的一般原则）、非理想流动反应器（间歇式全混槽、连续式全混槽、半连续式全混槽、活塞流反应器、串联全混槽、理想反应器的比较、反应器选择的一般原则），以及搅拌和反应器内液体的混合（气体搅拌、机械搅拌和电磁搅拌）；第三篇内容包括冶金过程的物理模拟（相似特征数的求法、物理模拟试验）、数学模拟和数学模型化方法（数学模型的分类、建立数学模型的步骤、数学模型的选择）、冶金气-固反应器操作特性解析（固定床反应器、移动床反应器、流化床反应器、回转窑反应器）、冶金气-液反应器［氧气射流及液面冲击坑的形状和表面积、底吹氩钢包流动的数学模型、真空脱气反应器（钢包）的数学模型］、冶金液-液反应器（不同接触方式的渣金反应操作解析和浸入式喷粉精炼过程数学模型）。其中，第一篇为冶金反应动力学的内容；第二篇将化学反应工程学教材中反应器的概念应用到冶金反应工程学中，将"化学"改为"冶金"，即全面移植化工反应工程学的结构体系；第三篇名义上是不同反应器的操作特性及解析，但大部分的实际内容仍然与冶金工程学科的一些专业课教材重复。教材全盘采用了成熟的化学反应工程学的结构体系，形成了以研究反应器为主线的较为完整的结构体系。

　　化工产品种类繁多，生产流程采用多种反应设备，且每个反应设备的性能单一，主要个性突出，合成制品所用的原料基本上是单一的较纯的化学物品。用反应器概念进行分类，可将不同设备按主要性能特点进行分类，分类后反应器的研究方法和结果可以应用到特点相似的不同设备之间，使化学工程中原本繁杂的问题得以简化。

　　在化学反应工程学中，按不同特点对化工反应过程的反应器进行分类的方法有很多[22]。将反应器的分类方法用于冶金反应过程及适用单元过程见表2-1[15,20]。

表2-1　用于冶金反应过程反应器的分类及适用单元过程

分类依据	反应器类别	冶金反应器实例	适用冶金单元过程实例
形状	管式 槽式	回转窑，竖炉 转炉，精炼钢包	焙烧，还原，烧成 精炼，吹炼
操作方式	间歇式 连续式 半间歇式	转炉，固定床竖炉 移动床竖炉，回转窑 喷粉精炼钢包	精炼，吹炼 还原，烧成 精炼
物料流动状态	活塞流 完全混合流 非理想流动	理想管式反应器 理想槽式反应器 流态化反应器	还原，煤的气化
反应体系相态	均相 气-固 液-固 气-液 液-液 固-固 气-液-固	气体燃烧器 气固流化床，竖炉 浸出槽，液固流化床 转炉，RH钢包 有机溶剂萃取器 回转窑 闪速熔炼炉，烧结机	煤的燃烧 焙烧，还原，烧成 浸出，熔化，凝固 精炼，吹炼 萃取 焙烧，还原，烧成 还原，熔炼，烧结
传热方式	外部热交换绝热	高炉炉缸，连铸结晶器 氧气转炉	铸造

　　冶金过程已经发展了较为完备的主体工艺的设备，主要产品的冶炼流程代表了相应工艺的特点，如烧结用烧结机、炼铁用高炉、炼钢用氧气转炉和电炉、有色冶金中的闪速熔炼炉等。这些工艺流程主要设备各自的个性特点非常突出，相互之间的共性很少，因成分复杂、种类多样，即使在单一冶炼流程设备中，物料流动状态和反应物质的形状和相态也不同，如在高炉中的不同部位都是变化的，且同时包含多个不同的特点。如果按表2-1中

的方法分类炼铁主要设备，高炉没有可归属类的反应器，可能是因为高炉内部特别复杂。在冶金过程中，冶炼流程中的主要设备个性特点突出，如烧结机、回转窑、高炉、转炉、电炉、闪速熔炉等按不同的冶炼流程的设备来分类是比较合适和可行的，如果要套用化学反应工程学中的反应器进行分类，其研究方法和成果的可借鉴性很小，反而会使问题进一步复杂化，不易得到冶金工作者普遍的认可。

冶金反应工程学以"三传一反"作为其基础理论。将冶金学科不同专业课中与"三传一反"的相关内容组合在一起，从逻辑上来讲有足够的充分性。但考虑到冶金工程发展有近百年的历史，其中不同专业学科经过多年的发展，各自已形成一套完整的结构体系，且它们都是冶金专业的必修专业主干课，各院校在教学上都配置了充足的学时。钢铁冶金专业的"冶金物理化学"和"钢铁冶金学"还是研究生入学考试课程。在冶金反应工程学的教材中采用一些冶金工程相关教材中的相近内容是可以的，但必须要有其他学科不可替代的有特色的研究方法和全新内容，以满足冶金反应工程学这门新兴边缘学科的课程设置需要。

2.2.2　冶金反应工程学的结构体系

为了采用"三传一反"对冶金过程进行深入研究，冶金反应工程学的主要任务为：（1）解析冶金反应过程；（2）设计和优化操作工艺参数；（3）控制反应过程。

任务（1）研究不同流程中的基本现象和"三传"等相关因素对化学反应过程的影响；确定不同冶金工艺流程中的基本状态等，这些主要是实验室研究的内容，属于基础理论方面。

任务（2）和任务（3）研究反应设备放大设计，把试验装置放大到工业规模，确定反应设备的形状、大小和转化程度；在给定反应设备工艺条件和设备及产品的条件下，选择最合适的操作方法，优化生产目标（产量、能耗、成本等，还包括环境安全）；对反应过程进行控制，确定稳定性和响应性，研究抗干扰程度和有效的控制方法。这些主要是结合生产实践的研究内容，属于实践应用方面。

随着冶金反应工程学学科的深入发展和不断丰富，未来将把基础理论内容归为冶金反应工程学，而将实践应用内容归于冶金反应工程。

冶金反应工程学基础理论研究中的数学模拟，是将复杂对象简化以便合理地建立模型。采用"三传一反"的原理，将一些条件进行适当的简化，给出一组或几组微分方程。对于在复杂的几何形状和物理条件下建立的模型，由于很难用解析法求解方程组，通常采用数值法来求解。

数值方法求解数学模型在早期的冶金传输原理教材中占较大篇幅，随着计算机技术的快速发展，数值计算方法日趋完善，国内高校已经单独开设了数值计算方法课程，数值计算方法在冶金传输原理中的篇幅大幅度减少[13]。数值计算方法在动量和热量传输领域发展很快，而且日趋成熟，如陶文铨院士团队在传热与流动问题的多尺度数值模拟方面进行了卓有成效的工作。在有限元法的网格形成、对流项离散、边界条件处理与代数方程求解、压力与速度耦合算法、湍流与两相流数值模拟、无网格方法、正交分解方法等方面，形成了独特的计算方法和相应的软件，同时涉及了微观方法（格子-玻耳兹曼方法、直接模拟蒙特卡罗法和分子动力学模拟）[16]。

目前国内外厂商提供了一些常用的商业大型计算软件，如对流场和温度场进行计算的 FLUENT 与 CFX 等，这些通用软件为了适用较广的领域，定解条件是比较简单和理想的，如均相和均匀的介质。商业软件是通用软件，而对于在一些冶金过程中占主导地位的复杂问题，可根据需要对模型计算软件进行改进；而对于影响不大的问题，则可对计算软件进行简化，从而加快计算速度，提高效率。

考虑到数值计算的内容已有相关专业必修课，商业大型计算软件功能很强，在冶金反应工程学中不再讨论模型的数值计算。

2.2.3　冶金过程与化工过程的差异

化学反应工程学学科对推动冶金反应工程学的发展起到很大作用，冶金反应工程学采用了成熟的化学反应工程学的结构体系，但冶金过程与化工过程之间还是存在很大差异的。

与化工过程相比，冶金过程有如下特点[23]：

（1）冶金原料成分复杂且多种多样，化工合成制品所用的原料基本是单一的纯净化学物品。

（2）冶金产品绝大部分不是纯净的物质，而且气态、固态、液态共存；钢铁、有色金属锭都含有杂质；在金属凝固过程中往往伴有化学反应发生，如 CO、CO_2 和 SO_2 气泡及非金属夹杂物的生成，同时存在晶体偏析、杂质偏析、相变等，这些都使冶金过程更为复杂。

（3）冶金炉设计基本上依靠经验数据。如欲扩大高炉产量，则应主要扩大炉身各部分的直径，其高度受到焦炭强度的限制，不能任意加高。对于高炉，只能做局部炉料的衡算、局部炉身的热量衡算和上升气体局部的动量衡算。对于转炉炉型，如高度与直径之比，基本上按经验数据进行放大。

（4）高温测试手段很不完备，所得信息既不稳定又欠准确，对复杂的多相反应难以进行准确的数学模拟。

冶金反应工程学借鉴了化学反应工程学的方法，经过一段时间的研究和发展，冶金工作者已经认识到冶金反应工程学有其自身的特殊性：

（1）冶金反应绝大多数属于非催化型的多相反应；

（2）冶金原料为天然原料，成分复杂，副反应多；

（3）冶金过程中不仅存在化学反应，也存在熔化、凝固等多种相变过程；

（4）冶金过程往往利用气泡、液滴、颗粒构成弥散系统，以增加反应效率，从而也增大了研究难度；

（5）冶金过程在高温下进行，生产系统测量难度大，过程信息少；

（6）反应介质为高温熔体（熔渣、熔盐、熔锍、金属液）。

根据冶金物理化学的反应过程（宏观）动力学，低温反应过程的控制环节是化学反应，而高温条件下质量传输是控制环节，这一结论已经被冶金工作者普遍接受。冶金过程与化工过程的主要差别之一是反应温度。化工过程温度较低，且温度区间小。化学反应工程学研究反应速率与反应条件之间的关系，着重研究传递过程（即"三传"）对化学反应速率（即"一反"）的影响；而冶金反应工程学则研究冶金反应过程中的基本现象，着重研究"三传一反"对整个冶金反应过程的影响。

2.3 适合冶金过程的冶金反应工程学基础的构建

2.3.1 适合冶金过程的冶金反应工程学基础

冶金与化学在发展进程、研究对象等方面有很大差别。与化工反应的低温、超高压和物质形态相对简单等特点不同，冶金反应存在高温、相对低压、多种物质及非均匀性和物性参数变化等显著差异，使得冶金反应过程学无法机械照搬化学反应工程学的方法，冶金反应工程学应该适应自身需求，构建独特的基础内涵与结构体系，并能解决发展中的瓶颈问题[25]。

化学反应工程学将圆管反应器作为其理论基础与化工过程的反应容器内压力很高密切相关。为了保证高压安全运行，反应设备大都为细长圆管状（图2-1），反应物质多为单一和均匀物质，且气相反应在化工过程中占主导作用。在压力很高时，反应管内物质与气体可以一起流动，即可采用广义流体的概念来处理。动量传输（传统的流体力学）对于流体在圆管中流动进行了非常深入的研究，不同情况的阻力损失和速度分布很明晰[13]。

图 2-1　大型化工厂的炼油设备外貌图

对于在圆管中流动的广义流体，通常采用柱坐标系，考虑到轴对称等因素，可以对纳维-斯托克斯方程进行大量的简化，给出圆管中层流流动的相关参数。采用普朗特的混合长度理论，同样可以给出圆管中湍流流动的相关参数。图2-2所示为流体在圆管中层流和湍流的速度分布剖面图。

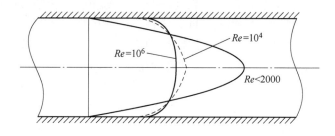

图 2-2　圆管中层流和湍流的速度分布剖面图

对于不同粗糙程度的圆管壁，可由尼古拉兹试验曲线或莫迪图确定出不同雷诺数与摩擦阻力系数间的关系，进而可以确定流动过程的压力损失。另外，对于流体流经阀门和转角的阻力损失系数也有经验数据，可由专业资料直接查询，不需要由"三传"的基本公式从头推起，能够大幅度地提高效率。

根据"三传"中流体在圆管中的相关研究的成熟结果建立反应器理论作为化学反应工程学的基础，可以直接和方便地应用到化工过程中，对广义流体的细长反应容器中的化学反应过程进行准确的解析。当然，对于在化工过程中的一些情况复杂的反应器，仍然需要由"三传"的基本公式建立相应的传输数学模型，获得相关动力学参数后，可对化学反应过程进行解析。由于化工过程的温度低和反应物的理化特性较简单，化工反应过程的复杂程度要远低于冶金反应过程，且复杂的反应过程所占比例也较低。

冶金过程主体流程中，各主要设备的特点非常突出，而相互之间共性却很少，压力通常都不高（相对于化工过程），在反应器内有气体流动，但不能与反应物一起作为广义流体来处理，如在高炉和竖炉内气体流过炉料的阻力损失远大于气体与反应器壁摩擦的阻力损失，"三传"中流体在圆管中的相关研究结果不能直接应用，需要按各自的情况进行处理。因此，直接以流体在圆管中的相关研究结果建立的反应器理论，对于冶金过程的复杂反应体系并不适用。当然，在冶金过程的一些附属设备中，如喷吹细粉料（煤粉、氧化钙、炭粉等）和高压气体（氧气、氩气、二氧化碳等）的装置属于压力较高的设备，流体和细粉料在细长管内流动可视为广义流体，直接采用圆管反应器理论对这些装置进行研究是合适的。不过这些辅助设备应用到冶金过程生产流程中，会使反应过程形成复杂体系。如高压氧枪可以采用顶吹、侧吹或顶底复合吹三种形式。对不同喷吹形式的反应过程进行数学解析，都需要遵从"三传"基本方程，按各自情况建立相应的数学模型及获得相关动力学参数。由于冶金过程与化工过程在复杂程度和特点上有很大不同，冶金反应工程学要按冶金过程特点来构建其基础内涵和结构体系。

2.3.2 适合冶金过程特点的冶金反应工程学基础的内涵

基于冶金过程的复杂性，建立冶金反应过程"三传"数学模型都需要依据基本方程，进而根据不同情况进行优化。所以将"三传"基本方程作为冶金反应工程学的基础内容非常必要。由于冶金过程的反应物质大部分呈多样性且具有非均匀性，而冶金传输原理所讨论的大都是单一物质和均匀的体系，因此在基础部分中，还需要深入讨论冶金过程中复杂体系对相关动力学参数的影响及"三传"基本方程的传输系数的类比公式（如雷诺类比等）的使用条件。

在基础部分"一反"的基本公式［式（2-9）］中采用一级化学反应，是为了使"一反"的微分方程与"三传"在阶数上相同，为在近平衡区域内研究化学反应和质量传输的耦合奠定基础。基元化学反应（微观机理）的概念在本教材中不再介绍。冶金物理化学中的反应过程动力学和冶金反应工程学涉及的反应过程动力学，都属于宏观动力学。冶金物理化学中研究冶金反应过程动力学的目的是求出其中限制速度的环节，找到提高反应强度及缩短反应时间的途径，而冶金反应工程学的目的是对反应过程进行解析。由于两者研究反应过程动力学的目的差异很大，因此迫切需要在基础部分进行非常深入的分析和讨论，进而建立能够满足冶金反应工程学要求的反应过程动力学研究方法。

"三传一反"的基本公式来源于冶金物理化学和冶金传输原理，它们都是冶金工程的必修课，且冶金物理化学是研究生的入学考试课。在学习冶金物理化学前还学习了物理化学，相比之下，冶金传输原理没有传输原理的教学作为前期的铺垫，加之冶金传输原理课程的难度较大，整体上看，钢铁冶金专业的学生对冶金传输原理内容的掌握程度远不如冶金物理化学的内容。为了加深对冶金传输原理的理解和全面掌握重要的相关基本公式，在《冶金反应工程学—基础篇》中对"三传"主要基本公式结合冶金过程复杂情况应用的进一步讨论是有益的。

采用数值法求解数学模型（微分方程），即对反应过程进行解析，最为关键的是要有相应的定解条件和传输系数（统称为相关动力学参数）。从数学理论上讲，数学模型反映了同一类现象的共性，而定解条件则反映具体现象的个性。定解条件包括几何条件、物理条件、边界条件和初始条件。在这些条件给定后，一个特定的分布状态也就确定了。相关动力学参数的充足程度和精确程度，对能否通过数学模型来完整和准确地描述冶金反应过程至关重要。所以，确定相关动力学参数是冶金反应工程学中最为重要的内容，其基础也需要以此来构建。

由于冶金过程的高温、多种物质和非均匀性，冶金反应工程学求解数学模型所需的相关动力学参数，如不考虑流动时的导热和扩散系数，考虑流动时的摩擦、传热和传质系数，化学反应常数、空隙度、料层压差、初始条件、边界条件等，其复杂程度远高于化学反应工程学。目前国内外文献中能够查到的上述相关动力学参数非常少，即便能够查到，绝大部分也是单一和均匀物质在低温和简单条件下的数据。冶金过程不仅反应温度高，且反应温度变化较大，反应物质种类多，相态也可能会发生变化，这种复杂情况下求解数学模型所需的相关动力学参数就更加缺乏。

当求解数学模型时，如选用的相关动力学参数为理想或简单条件下，其本质上是对实际生产中复杂条件的过分简化，尽管用发达的商业软件可以较为方便地确定出数学模型的解，但得到的是理想和简单条件下的模拟结果，最多能定性了解冶金反应过程，远远达不到对整个反应过程进行定量、准确描述的目的。由于过度简化与生产实际差距较大，因此无法对生产实践进行有效的指导。

高温冶金反应过程前期由化学反应控制，后期则为扩散传质控制。反应过程中不同控制环节的转换点及对应化学反应速度常数和扩散传质系数都是求解数学模型所需的重要的相关动力学参数。综上所述，获取冶金反应过程动力学所需的相关动力学参数，是冶金反应工程学基础的主要内容之一。

2.3.3 冶金过程中相关动力学参数的特点

由于冶金反应过程具有高温和复杂等特点，求解方程所需的相关动力学参数严重缺乏，该问题从冶金反应工程学发展之初就已经被关注，但经过近半个世纪的努力，至今仍然没有得到根本的解决。相关动力学参数是冶金反应工程学基础理论研究的基础，迫切需要大量、深入的研究，以克服冶金反应工程学发展的瓶颈。

由于冶金反应温度特别高，受高温测试手段限制，在生产现场难以对反应设备内部进行全面观测，常需要在实验室建立热模拟装置，来研究冶金反应设备的内在规律，同时确定出相应的相关动力学参数。

　　如在确定高炉风口前回旋区的高温气体的流动状态时，用动量传输微分方程建立数学模型，回旋区边界条件是主要的动力学参数，在高炉生产现场很难进行测定。在以往的相关研究中，由于没有确切的相关数据，因此对其进行了简化，高炉风口回旋区的几何形状多采用简单的椭圆对称形状。

　　德国亚琛工业大学在模拟高炉风口前回旋区的高温试验炉（最高温度可达 2273 K 左右）时，采用 X 射线技术测定了高炉风口回旋区的形状，得到的 X 射线图像在经过处理后，给出了图 2-3 所示的燃烧区域的形状和温度分布图[26]。

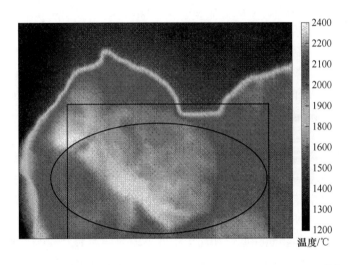

图 2-3　采用 X 射线方法测定的模拟高炉风口回旋区的示意图[26]

　　由图 2-3 可见，高炉风口回旋区的几何形状是不规则的，实际形状与简单的对称形状（椭圆形和长方形）有很大区别，另外，风口回旋区内温度的分布也是不均匀、不对称的。采用由模拟试验得到的定解条件（边界条件和初始条件）给出的微分方程（数学模型）的温度场分布图与由简化、理想条件的定解条件解的分布图是完全不同的。

　　采用实验室高温模拟试验可以提供可靠的动力学参数，但高温试验的设备投资较高，试验难度较大，试验的周期较低温水模要长得多。目前，国内外大多数的高炉风口回旋区研究，都采用均匀对称的几何形状和均匀的物性参数进行温度场的模拟计算，得到的都是理想状态条件下的结果，与生产高炉的实际情况有较大的差异。

　　高炉内的炉料种类繁多，形状和颗粒的大小也不尽相同，同一种炉料在不同位置的粒度组成差别很大，即多相散料层中的物性参数是不均匀的。焦炭入炉后在炉内下降的过程中会与相同流向的含铁氧化物进行还原反应，与逆向流动的煤气中的 CO_2 发生气化反应，加上在下降的过程中颗粒之间的物理碰撞，焦炭粒度会发生变化，会改变上升煤气流的分布状况，高炉内煤气流的分布对高炉生产的稳定、顺行、高产和低耗的影响非常大，备受高炉工作者的关注。对此，国内外的研究者对不同级别容积的高炉进行了相关的研究，由于动量微分方程（数学模型）中求解的相关动力学参数（摩擦系数）没有考虑到沿风口水平方向上焦炭层中的物质物性参数是变化的，采用了单一均质的相关动力学参数，因此，得到的结果对生产仅能做到定性分析。

　　采用国内生产的高炉风口取样器，在首钢 2000 m³ 级别的高炉休风后立即沿风口水平方向取样。对风口取出的试样中的焦炭进行初步研究，发现风口前焦炭死料柱的空隙度和形状系数是不均匀变化的，表 2-2 给出了沿风口水平方向上不同位置的空隙度和混合粒度的形状系数[27]。

表 2-2　高炉风口前不同位置固体颗粒的空隙度和形状系数[27]

风口前距离/m	0~0.5	0.5~1.0	1.0~1.5	1.5~2.0	2.0~2.5	2.5~3.0
空隙度/%	45.20	42.29	40.09	38.84	36.70	39.58
形状系数	0.844	0.844	0.890	0.910	0.912	0.910

由表 2-2 可见，在高炉风口沿水平方向上的不同位置的焦炭的物性参数不是常数，因摩擦系数与空隙度、形状系数等有关，即摩擦系数在高炉风口沿水平方向上的不同位置呈现波动变化，呈现非线性复杂的关系。动量微分方程（数学模型）定解条件中的摩擦系数需要按实践的情况来考虑，才可得到与实践的情况相吻合的结果。

从前面两个相关动力学参数的试验来看，这类基础参数试验难度大，投资高，试验工作量大，而且周期长，这也是冶金反应工程学基础主要内容的特点。正因为如此，在国内外相关文献中很难查到适合求解数学模型所需的相关动力学参数的数据，这是冶金反应工程学发展的瓶颈和迫切需要解决的问题。为了完成冶金反应工程学在基础理论中的解析冶金反应过程的任务，必须对高温冶金过程中的相关动力学参数进行长期、全面和深入的基础研究[28]。

2.4　本　章　小　结

基于化工过程高压、低温和反应物质的物性参数相对均匀和简单等特点，化学反应工程学以"三传"中流体在圆管中的相关研究的成熟结果，建立了反应器相关理论，作为化学反应工程学的基础。以反应器相关理论为主线，形成适合化工过程的完整和流畅的结构体系，可直接和方便地应用于化工反应过程的解析。化工过程产品种类繁多，其各自生产流程采用多种反应设备，由于每个反应设备的性能较为单一，且个性突出，采用反应器的概念将繁杂的设备按不同特点进行归类，可使复杂问题简单化。从而简化研究工作和节省时间，提高其工作效率，这已在化工过程的生产实践中得到了成功的验证。

由于冶金过程，特别是其主体流程的主要设备复杂的特点非常突出，相互之间的共性很少，采用反应器的特性进行分类，不但不能简化，反而会更加烦琐，对于这种类型的流程，用传统的方法按不同的冶炼流程进行分类是比较合适和便利的。由于冶金工程的复杂和各自主体设备的特殊性，建立各反应过程的"三传"数学模型都需要由其基本方程作为基础，进而根据不同情况进行优化。将"三传"基本方程作为冶金反应工程学的基础内容是必要的，还需要深入讨论在冶金过程生产中复杂体系对相关动力学参数的影响及基本方程的传输系数相关公式的使用条件。另外，建立能够满足冶金反应工程学要求的研究冶金反应过程动力学的新方法是冶金反应工程学基础的主要内容。

建立数学模型并求解，进而确定工艺流程中的基本状态，达到对反应过程的解析是冶金反应过程学主要的任务。对于冶金过程来讲，要完成对反应过程的解析，最为关键的是要有所需的相关动力学参数，这是冶金反应工程学理论基础中的基础，也是国内冶金工作者必须全面解决的问题。

　　冶金工程学科中冶金物理化学、钢铁冶金等是专业必修课，且还是研究生入学考试课程。它们有各自完整的结构体系，并配置充足学时。将这些专业课中与"三传一反"的相关内容组合在一起作为冶金反应工程学的部分内容，有足够充分的理由，还必须要有适合冶金反应工程学发展的独特的研究方法和全新的内容，即其他学科不可替代的内容，进而增强冶金反应工程学这一边缘学科课程的必要性。

思　考　题

1. 依据冶金过程和化工过程的不同特点，讨论冶金反应工程学和化学反应工程学的研究任务和方法的差异。
2. 在冶金工程的高炉生产中会采用高压炉顶的技术，与冶金过程相比，化工过程可以看作是"低温、高压"过程，如何理解这两个学科的明显差异？
3. 分析在化学反应工程学中采用反应器特性进行分类的方法的优点，并说明为什么在大部分冶金过程的主要生产流程中不宜采用按反应器特性进行分类的方法。
4. 按党的二十大报告提出的"鼓励自由探索""满腔热忱对待一切新生事物，不断拓展认识的广度和深度，敢于说前人没有说过的新话，敢于干前人没有干过的事情，以新的理论指导新的实践"的精神，给出对按冶金过程的特点［高温、低压（相对化工过程）、物料非均匀和理化特性非单一等］建立新的冶金反应工程学的基础的看法和建议。
5. 为什么说采用数值法求解数学模型所需相关动力学参数是冶金反应工程学基础理论中的基础，相关动力学参数的缺乏已成为冶金反应工程学进一步发展瓶颈的原因是什么？

参 考 文 献

[1] 张先棹，吴懋林，沈颐身. 冶金传输原理［M］. 北京：冶金工业出版社，1988.
[2] 魏季和. 传质、传热和动量传输与冶金过程数学化［J］. 西安建筑科技学院学报，1983（1）：104-120.
[3] 罗志国. 冶金传输原理［M］. 辽宁：东北大学出版社，2013.
[4] 魏季和，胡汉涛. 冶金过程与非平衡态热力学［J］. 包头钢铁学院学报，2002，21（3）：197-202.
[5] 沈颐身，李保卫，吴懋林. 冶金传输原理基础［M］. 北京：冶金工业出版社，1999.
[6] 华建社，朱军，李小明，等. 冶金传输原理［M］. 西安：西北工业大学出版社，2005.
[7] 朱光俊，孙亚琴. 传输原理［M］. 北京：冶金工业出版社，2009.
[8] 周俐，王建军. 冶金传输原理［M］. 北京：化学工业出版社，2009.
[9] Welty J R，Wicks C E，Wilson R E，et al. 动量、热量和质量传递原理［M］. 北京：化学工业出版社，2005.
[10] 傅献彩. 物理化学［M］. 北京：高等教育出版社，1990.
[11] 张家芸. 冶金物理化学［M］. 北京：冶金工业出版社，2004.
[12] 梅炽. 冶金传递过程原理［M］. 长沙：中南工业大学出版社，1987.
[13] 吴铿. 冶金传输原理［M］. 北京：冶金工业出版社，2011.
[14] 鞭岩，森山昭. 冶金反应工程学［M］. 蔡志鹏，谢裕生，译. 北京：科学出版社，1981.
[15] 曲英，刘今. 冶金反应工程学导论［M］. 北京：冶金工业出版社，1988.
[16] 刘今. 冶金反应工程学入门讲座（一）［J］. 湖南有色冶金，1985（2）：48-52.
[17] 鞭岩. 冶金反应工程学讲座［J］. 过程工程学报，1980（3）：144-231.
[18] 森山昭，程雪琴. 冶金反应工程学入门［J］. 化工冶金，1979（1）：1-29.

[19] 吴若琼，刘今．冶金反应工程学入门讲座（二）[J]．湖南有色冶金，1985（3）：48-55.

[20] 肖兴国，谢蕴国．冶金反应工程学基础[M]．北京：冶金工业出版社，1997.

[21] 肖兴国，谢蕴国．冶金反应工程学[M]．北京：冶金工业出版社，1999.

[22] 王安杰．化学反应工程学[M]．北京：化学工业出版社，2005.

[23] 魏寿昆．"过程冶金"评价——再论冶金过程动力学与冶金反应工程学（代序）[C]//全国第六届冶金过程物理化学年会论文集（上册），1986：1-9.

[24] 陶文铨．传热与流动问题的多尺度数值模拟：方法与应用[M]．北京：科学出版社，2000.

[25] 吴铿，折媛，朱利，等．对建立冶金反应工程学科体系的思考[J]．钢铁研究学报，2014，26（12）：1-9.

[26] Gudenau H W．德国亚琛工业大学炼铁相关基础研究的进展（来华交流报告）[R]．北京：德国亚琛工业大学，2013.

[27] 于博洵．首钢高炉风口前死料柱透液性的研究[D]．北京：北京科技大学，2007.

[28] 吴铿．冶金反应工程学（基础篇）[R]．北京科技大学讲义（内部资料）．北京：北京科技大学，2015，1.

3 动量、热量和质量传输基本方程及边界层理论

本章提要：

  基于冶金过程复杂的特点，建立冶金反应过程数学模型需要由传输基本方程出发，再根据不同情况进行优化，有必要将"三传"（动量传输、热量传输、质量传输）的基本公式和边界层理论作为冶金反应工程学基础中的内容。对选定的控制体采用积分方法及高斯公式便获得"三传"的各微分方程。纳维-斯托克斯方程（运动方程）的导出是在理想的欧拉动量方程的基础上考虑了实际流体的黏性作用，但当流体的流速或雷诺数增加到一定程度时（即使还没有进入紊流区域），黏性项较其他项小几个数量级，其作用几乎为零，因此又回到了理想的欧拉动量微分方程。流体流速越大，雷诺数也越大，黏性也随之增加，纳维-斯托克斯方程与实际情况的矛盾被称为达朗贝尔之谜（1743 年）。直至普朗特提出著名的边界层概念（1914 年），认为实际流体的黏性仅发生在边界上很薄的区域，建立了边界层理论，将其应用到纳维-斯托克斯方程后，才给出了能够准确描述实际流体流动的普朗特边界微分方程，奠定了现代流体力学的基础，该理论是"三传"重要的核心理论。不能简单认为普朗特边界微分方程是纳维-斯托克斯方程的简化形式，而是准确地描述包括黏性力对实际流体流动过程影响的动量传输微分方程。

3.1 动量传输的基本方程

  相对于某参照坐标系不随时间变化的封闭曲面中所包含的流体称为控制体，其性质包括：控制体的几何外形和体积都是不变的；控制体的界面上可以有流体的流入或流出，因此它相当于热力学中的开放系统；控制体的边界面上有力的相互作用，也可以有能量交换（热交换或者外力做功）。

3.1.1 流体静力学平衡微分方程

  对于不可压缩流体，任取一体积为 V、表面积为 A 的控制体，如图 3-1 所示。考虑在静止的控制体表面上力的变化，即压力 p 和外力 F 之和，可给出以下的静力学平衡积分方程：

$$\oiint_A (-p \cdot n)\mathrm{d}A + \iiint_V \rho F = 0 \tag{3-1}$$

利用高斯公式将面积分化为体积分，即：

$$\oiint_A (-p \cdot n)\mathrm{d}A = \iiint_V (-\nabla \cdot p)\mathrm{d}V \tag{3-2}$$

将式（3-2）代入式（3-1）中，可得：

$$\iiint\limits_{V} (-\rho \boldsymbol{F} + \nabla \cdot \boldsymbol{p}) \mathrm{d}V = 0 \tag{3-3}$$

在连续流场中上式对任意微量控制体都成立，故有：

$$\boldsymbol{F} - \frac{1}{\rho} \nabla p = 0 \tag{3-4}$$

式中，$\nabla = \dfrac{\partial}{\partial x} \boldsymbol{i} + \dfrac{\partial}{\partial y} \boldsymbol{j} + \dfrac{\partial}{\partial z} \boldsymbol{k}$，为哈密顿算子。

式（3-4）即为流体静力学平衡微分方程式，又称欧拉平衡方程。其物理意义为在静止的流体中，作用在单位质量流体上的力的分量与作用在该流体表面上的分量互相平衡。它表明了处于平衡状态的流体中压强的变化率与单位质量力之间的关系，单位质量力在某一轴向上的分力与压强沿该轴向的递增率相平衡。表明质量力作用的方向就是压强递增的方向[1-2]。

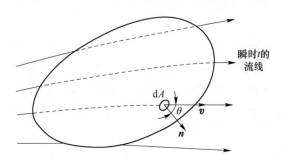

图 3-1　通过控制体的流动示意图

3.1.2　动量传输微分方程

考虑流体流动时的动量传输的基本方程的条件是不可压缩的牛顿流体。可以通过积分和微分两种形式分别导出。

3.1.2.1　质量守恒微分方程

微团的质量守恒方程称为连续性方程，从积分方程出发来导出该方程。任取一体积为 V、表面积为 A 的控制体，考虑控制体本身和在控制体表面上质量的变化，可以给出以下质量守恒积分方程：

$$\iiint\limits_{V} \frac{\partial \rho}{\partial t} \mathrm{d}V + \oiint\limits_{A} \rho(\boldsymbol{v} \cdot \boldsymbol{n}) \mathrm{d}A = 0 \tag{3-5}$$

利用高斯公式将面积分化为体积分，即：

$$\oiint\limits_{A} \rho(\boldsymbol{v} \cdot \boldsymbol{n}) \mathrm{d}A = \iiint\limits_{V} \nabla \cdot (\rho \boldsymbol{v}) \mathrm{d}V \tag{3-6}$$

将式（3-6）代入式（3-5）中，可得：

$$\iiint\limits_{V} \left[\frac{\partial \rho}{\partial t} + \nabla \cdot (\rho \boldsymbol{v}) \right] \mathrm{d}V = 0 \tag{3-7}$$

在连续流场中式（3-7）对任意控制体都成立，则对任意一微元控制体也应成立，故有：

$$\frac{\partial \rho}{\partial t} + \nabla \cdot (\rho \boldsymbol{v}) = 0 \tag{3-8}$$

式（3-8）为连续性方程。将 $\nabla \cdot (\rho v)$ 展开为：$\nabla \cdot (\rho v) = \rho \nabla \cdot v + v \cdot \nabla \rho$，根据随体导数的定义，连续性方程可以写成：

$$\frac{d\rho}{dt} + v \cdot \nabla \rho = 0 \tag{3-9}$$

式（3-8）的物理意义为微元控制体密度的局部增长率 $\frac{\partial \rho}{\partial t}$ + 微元控制体单位体积流出的质量 $\nabla \cdot (\rho v)$。式（3-9）的物理意义为微元控制体密度的局部增长率 $\frac{d\rho}{dt}$ + 微元控制体单位体积流出的质量 $v \cdot \nabla \rho$[1]。

不可压缩流体的 $\frac{\partial \rho}{\partial t} = 0$，因此它的连续方程可简化为：

$$\nabla \cdot v = 0 \tag{3-10}$$

式（3-10）表示为稳态（或定常流），它既适用于均质的不可压缩流体，也适用于非均质的不可压缩流体。

3.1.2.2　运动微分方程

流体微元的动量方程称为流体运动方程，仍由积分动量方程出发来导出方程。任取一体积为 V、表面积为 A 的控制体，考虑控制体本身和在控制体表面上动量的变化，及作用在控制体表面上的力 T（黏性力）和 p（压力）及作用在控制体上的外力 F 之和，其积分式动量方程如下：

$$\iiint_V \frac{\partial \rho v}{\partial t} dV + \oiint_A \rho v(v \cdot n) dA = \oiint_A (-p \cdot n + T) dA + \iiint_V \rho F \tag{3-11}$$

应用高斯公式，将式（3-11）中的两个面积分分别转化为体积分：

$$\oiint_A \rho v(v \cdot n) dA = \iiint_V \nabla \cdot (\rho v \cdot v) dV \tag{3-12}$$

$$\oiint_A (T - p \cdot n) dA = \iiint_V (-\nabla \cdot p + T) dV \tag{3-13}$$

将式（3-12）和式（3-13）代入式（3-11）中，可得：

$$\iiint_V \left[\frac{\partial \rho v}{\partial t} + \nabla \cdot (\rho v \cdot v) - \rho F + \nabla \cdot p - T \right] dV = 0 \tag{3-14}$$

式（3-14）对任意控制体都成立，在连续流场中式（3-14）对任意微量控制体都成立，故有：

$$\frac{\partial \rho v}{\partial t} + \nabla \cdot (\rho v \cdot v) = \rho F - \nabla \cdot p + T \tag{3-15}$$

式（3-15）可表述为，微元控制体单位体积流体上的局部动量增长率与通过流体的动量输出量之和等于单位体积流体的质量力与表面力之和。对式（3-14）左边导数分别展开 $\frac{\partial \rho v}{\partial t} = v \frac{\partial \rho}{\partial t} + \rho \frac{\partial v}{\partial t}$ 和 $\nabla \cdot (\rho v \cdot v) = v \nabla \cdot (\rho v) + \rho v \nabla \cdot v$ 后带回，左边两项之和可进一步简化为 $\frac{\partial \rho v}{\partial t} + \nabla \cdot (\rho v \cdot v) = v \frac{\partial \rho}{\partial t} + \rho \frac{\partial v}{\partial t} + v \nabla \cdot (\rho v) + \rho v \cdot \nabla v = v \left[\frac{\partial \rho}{\partial t} + \nabla \cdot (\rho v) \right] + \rho \left[\frac{\partial v}{\partial t} + v \cdot \nabla v \right] = \rho \left[\frac{\partial v}{\partial t} + v \cdot \nabla v \right] = \rho \frac{dv}{dt}$，因连续性方程 $\frac{\partial \rho}{\partial t} + \nabla \cdot (\rho v) = 0$，所以式（3-15）的动量方程或运动微

分方程又可以表示为：

$$\rho \frac{\mathrm{d}\boldsymbol{v}}{\mathrm{d}t} = \rho \boldsymbol{F} - \nabla \cdot \boldsymbol{p} + \boldsymbol{T} \tag{3-16}$$

如果不考虑表面力，即只考虑黏性力的影响的理想状态下，式（3-16）可简化为：

$$\rho \frac{\mathrm{d}\boldsymbol{v}}{\mathrm{d}t} = \rho \boldsymbol{F} - \nabla \cdot \boldsymbol{p} \tag{3-17}$$

式（3-17）为理想状态下的欧拉动量微分方程（简称欧拉方程）[3]。

式（3-16）中的黏性力 $\boldsymbol{T}$ 可以分成法向应力$\left(或称为体积膨胀力，\frac{1}{\rho}\nabla\left(\frac{2}{3}\mu\nabla\cdot\boldsymbol{v}\right)\right)$和剪切应力$\left(或称为偏应力张量之合力，\frac{1}{\rho}\nabla\cdot(2\mu S)，S 为变形率张量\right)$，将它们的表达式代入式（3-16）中，可以得到式（3-18）：

$$\frac{\mathrm{d}\boldsymbol{v}}{\mathrm{d}t} = \boldsymbol{F} - \frac{1}{\rho}\nabla\cdot\boldsymbol{p} - \frac{1}{\rho}\nabla\left(\frac{2}{3}\mu\nabla\cdot\boldsymbol{v}\right) + \frac{1}{\rho}\nabla\cdot(2\mu S) \tag{3-18}$$

在直角坐标中式（3-19）可以写成：

$$\frac{\mathrm{d}v_i}{\mathrm{d}t} = F_i - \frac{1}{\rho}\frac{\partial p}{\partial x_i} - \frac{1}{\rho}\frac{\partial}{\partial x_i}\left(\frac{2}{3}\mu\frac{\partial v_j}{\partial x_j}\right) + \frac{1}{\rho}\frac{\partial}{\partial x_j}\left[\mu\left(\frac{\partial v_i}{\partial x_j} + \frac{\partial v_j}{\partial x_i}\right)\right] \tag{3-19}$$

对于不可压缩流体，其体积膨胀率$\frac{\partial v_j}{\partial x_j}=0$，又因$\frac{\partial}{\partial x_j}\frac{\partial v_j}{\partial x_i}=\frac{\partial}{\partial x_i}\frac{\partial v_j}{\partial x_j}=0$，式（3-19）可以写成：

$$\frac{\mathrm{d}v_i}{\mathrm{d}t} = F_i - \frac{1}{\rho}\frac{\partial p}{\partial x_i} + \frac{\mu}{\rho}\frac{\partial}{\partial x_j}\left(\frac{\partial v_i}{\partial x_j}\right) \tag{3-20}$$

式（3-20）可写成下面向量形式，即为著名的纳维-斯托克斯方程（运动方程）：

$$\rho \frac{\mathrm{d}\boldsymbol{v}}{\mathrm{d}t} = \rho \boldsymbol{F} - \nabla \cdot \boldsymbol{p} + \nu \nabla^2 \boldsymbol{v} \tag{3-21}$$

式中，$\nu = \mu/\rho$ 为运动黏性系数。

3.1.2.3 能量微分方程

任取一体积为 V、表面积为 A 的控制体，考虑控制体本身和在控制体表面上的能量变化，即控制体的能量（其中 e 为内能）的变化，由质量力功率、表面力功率、生成热（用 Q_V 内热源强度表示）和导热传入热量的变化确定的积分式能量方程如下：

$$\iiint_V \frac{\partial}{\partial t}\left[\rho\left(e+\frac{v^2}{2}\right)\right]\mathrm{d}V + \oiint_A\left[\rho\left(e+\frac{v^2}{2}\right)\right](\boldsymbol{v}\cdot\boldsymbol{n})\mathrm{d}A = \iiint_V\rho\boldsymbol{F}\cdot\boldsymbol{v}\mathrm{d}V + \oiint_A\boldsymbol{v}\cdot\boldsymbol{T}\mathrm{d}A + \iiint_V Q_V\mathrm{d}V + \oiint_A\lambda\frac{\partial T}{\partial n}\mathrm{d}A \tag{3-22}$$

用高斯公式将式（3-22）中的面积分分别转化为体积分：

$$\oiint_A\left[\rho\left(e+\frac{v^2}{2}\right)\right](\boldsymbol{v}\cdot\boldsymbol{n})\mathrm{d}A = \iiint_V\nabla\cdot\left[\rho\left(e+\frac{v^2}{2}\right)\boldsymbol{v}\right]\mathrm{d}V = \iiint_V\rho\boldsymbol{v}\cdot\nabla\left(e+\frac{v^2}{2}\right)\mathrm{d}V = \iiint_V\left(e+\frac{v^2}{2}\right)\nabla\cdot\rho\boldsymbol{v}\mathrm{d}V \tag{3-23}$$

$$\oiint_A\boldsymbol{v}\cdot\boldsymbol{T}\mathrm{d}A = \iiint_V\nabla\cdot(\boldsymbol{v}\cdot\boldsymbol{T})\mathrm{d}V \tag{3-24}$$

$$\oiint_A\lambda\frac{\partial T}{\partial n}\mathrm{d}A = \oiint_A\lambda(\nabla T)\cdot\boldsymbol{n}\mathrm{d}A = \iiint_V\lambda\nabla^2T\mathrm{d}V \tag{3-25}$$

将式（3-23）~式（3-25）代入式（3-22）中，可得：

$$\iiint\limits_{V} \left\{ \frac{\partial}{\partial t}\left[\rho\left(e+\frac{v^2}{2}\right)\right] + \rho \boldsymbol{v} \cdot \nabla\left(e+\frac{v^2}{2}\right) + \left(e+\frac{v^2}{2}\right)\nabla \cdot \rho \boldsymbol{v} - \rho \boldsymbol{F} \cdot \boldsymbol{v} - \nabla \cdot (\boldsymbol{v}\cdot\boldsymbol{T}) - Q_V - \lambda\nabla^2 T \right\} \mathrm{d}V = 0$$

$$(3\text{-}26)$$

式（3-26）对任意控制体都应成立，因而在连续流场内应处处满足，所以括号内七项和应为零，即：

$$\frac{\partial}{\partial t}\left[\rho\left(e+\frac{v^2}{2}\right)\right] + \rho \boldsymbol{v} \cdot \nabla\left(e+\frac{v^2}{2}\right) + \left(e+\frac{v^2}{2}\right)\nabla \cdot \rho \boldsymbol{v} - \rho \boldsymbol{F} \cdot \boldsymbol{v} - \nabla \cdot (\boldsymbol{v}\cdot\boldsymbol{T}) - Q_V - \lambda\nabla^2 T = 0$$

$$(3\text{-}27)$$

展开式（3-27）中第一项局部导数，$\dfrac{\partial}{\partial t}\left[\rho\left(e+\dfrac{v^2}{2}\right)\right] = \dfrac{\partial \rho}{\partial t}\left(e+\dfrac{v^2}{2}\right) + \rho\dfrac{\partial\left(e+\dfrac{v^2}{2}\right)}{\partial t}$，并代入式（3-27）左面三项中：

$$\frac{\partial \rho}{\partial t}\left(e+\frac{v^2}{2}\right) + \rho\frac{\partial\left(e+\frac{v^2}{2}\right)}{\partial t} + \rho \boldsymbol{v}\cdot\nabla\left(e+\frac{v^2}{2}\right) + \left(e+\frac{v^2}{2}\right)\nabla\cdot\rho\boldsymbol{v} - \rho \boldsymbol{F}\cdot\boldsymbol{v} - \nabla\cdot(\boldsymbol{v}\cdot\boldsymbol{T}) - Q_V - \lambda\nabla^2 T = 0$$

$$(3\text{-}28)$$

由式（3-28）可得下式：

$$\left(\frac{\partial \rho}{\partial t}+\nabla\cdot\rho\boldsymbol{v}\right)\left(e+\frac{v^2}{2}\right) + \rho\frac{\partial\left(e+\frac{v^2}{2}\right)}{\partial t} + \rho\boldsymbol{v}\cdot\nabla\left(e+\frac{v^2}{2}\right) - \rho\boldsymbol{F}\cdot\boldsymbol{v} - \nabla\cdot(\boldsymbol{v}\cdot\boldsymbol{T}) - Q_V - \lambda\nabla^2 T = 0$$

$$(3\text{-}29)$$

注意到连续方程 $\dfrac{\partial \rho}{\partial t}+\nabla\cdot(\rho\boldsymbol{v})=0$，局部导数展开式的第一项与能量方程中第三项可以抵消，最后流体运动的微分式能量方程如下：

$$\frac{\partial\left(e+\frac{v^2}{2}\right)}{\partial t} + \boldsymbol{v}\cdot\nabla\left(e+\frac{v^2}{2}\right) - \boldsymbol{F}\cdot\boldsymbol{v} - \frac{1}{\rho}\nabla\cdot(\boldsymbol{v}\cdot\boldsymbol{T}) - \frac{Q_V}{\rho} - \frac{\lambda}{\rho}\nabla^2 T = 0 \qquad (3\text{-}30)$$

能量方程可以表述为微团单位质量流体的能量增长率 + 质量力功率 = 单位质量流体的表面力功率 + 微团内单位流体质量的生成热和微团单位质量流体上由热传导输入的热量之和[1]。

3.2　热量传输的基本方程

3.2.1　导热微分方程

任取一体积为 V、表面积为 A 的控制体，考虑控制体本身和在控制体表面上能量的变化，即控制体的能量增长率、生成热和导热传入的热量，控制体的积分能量方程如下：

$$\iiint\limits_{V} \frac{\partial}{\partial t}(\rho e)\mathrm{d}V = \iiint\limits_{V} Q_V \mathrm{d}V + \oiint\limits_{A} \lambda\frac{\partial T}{\partial n}\mathrm{d}A \qquad (3\text{-}31)$$

将式（3-24）代入式（3-31）中，可得：

$$\iiint\limits_{V}\left[\frac{\partial}{\partial t}(\rho e) - Q_V - \lambda\nabla^2 T\right]\mathrm{d}V = 0 \tag{3-32}$$

式（3-32）对任意控制体都应成立，因而在连续流场内应处处满足，所以括号内三项和应为零，即：

$$\frac{\partial}{\partial t}(\rho e) = \lambda\nabla^2 T + Q_V \tag{3-33}$$

对于不可压缩流体（或固体），可认为 $e = c_V T$，并且 $c_V \approx c_p$，$e = c_p T$，将其代入式（3-33）后可得到导热微分方程：

$$\rho c_p\frac{\partial T}{\partial t} = \lambda\nabla^2 T + Q_V \tag{3-34}$$

式（3-34）通常写成：

$$\frac{\partial T}{\partial t} = a\nabla^2 T + \frac{Q_V}{\rho c_p} \tag{3-35}$$

式中，$a = \mu/\rho c_p$，为导温系数，m^2/s。

导热微分方程的物理意义为微元控制体内累计内能的变化率 = 导热进入微元控制体的净热量的变化率 + 微元控制体内产生热量的变化率[4]。

3.2.2 对流换热微分方程

任取一体积为 V、表面积为 A 的控制体，考虑控制体内和表面的热量变化，忽略位能和动能的变化，即控制体能量（其中 e 为内能）、表面的热量、表面黏性产生的耗散热量、生成热量（用 Q_V 内热源强度表示）和导热传入热量总变化的积分对流换热方程如下：

$$\iiint\limits_{V}\frac{\partial}{\partial t}(\rho e)\mathrm{d}V + \oiint\limits_{A}\rho e(\boldsymbol{v}\cdot\boldsymbol{n})\mathrm{d}A = \oiint\limits_{A}\boldsymbol{\Phi}\mathrm{d}A + \iiint\limits_{V}Q_V\mathrm{d}V + \oiint\limits_{A}\lambda\frac{\partial T}{\partial n}\mathrm{d}A \tag{3-36}$$

用高斯公式将式（3-36）中的面积分分别转化为体积分：

$$\oiint\limits_{A}\rho e(\boldsymbol{v}\cdot\boldsymbol{n})\mathrm{d}A = \iiint\limits_{V}\nabla\cdot(\rho e\boldsymbol{v})\mathrm{d}V = \iiint\limits_{V}\boldsymbol{v}\cdot\nabla\rho e\mathrm{d}V + \iiint\limits_{V}e\rho\nabla\cdot\boldsymbol{v}\mathrm{d}V = \iiint\limits_{V}\boldsymbol{v}\cdot\nabla\rho e\mathrm{d}V \tag{3-37}$$

$$\oiint\limits_{A}\boldsymbol{\Phi}\mathrm{d}A = \iiint\limits_{V}\boldsymbol{\Phi}\mathrm{d}V \tag{3-38}$$

将式（3-37）和式（3-38）代入式（3-36）中，可得：

$$\iiint\limits_{V}\left[\frac{\partial}{\partial t}(\rho e) + \boldsymbol{v}\cdot\nabla\rho e - \boldsymbol{\Phi} - Q_V - \lambda\nabla^2 T\right]\mathrm{d}V = 0 \tag{3-39}$$

式（3-39）对任意控制体都应成立，因而在连续流场内应处处满足，所以括号内五项和应为零，即可以得到对流换热的微分方程如下：

$$\frac{\partial}{\partial t}(\rho e) + \boldsymbol{v}\cdot\nabla\rho e - \boldsymbol{\Phi} - Q_V - \lambda\nabla^2 T = 0 \tag{3-40}$$

根据随体导数的定义，$\dfrac{\mathrm{D}(\rho e)}{\mathrm{D}t} = \dfrac{\partial}{\partial t}(\rho e) + \boldsymbol{v}\cdot\nabla\rho e$，式（3-40）可以写成：

$$\rho\frac{\mathrm{D}e}{\mathrm{D}t} = \nabla(\lambda\nabla T) + Q_V + \boldsymbol{\Phi} \tag{3-41}$$

如果忽略黏性力的影响，对于无内源的不可压缩流体，再将 $e = c_p T$ 代入式（3-41）

中，可得傅里叶-克希荷夫换热微分方程：

$$\frac{\mathrm{d}T}{\mathrm{d}t} = a\nabla^2 T \tag{3-42}$$

对流换热微分方程的物理意义为微元控制体内能变化率 = 微元控制体获得的总净热量的变化率 + 微元控制体内热源发热量的变化率 + 外界对微元控制体做功的变化率。

3.3　质量传输的基本方程

3.3.1　分子扩散微分方程

任取一体积为 V、表面积为 A 的控制体，考虑控制体内及由分子扩散和化学反应引起的质量变化，即控制体的质量增长率、由化学反应产生的质量和分子扩散传入的质量，控制体的分子扩散积分方程如下：

$$\iiint_V \frac{\partial \rho}{\partial t}\mathrm{d}V = \iiint_V \boldsymbol{R}\mathrm{d}V + \oiint_A D\frac{\partial c}{\partial n}\mathrm{d}A \tag{3-43}$$

用高斯公式将式（3-43）的面积分转化为体积分：

$$\oiint_A D\frac{\partial c}{\partial n}\mathrm{d}A = \oiint_A D(\nabla c)\cdot\boldsymbol{n}\mathrm{d}A = \iiint_V D\nabla^2 c\mathrm{d}V \tag{3-44}$$

将式（3-44）代入式（3-43）中，可得：

$$\iiint_V \left\{\frac{\partial \rho}{\partial t} - \boldsymbol{R} - D\nabla^2 c\right\}\mathrm{d}V = 0 \tag{3-45}$$

式（3-45）对任意控制体都应成立，因而在连续流场内应处处满足，所以括号内三项和应为零，即：

$$\frac{\partial \rho}{\partial t} = D\nabla^2 c + \boldsymbol{R} \tag{3-46}$$

式中，D 为分子扩散系数，m^2/s。

如果忽略化学反应的影响，式（3-46）可以简化为下式：

$$\frac{\partial \rho}{\partial t} = D\nabla^2 c \tag{3-47}$$

式（3-46）通常被称为菲克第二定律。

分子扩散微分方程的物理意义为微元控制体内累计的质量流率 = 分子扩散进入微元控制体的质量流率 + 微元控制体内化学反应产生的质量流率。

3.3.2　对流传质微分方程

任取一体积为 V、表面积为 A 的控制体，考虑控制体内及由质量传输和化学反应引起的质量变化，即控制体的质量增长率、由化学反应产生的质量流率和分子扩散传入的质量流率，控制体的对流传质的积分方程如下：

$$\iiint_V \frac{\partial \rho}{\partial t}\mathrm{d}V + \oiint_A \rho(\boldsymbol{v}\cdot\boldsymbol{n})\mathrm{d}A = \oiint_V \boldsymbol{R}\mathrm{d}V + \oiint_A D\frac{\partial c}{\partial n}\mathrm{d}A \tag{3-48}$$

将式（3-6）和式（3-34）代入式（3-48）中，可得：

$$\iiint_V \left[\frac{\partial \rho}{\partial t} + \nabla \cdot (\rho v) - R - D \nabla^2 c \right] dV = 0 \tag{3-49}$$

式（3-49）对任意控制体都应成立，因而在连续流场内应处处满足，所以括号内四项和应为零，即可以得到对流传质的微分方程如下：

$$\frac{\partial \rho}{\partial t} + \nabla \cdot (\rho v) - R - D \nabla^2 c = 0 \tag{3-50}$$

式（3-50）可以写成：

$$\frac{\partial \rho}{\partial t} + \rho \nabla \cdot v + v \cdot \nabla \rho - R - D \nabla^2 c = 0 \tag{3-51}$$

根据随体导数的定义和 $\nabla \cdot v = 0$，式（3-50）可以写成：

$$\frac{d\rho}{dt} = D \nabla^2 c + R \tag{3-52}$$

如果忽略化学反应的影响，则：

$$\frac{dT}{dt} = D \nabla^2 c \tag{3-53}$$

对流传质微分方程的物理意义为微元控制体内能变化率 = 微元控制体获得的总净热量的变化率 + 微元控制体内热源发热量的变化率 + 外界对微元控制体做功的变化率。

3.4 边界层理论

3.4.1 边界层理论提出的背景

在稳态条件下，x 轴方向的纳维-斯托克斯方程为：

$$\rho \left(v_x \frac{\partial v_x}{\partial x} + v_y \frac{\partial v_x}{\partial y} + v_z \frac{\partial v_x}{\partial z} \right) = \rho X - \frac{\partial p}{\partial x} + \mu \left(\frac{\partial^2 v_x}{\partial x^2} + \frac{\partial^2 v_x}{\partial y^2} + \frac{\partial^2 v_x}{\partial z^2} \right) \tag{3-54}$$

直角坐标下的正方控制体在 $X - Y$ 平面上对纳维-斯托克斯方程中的惯性力项 $\rho v_x \frac{\partial v_x}{\partial x}$ 和黏性力项 $\mu \frac{\partial^2 v_x}{\partial y^2}$ 的数量级进行对比，见式（3-55）[4]（符号" $\sim$ "表示转化为相应的量纲）。

$$\frac{\rho v_x \frac{\partial v_x}{\partial x}}{\mu \frac{\partial^2 v_x}{\partial y^2}} = \frac{\rho v_x \frac{\partial v_x}{\partial x}}{\mu \frac{\partial}{\partial y}\left(\frac{\partial v_x}{\partial y}\right)} \sim \frac{\rho v \frac{v}{l}}{\mu \frac{v}{l \cdot l}} = \frac{\rho v}{\mu \frac{1}{l}} = \frac{\rho v l}{\mu} = Re \tag{3-55}$$

纳维-斯托克斯方程中惯性力项与黏性力项之比是雷诺数。在一般流速的条件下，纳维-斯托克斯方程中惯性力项与黏性力项的数量级相差 10^5 以上，因此黏性力项可以被忽略。当忽略纳维-斯托克斯方程中的黏性力项时，出现了流体速度越大，流体运动的阻力越接近于零的怪象，这显然违背事实。因为事实上是速度越大，内摩擦力越大，阻力也越大。

雷诺数很大时，纳维-斯托克斯方程中的黏性力项与惯性力项相比是很小的，黏性力项的作用可以忽略不计，因此纳维-斯托克斯方程就简化为理想流体的欧拉方程。在这样的情况下，流体运动的阻力等于零，而这显然违背事实。历史上，这个矛盾被称为达朗贝尔之谜，曾一度使人们对理想流体模型莫衷一是。

3.4.2　边界层的基本概念

3.4.2.1　边界层理论

基于增大雷诺数时剪应力影响范围变小的试验结果，普朗特（Prandtl）于1904年提出了边界层理论。普朗特认为，当雷诺数很高时，流体摩擦的影响将局限于靠近物体表面的薄层（即边界层）内，同时，边界层内的压力与边界层外理想流动的压力是一样的。边界层理论的意义在于，当采用分析方法处理黏性流动后，在边界层内黏性力与惯性力具有相同的数量级，同时可使方程得到简化。例如，压力可由试验或非黏性流理论求出。这样一来只有速度分量是未知数。

普朗特的边界层理论已被试验证实。流体绕过物体流动时，整个流场可划分为边界层Ⅰ、势流Ⅲ和尾迹流Ⅱ三个区域，如图3-2所示。需要说明的是，Ⅲ区是有流体向右流动的，图中画成空白是为了与另外两个区域区分。由于边界层内的速度梯度很大，因此必须考虑黏性的作用，而黏性的影响仅限于边界层内。在势流区（也称为主流区）内，速度梯度很小，黏性的影响可以忽略，因此可应用欧拉方程求解。尾流区的情况则较为复杂。

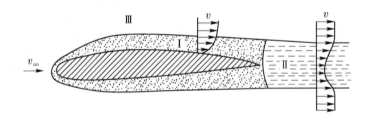

图3-2　绕流物体流动图

Ⅰ—边界层；Ⅱ—尾迹流；Ⅲ—势流

3.4.2.2　边界层的厚度

一般规定，边界层厚度δ为主体流动速度99%处到平板表面的距离。流体流过一固定平板的边界层厚度δ的变化情况（板的长度记为L）如图3-3所示。在平板的前缘O处（称为驻点），边界层厚度为零，在流体流动的方向上，边界层厚度逐渐增加。

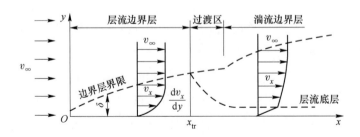

图3-3　层流边界层和湍流边界层示意图

在边界层内，惯性力与黏性力之比属同量级，即：

$$\frac{v\partial v_x / \partial x}{\nu \partial^2 v_x / \partial y^2} \sim \frac{v_\infty^2 / L}{\nu v_\infty / \delta^2} = \frac{v_\infty L}{\nu}\left(\frac{\delta}{L}\right)^2 = Re_L\left(\frac{\delta}{L}\right)^2 \sim 1 \tag{3-56}$$

可得：

$$\frac{\delta}{L} \sim \frac{1}{\sqrt{Re_L}} \tag{3-57}$$

这表明边界层的相对厚度 δ/L 与 Re_L 的平方根成反比。由于 $Re_L \gg 1$，所以边界层的厚度很薄，量级通常为毫米。在图3-3中，距平板前缘 x 处，边界层厚度 $\delta(x)$ 应为：

$$\frac{\delta}{x} \sim \frac{1}{\sqrt{Re_x}} \quad 或 \quad \delta \sim \frac{x}{\sqrt{Re_x}} = \sqrt{\frac{\nu x}{v_\infty}} \tag{3-58}$$

式中，$Re_x = \dfrac{v_\infty x}{\nu}$。

3.4.2.3　边界层的状态和特点

边界层内的流动同样有层流或湍流，如图3-3所示。在边界层的前部，由于 δ 较小，速度梯度 dv_x/dx 很大，黏性切应力作用很大，流动属于层流，称为层流边界层。当 Re_x 达到一定数值时，在经过一个过渡区后，层流转变为湍流，形成所谓湍流边界层。从层流边界层转变为湍流边界层的点 x_{tr} 称为转捩点。影响边界层转捩点的因素很复杂，其中重要的因素有边界层外流体的压力分布、壁面性质、来流的湍流强弱及其各种扰动等。确定转捩点的临界雷诺数主要依靠试验。

对于图3-3所示的流过平板的流动，试验数据表明：$Re_x < 2 \times 10^5$，边界层为层流；$2 \times 10^5 < Re_x < 3 \times 10^6$，边界层可能是层流，也可能是湍流；$Re_x > 3 \times 10^6$，边界层为湍流。

图3-4所示为绕流时混合边界层的结构。

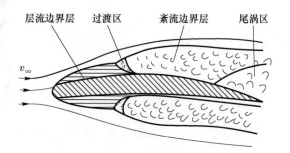

图3-4　绕流时混合边界层的结构

流过平板的边界层有下面特点：

（1）与绕流物体的长度比较，边界层的厚度很小。厚度 δ 从前驻点起沿流动方向逐渐增厚，δ 随 Re 数增加而减小。

（2）边界层内沿厚度方向速度急剧变化（速度梯度大），边界层外为势流区。

（3）边界层内黏性力和惯性力具有相同的数量级。

（4）边界层可以全部是层流；或全部是湍流（有层流底层）；或一部分是层流，另一部分是湍流。

（5）沿曲面边界流动时，边界层易出现分离和尾涡。

3.4.3　边界层微分方程的简化

由于雷诺数很大时边界层相当薄，纳维-斯托克斯方程可以得到若干重要的简化。对于流经平板的不可压缩、稳定的二维流动，连续性方程为：

$$\frac{\partial v_x}{\partial x} + \frac{\partial v_y}{\partial y} = 0 \tag{3-59}$$

此外由于质量力可以忽略，因此纳维-斯托克斯方程如下：

$$v_x \frac{\partial v_x}{\partial x} + v_y \frac{\partial v_x}{\partial y} = -\frac{1}{\rho} \frac{\partial p}{\partial x} + \nu\left(\frac{\partial^2 v_x}{\partial x^2} + \frac{\partial^2 v_x}{\partial y^2}\right) \tag{3-60}$$

$$v_x \frac{\partial v_y}{\partial x} + v_y \frac{\partial v_y}{\partial y} = -\frac{1}{\rho} \frac{\partial p}{\partial y} + \nu\left(\frac{\partial^2 v_y}{\partial x^2} + \frac{\partial^2 v_y}{\partial y^2}\right) \tag{3-61}$$

选定了特征参数之后，可引入无因次量如下：

$$x^* = \frac{x}{L}, \; y^* = \frac{y}{L}, \; v_x^* = \frac{v_x}{v_\infty}, \; v_y^* = \frac{v_y}{v_\infty}, \; p^* = \frac{p}{\rho v_\infty^2} \tag{3-62}$$

设在所有有限大小的量之间相比较时，它们的数量级为 1。因 x 与 L 具有同样的量级，所以 $x^* \sim 1$，同样可得 $v_x^* \sim 1$，$p^* \sim 1$。

根据边界层的特点，边界层的厚度 δ 与物体的特征长度 L 比较，$\delta^* = \dfrac{\delta}{L} \sim \dfrac{1}{\sqrt{Re_L}}$ 的量级很小，即 $\delta^* \ll 1$。由于是研究边界层的流动，因此有 $0 \leqslant y \leqslant \delta$，所以 $y^* \sim \delta^* \ll 1$。

在边界层与势流交界的外边界上，v_x 与特征速度相同，即有：

$$\frac{\partial v_x^*}{\partial x^*} \sim 1, \quad \frac{\partial^2 v_x^*}{\partial x^{*2}} \sim 1, \quad \frac{\partial v_x^*}{\partial y^*} \sim \frac{1}{\delta^*}, \quad \frac{\partial^2 v_x^*}{\partial y^{*2}} \sim \frac{1}{\delta^{*2}} \tag{3-63}$$

又由连续方程，可得：

$$\frac{\partial v_y^*}{\partial y^*} = -\frac{\partial v_x^*}{\partial x^*} \sim 1 \tag{3-64}$$

所以必有 $v_y^* \sim \delta^*$，于是得到：

$$\frac{\partial v_y^*}{\partial x^*} \sim \delta^*, \quad \frac{\partial^2 v_y^*}{\partial x^{*2}} \sim \delta^*, \quad \frac{\partial^2 v_y^*}{\partial y^{*2}} \sim \frac{1}{\delta^*} \tag{3-65}$$

将式（3-62）这些无因次量代入式（3-59）~式（3-61）中，后用 $\left(\dfrac{v_\infty}{L}\right)$ 除以连续性方程各项，以 $\dfrac{v_\infty^2}{L}$ 除以运动方程各项，得到下面量纲为 1 的方程组，并在方程式每一项的下面标注式（3-63）~式（3-65）得到的各项的数量级[4]，即为：

$$\frac{\partial v_x^*}{\partial x^*} + \frac{\partial v_y^*}{\partial y^*} = 0 \tag{3-66}$$

$$11$$

$$v_x^* \frac{\partial v_x^*}{\partial x^*} + v_y^* \frac{\partial v_x^*}{\partial y^*} = -\frac{\partial p^*}{\partial x^*} + \frac{1}{Re_L}\left(\frac{\partial^2 v_x^*}{\partial x^{*2}} + \frac{\partial^2 v_x^*}{\partial y^{*2}}\right) \tag{3-67}$$

$$11\delta^*\frac{1}{\delta^*}1\delta^{*2}1\frac{1}{\delta^{*2}}$$

$$v_x^* \frac{\partial v_y^*}{\partial x^*} + v_y^* \frac{\partial v_y^*}{\partial y^*} = -\frac{\partial p^*}{\partial y^*} + \frac{1}{Re_L}\left(\frac{\partial^2 v_y^*}{\partial x^{*2}} + \frac{\partial^2 v_y^*}{\partial y^{*2}}\right)$$

$$1 \qquad \delta^* \qquad \delta^* \quad 1 \qquad\qquad \frac{1}{\delta^*} \qquad \delta^{*2} \quad \delta^* \qquad \frac{1}{\delta^*}$$

$$(3\text{-}68)$$

现在来分析上述方程组中各项的数量级。式（3-67）中的黏性项$\frac{\partial^2 v_x^*}{\partial x^{*2}}$与$\frac{\partial^2 v_x^*}{\partial y^{*2}}$进行数量级比较，$\frac{\partial^2 v_x^*}{\partial x^{*2}}$可以略去；若比较式（3-68）中的黏性项$\frac{\partial^2 v_y^*}{\partial y^{*2}}$与$\frac{\partial^2 v_y^*}{\partial x^{*2}}$，则$\frac{\partial^2 v_y^*}{\partial x^{*2}}$项可以略去。因此在方程组的黏性项中只剩下式（3-68）中的一项$\frac{\partial^2 v_y^*}{\partial y^{*2}}$。如果比较方程中的所有惯性项的数量级，得到式（3-68）中的两个惯性项可以略去，而式（3-68）中的$v_x \frac{\partial v_y^*}{\partial x^*}$与$v_y \frac{\partial v_y^*}{\partial y^*}$则具有相同的数量级。

最后根据边界层的特点，在边界层内，黏性力与惯性力具有同样的数量级，即$\frac{1}{Re}\frac{\partial^2 v_x^*}{\partial y^{*2}} \sim v_y^* \frac{\partial v_x^*}{\partial y^*}$，由于$v_y^* \frac{\partial v_x^*}{\partial y^*} \sim 1$，而$\frac{\partial^2 v_x^*}{\partial y^{*2}} \sim \frac{1}{\delta^{*2}}$，所以只有当$\frac{1}{Re} \sim \delta^{*2}$时，上述的边界层特点才能得到满足，即$\frac{1}{Re} \sim \delta^{*2} = \left(\frac{\delta}{L}\right)^2$，$\delta$反比于$\sqrt{Re}$，它表明随着$Re$增大，边界层厚度变薄。于是，通过数量级比较，略去方程组中所有数量级小于1的微小项，并还原成有量纲的形式，最后得到边界层的微分方程：

$$\begin{cases} \dfrac{\partial v_x}{\partial x} + \dfrac{\partial v_y}{\partial y} = 0 \\[2mm] v_x \dfrac{\partial v_x}{\partial x} + v_y \dfrac{\partial v_x}{\partial y} = -\dfrac{1}{\rho}\dfrac{\partial p}{\partial x} + \nu \dfrac{\partial^2 v_x}{\partial y^2} \\[2mm] \dfrac{\partial p}{\partial y} = 0 \end{cases} \qquad (3\text{-}69)$$

这就是沿平壁面的不可压缩流体层流边界层内的微分方程组，通常称为普朗特边界层微分方程。它与一般黏性流体力学方程组相比已大为简化，未知量由原来的v_x、v_y、p三个减少为v_x、v_y两个。

3.5 对流换热边界层微分方程组

3.5.1 温度（热）边界层

在对流换热条件下，设主流与壁面之间存在着温度差。在壁面附近的一个薄层内，流体温度在壁面的法线方向上发生剧烈的变化；而在此薄层之外，流体的温度梯度几乎等于零。因此，可以将流动边界层概念推广到温度场中。固体表面附近流体温度发生剧烈变化的薄层称为温度边界层（热边界层），其厚度记为δ_T。对于对流换热，类似于速度边界层的定义，在热量传输中通常将 $T = T_w + 0.99(T_\infty - T_w)$ 定义为 δ_T 的外边界，如图 3-5 所示。

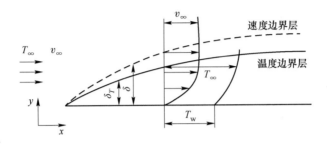

图 3-5　温度边界层和速度边界层（$Pr > 1$）

除液态金属及高黏性的流体外，热边界层厚度 δ_T 在数量级上与流动边界层厚度 δ 相当，因此是个小量。于是对流换热问题的温度场可分为热边界层区与主流区。在主流区，温度变化可视为零，因此热量传递研究的重点集中到热边界层内。

流动边界层对于对流换热有很大影响。层流时，流体分层流动，相邻层间无流体的宏观运动，因而在壁面法线方向上热量的传递只能依靠流体内部的导热；湍流时，流动边界层可分为层流底层、缓冲层和湍流核心层，如图 3-6 所示。

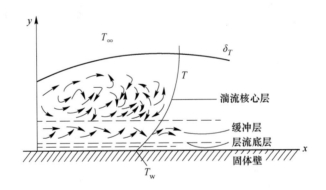

图 3-6　湍流边界层内传热机理

三层的流动状态各不相同，因而传热机理也不同。在层流底层，热量传输仍然依靠导热；在湍流核心中，流体中充满脉动和旋涡，因此在垂直于主流方向上，除了导热外，更主要的是由于强烈混合产生的热量交换，即对流作用；在缓冲层内，分子扩散的导热作用和混合运动的对流作用相差不多。由于流体的导热系数一般很小（液体金属除外），故流体以导热方式传递热量的能力要比对流方式弱得多，因此湍流时对流换热主要取决于层流底层的导热过程。层流底层越薄，温度梯度越大，对流换热越强烈。

热边界层和流动边界层既有联系又有区别。一般来说，流动边界层总是从入口处（$x = 0$）开始发展，而热边界层则不一定，它仅存在于壁面与流体间有温差的地方。此外，热边界层厚度与流动边界层厚度也不一定相等，它们之间的关系主要取决于流体的状态。

3.5.2　对流换热边界层微分方程组

如仅讨论二维对流换热问题，则在不可压缩（$\mathrm{d}p/\mathrm{d}x=0$）条件下，稳态二维形式的对流换热边界层微分方程组可由式（3-70）给出。

$$\begin{cases} \dfrac{\partial v_x}{\partial x}+\dfrac{\partial v_y}{\partial y}=0 \\[2mm] v_x\dfrac{\partial v_x}{\partial x}+v_y\dfrac{\partial v_x}{\partial y}=\nu\dfrac{\partial^2 v_x}{\partial y^2} \\[2mm] v_x\dfrac{\partial T}{\partial x}+v_y\dfrac{\partial T}{\partial y}=a\dfrac{\partial^2 T}{\partial y^2} \\[2mm] \alpha=-\dfrac{\lambda}{\Delta T}\dfrac{\partial T}{\partial y}\bigg|_{y=0} \end{cases} \tag{3-70}$$

式（3-70）中的前三个方程是由式（3-59）、式（3-60）、式（3-61）和式（3-42）在对流换热的热边界层条件下，采用数量级分析方法，将方程式中数量级较小的项舍去，实现方程的合理简化，在不可压缩（$\mathrm{d}p/\mathrm{d}x=0$）条件下得到的（参见3.4节）。

式（3-70）中最后的一个方程式是换热微分方程。由于在贴壁处流体受到黏性的作用，没有相对于壁面的流动，因此被称为贴壁处的无滑移边界条件。由无滑移条件可知，在极薄的贴壁流体层中，热量只能以导热方式传递。将傅里叶定律应用于贴壁流体层，并将牛顿冷却公式 $q=\alpha\Delta T$ 与之联系，把对流换热系数 α 与流体温度场联系起来，对流换热系数 α 的确定依赖于流体温度场的求解。而运动流体内部的温度场则是由能量微分方程决定的。

在式（3-70）中的四个方程包括四个未知数，即 v_x、v_y、T、α，所以方程组封闭，加上定解条件可以求解。

3.6　对流传质边界层微分方程组

对流传质边界层微分方程组的情况与对流边界层微分方程组相似。在浓度边界层中，如果没有扩散组分的产物存在，且 c_A 对 x 的二阶导数 $\dfrac{\partial^2 c_A}{\partial x^2}$ 比 c_A 对 y 的二阶导数小得多，则可用一个与上述方程类似的微分方程式来描述浓度边界层内的传质过程。

对于稳态、不可压缩（$\mathrm{d}p/\mathrm{d}x=0$）、无化学反应、质量扩散率为常数的二维流动，对流传质边界层微分方程组如式（3-71）所示。

$$\begin{cases} \dfrac{\partial v_x}{\partial x}+\dfrac{\partial v_y}{\partial y}=0 \\[2mm] v_x\dfrac{\partial v_x}{\partial x}+v_y\dfrac{\partial v_x}{\partial y}=\nu\dfrac{\partial^2 v_x}{\partial y^2} \\[2mm] v_x\dfrac{\partial c_A}{\partial x}+v_y\dfrac{\partial c_A}{\partial y}=D_{AB}\dfrac{\partial^2 c_A}{\partial y^2} \\[2mm] k=-\dfrac{D}{\Delta c}\dfrac{\partial c}{\partial y}\bigg|_{y=0} \end{cases} \tag{3-71}$$

式（3-71）中的第三个方程是式（3-59）在对流传质的边界层下，采用数量级分析方法，将方程式中数量级较小的项舍去而得到的。而式（3-71）中的最后一个方程式是传质微分方程。由无滑移条件可知，在极薄的贴壁流体层中，质量只能以分子扩散的方式传递。将费克第一定律应用于贴壁流体层，并将对流传质公式 $N = k\Delta c$ 与之联系，可得传质微分方程。把对流传质系数 k 与流体浓度场联系起来，对流传质系数 k 的确定依赖于流体温度场的求解。而运动流体内部的浓度场是由质量微分方程决定的。

同样，在式（3-71）中的四个方程包括四个未知数，即 v_x、v_y、c、k，所以方程组封闭，加上定解条件可以求解。

3.7　本章小结

基于冶金过程的复杂性和各自主体设备的特殊性，不宜照搬化学反应工程学，即用"三传"中流体在圆管中的成熟研究结果来建立反应器理论，并以此作为冶金反应过程学的基础。对冶金反应过程进行解析时，首先要以"三传"的基本方程为基础，并根据不同情况进行优化，来建立各反应过程的数学模型。将"三传"基本微分方程和边界层理论作为冶金反应工程学的基础内容，适合冶金过程的特点。

采用了控制体法研究"三传"的基本微分方程。分析控制体存在的不同物理量，方便地给出控制体内的积分方程，然后由高斯公式数学变换（将面积分转换为体积分），进而得到微元控制体的微分方程。通过积分方程的转换得到"三传"的基本微分方程的方法较直接采用微分方程的方法相对简便和直观，但对高等数学的知识要求较高。在一般的冶金传输原理教材中，多在微元六面正方体上，通过分析微元体不同物理量的变化，由微分方法得到"三传"的基本方程，对物理意义的了解会更深刻些，另外，对高等数学的知识要求相对低些，但推导的过程有些烦琐。对比两种导出"三传"的基本微分方程的方法，可以更好地掌握"三传"的基本方程。

普朗特提出的边界层理论认为，雷诺数较大时，流体摩擦的影响将局限于靠近物体表面的薄层内，即边界层内，且边界层内没有显著的压力变化，即边界层内外的压力相同。其意义为当边界层内速度或雷诺数很大时，黏性流动的黏性力与惯性力具有相同的数量级。由于实际流体的黏性力仅在流体表面很薄的边界层区域内，将边界层理论应用到纳维-斯托克斯方程，建立了能够准确描述实际流体流动的普朗特边界微分方程；在很薄的边界层区域外，黏性力不存在，边界层外区域的纳维-斯托克斯方程从本质上讲是理想的欧拉运动方程。采用边界层理论解决了持续两个世纪的达朗贝尔之谜。需要指出的是，普朗特边界微分方程不是纳维-斯托克斯方程的简单化，而是由于边界层理论厚度非常薄，使得方程中的一些项可以忽略不计，而得到的边界层动量微分方程。

利用边界层理论和无因次量，得到了实际流体流动边界层内的普朗特微分方程组。同理，给出了对流传热边界层微分方程组和对流传质边界层微分方程组。这些方程组的未知数和独立的方程数相同，加上定解条件和各方程的系数（动力学参数），可以对数学模型（微分方程）求解。

需要特别指出的是，不能简单地认为边界层微分方程是纳维-斯托克斯方程的简化形式。由于在纳维-斯托克斯方程中考虑黏性力影响所占的比例非常小，如果用纳维-斯托克斯方程计算黏性力的影响，计算程序中有效数值的位数要非常多，才能保证在计算过程中黏性力的影响不被忽略。这样做并无实际意义，因为即便利用大量的高速计算资源，其计算结果与符合边界层很薄的实际情况差异仍然很大。

普朗特关于边界层理论的论文引起了数学家克莱因的关注，克莱因因此举荐普朗特成为哥廷根大学技术物理学院主任。在随后的几十年中，普朗特将这所学院发展成为空气动力学理论的推进器。普朗特注意理论与实际的联系，重视观察和分析力学现象，养成非凡的直观洞察能力，善于抓住物理本质，概括出数学方程。这些对我们进行创新工作有非常好的启迪。

普朗特和阿道夫·布斯曼（Adolf Busemann）一起提出了一种超声速喷管的设计方法。直到今天，所有超声速风洞和火箭喷管的设计仍然采用普朗特的方法。关于超声速流动的完整理论，最后由普朗特的学生西奥多·冯·卡门（Theodore von Karman）完成。普朗特在边界层理论、风洞试验技术、机翼理论、紊流理论等方面都取得了许多开创性成果，做出了重要的贡献，奠定了现代流体力学的基础，被称为空气动力学之父和现代流体力学之父。

思 考 题

1. 对比采用积分法和微分法得到的"三传"的基本微分方程的两种方法。

2. 为什么在欧拉理想运动方程中加入考虑黏性力项得到的纳维-斯托克斯方程与实际流体速度越大，雷诺数越大，黏性力也应该越大的情况完全不符，即达朗贝尔之谜的本质是什么？

3. 普朗特的边界层理论是什么？为什么说不能认为普朗特边界微分方程是纳维-斯托克斯方程的简化，而是描述实际流体在流动过程中随着流速增加，雷诺数增大，黏性力也增加的情况吻合的边界层动量微分方程？

4. 叙述普朗特解决达朗贝尔之谜的方法和思路，并说明其为我们进行创新性的研究提供了哪些启迪。

参 考 文 献

［1］ 张兆顺，崔贵香．流体力学［M］．2版．北京：清华大学出版社，2006.

［2］ Welty J R, Wicks C E, Wilson R E, et al. 动量、热量和质量传递原理［M］．北京：化学工业出版社，2005.

［3］ 沈颐身，李保卫，吴懋林．冶金传输原理基础［M］．北京：冶金工业出版社，1999.

［4］ 吴铿．冶金传输原理［M］．北京：冶金工业出版社，2011.

4 定解条件及"三传"基本方程的传输系数

本章提要：

建立冶金过程的数学模型（微分方程）后，由相关动力学参数可以对冶金反应过程进行解析。相关动力学参数的充足和精确对完整和准确地描述冶金反应过程至关重要，其中定解条件包含几何条件、物理条件、边界条件和时间条件。由于热量传输在边界上不仅有温度变化，还有能量的变化，其边界条件较动量传输复杂；而质量传输在边界上不仅有质量变化，还可能有化学反应，其边界条件最为复杂。不考虑流动和考虑流动情况下的"三传"微分方程的传输系数分别为牛顿黏性系数、傅里叶导热系数、菲克分子扩散系数和流体阻力系数 C_z、对流换热系数 α、对流传质系数 k。采用雷诺类比和柯尔伯恩类比导出动量传输系数与热量传输系数的关系，同理可以得到"三传"中传输系数之间的关系。冶金过程的反应物质大部分是多样、非均匀及理化特性可变的，本章讨论冶金过程中复杂体系对相关动力学参数的影响及基本方程的传输系数相关公式的使用条件。

4.1 定解条件及传热和传质的边界条件

4.1.1 定解条件

定解条件包括：

（1）几何条件。任何具体现象都发生在一定的几何空间内，因此物体的几何形状和大小必须事先给定。

（2）物理条件。任何具体现象必须有介质参与，因此介质的物理性质（如密度、热容、导温系数等）也是定解所需的条件。由于密度 ρ 与重力加速度 g 有关，因此 g 是伴随 ρ 出现的物理量，故 g 也属于定解条件。

（3）边界条件。任何具体现象都发生在某一体系内，而该体系必然受到其直接相邻的边界情况的影响。因此，发生在边界的情况也是定解条件。

（4）初始条件。除非进入稳态，任何过程的发展都会受到初始状态的影响。例如，流速、温度等在初始时的分布规律会直接影响以后的过程。因此，初始条件也属于定解条件。

当上述定解条件给定以后，一个特定的分布状态也就确定了。

4.1.2 热量传输的边界条件

对流换热问题的边界条件包括温度边界条件和速度边界条件。对于固体导热问题，不涉及速度边界条件[1]。

温度边界条件是指物体边界上的温度分布或换热情况。常见的温度边界条件可分为三类：

（1）第一类边界条件是已知任何时刻边界面上的温度分布，最简单的情况是边界上的温度始终不变，即：

$$T\big|_{w} = T_{w} = \text{const.} \tag{4-1}$$

式中，下标 w 表示边界面。如果 T_{w} 随时间而变化，则应给出 $T_{w} = f(t)$ 的函数关系。

（2）第二类边界条件是已知任何时刻物体边界面上的热流密度，即

$$-\lambda \frac{\partial T}{\partial n}\bigg|_{w} = q_{w} \tag{4-2}$$

式中，n 为表面 w 的法线方向。同样，q_{w} 可以是常数，也可以是确定的时间函数。

这类边界条件的特例是边界面完全绝热。此时，边界条件可表示为：

$$\frac{\partial T}{\partial n}\bigg|_{w} = 0 \tag{4-3}$$

（3）第三类边界条件也称对流边界条件，它是已知物体周围介质的温度 T_{f}，以及边界面与周围介质之间的对流换热系数 α。这类边界条件可表示为：

$$-\lambda \frac{\partial T}{\partial n}\bigg|_{w} = \alpha(T_{w} - T_{f}) \tag{4-4}$$

式中，α 及 T_{f} 可为常数也可随时间而变化；λ 指固体的导热系数。

若边界上同时存在对流换热和辐射换热，则也可表示为第三类边界条件，这时将式（4-4）中的 α 用总换热系数 α_{Σ} 代替。

4.1.3 质量传输的边界条件

传质过程常见的边界条件有：

（1）系统的表面浓度为已知。这个边界浓度有多种表示方法，可以用物质的量浓度 c_{As}，也可以用质量浓度 ρ_{As}，对于气体可用摩尔分数 y_{As}。对于液体和固体可用 x_{As}。当该边界特指一相为纯组分、另一相为混合物的两相界面时，混合物中扩散组分 A 在边界上的浓度需满足化学势相等的要求。对于纯液态或纯固态扩散到混合气体中的情况，混合气体中组分 A 在边界上的分压必须等于组分 A 的饱和蒸气压 p_{A}，即 $p_{As} = p_{A}$。同理，对于纯固态溶解到液体混合物中的情况，液体中组分 A 在边界上的浓度必须等于组分 A 的饱和浓度 c_{A^*}，即 $c_{As} = c_{A^*}$。

对于组分 A 在气液两相中扩散的情况，有两种方法可以确定两相界面上组分 A 的浓度：

1）在组分 A 在气液两相中的含量均较高的情况下，拉乌尔（Raoult）定律给出了理想溶液在液面处的边界条件为：

$$p_{As} = p_{A}x_{A} \tag{4-5}$$

式中，x_{A} 为组分 A 在溶液中的摩尔分数；p_{A} 为纯 A（溶剂）的蒸气压力，Pa；p_{As} 为溶液中溶入溶质 B 时，与之平衡的气相中 A 的分压，Pa。组分 A 的气体分压与摩尔分数有关：

$$y_{As} = \frac{p_{As}}{p} \tag{4-6}$$

式中，p 为气体总压力。根据理想气体状态方程，可得组分 A 的物质的量浓度 c_{As}：

$$c_{As} = \frac{p_{As}}{RT} \tag{4-7}$$

式中，c_{As} 为组分 A 的物质的量浓度，mol/cm^3；p_{As} 为气相中 A 组分的分压，Pa；R 为气体常数；T 为温度，K。

2）当组分 A 在液体中的溶解度较低时，其溶解度与气相平衡分压之间服从亨利（Henry）定律：

$$p_A = Hx_A \tag{4-8}$$

式中，p_A 为气相中 A 组分的分压，Pa；H 为亨利常数。

同样，当气固两相平衡时：

$$c_{A,solid} = S \cdot p_A \tag{4-9}$$

式中，$c_{A,solid}$ 为边界处固相中组分 A 的物质的量浓度，mol/cm^3；p_A 为固体上方气相中 A 组分的分压，Pa；S 为比例系数，即溶解度常数，$mol/(cm^3 \cdot Pa)$。

（2）系统表面的质量流密度为已知。它可以是时间的函数，也可以是常数，甚至为零。对于不同的界面反应，通常有以下三种情况：

1）某组分的反应流密度与其他组分的反应流密度符合化学计量数。

2）界面上存在某一限定的化学反应速率，该速率以梯度形式影响边界上的组分流密度。

3）当扩散组分经过一个瞬时反应而在边界上消失时，该组分浓度一般可假设为零。因此，组分 A 成为限制化学反应的物质。

（3）给定边界条件下的对流速率。当流体流过有质量传输的表面时，对流传质作用决定了传质流密度，如在边界上，即 $z = 0$ 处，扩散经过液体边界层的对流传质流密度即为：

$$N_A\big|_{z=0} = k_c(c_{As} - c_{A\infty}) \tag{4-10}$$

式中，$c_{A\infty}$ 为组分 A 在主流核心区的浓度；c_{As} 为其在靠近传质界面处的浓度；k_c 为对流传质系数。

（4）对于给定边界层上组分 A 的流动流密度等于零。工程技术感兴趣的是寻找因非渗透表面或中心对称可控体积而导致的零流密度的位置，或是其流密度值如下式所示的位置：

$$N_A\big|_{z=0} = -D_{AB}\frac{dc_A}{dz}\bigg|_{z=0} = 0 \quad 或 \quad \frac{dc_A}{dz}\bigg|_{z=0} = 0 \tag{4-11}$$

（5）系统内各物性为已知。系统由参与传质过程的各物性来确定，如扩散系数、对流传质系数、浓度、密度、热容等物性。它可以是固定不变的常数，也可以是随温度、浓度、压力等改变的变量。

4.2　动量传输过程的阻力系数

4.2.1　牛顿流体的黏性系数

流体在变形和流动时，其本身所表现出的一种阻滞流动或变形的性质，称为流体的黏性。由流体黏性而产生的阻滞流动的作用力称为摩擦力或黏性力。牛顿于 1686 年提出了确定流体黏性力的牛顿黏性定律：当流体的流层之间存在相对位移（即存在速度梯度）时，由于流体的黏性作用，在速度不等的流层或流体与固体表面之间，所产生的内摩擦力（黏性力）的大小与速度梯度和接触面积成正比，其比值则与流体的黏性有关[2]。

在稳定状态下，牛顿黏性定律的黏性切应力 τ_{yx} 可以表示为：

$$\tau_{yx} = -\mu \frac{\mathrm{d}v_x}{\mathrm{d}y} \tag{4-12}$$

式中，τ_{yx} 为黏性切应力，又称黏性的动量通量，其脚注分别表示动量传输的方向 y 和所讨论的速度分量 x。

由牛顿黏性定律可以看出，黏性切应力的单位为 Pa。由于 kg×(m/s) 是动量的单位，而 Pa = N/m² = kg×(m/s²)/m² = kg×(m/s)/(m²·s)，因此黏性切应力也可以看作单位时间通过单位面积的动量，称为动量流密度。从宏观上看，较快层流体受到较慢层流体的向后拖曳力，而较慢层流体受到较快层流体的向前带动力，它们大小相等、方向相反，分别作用在两层界面的表面上，这就是两层界面上产生的黏性力。

对于不可压缩流体，式（4-12）可改写为：

$$\tau = -\nu \frac{\mathrm{d}(\rho v_x)}{\mathrm{d}y} \tag{4-13}$$

式中，ν 为运动黏性系数，又称动量的扩散系数；$\mathrm{d}(\rho v_x)/\mathrm{d}y$ 为单位体积流体在 y 方向上的动量浓度梯度，kg/(s·m³)，其具体物理意义是 [kg×(m/s)/m³]/m；负号说明动量是从高速到低速的方向传输的。

4.2.2 流体流动的阻力系数

尼古兹对不同直径、不同流量的管流进行了大量的实验，而且考虑了粗糙度的影响。依据雷诺数大小，可以将实验曲线分为五个区域：

（1）层流区（$Re < 2300$）：当管流处于层流状态时，管壁粗糙度对阻力系数 C_z 没有影响，$C_z = 64/Re$，即只是 Re 的函数。

（2）过渡区（$2300 < Re < 4000$）：这是由层流向湍流过渡的不稳定区域，可能是层流，也可能是湍流。

（3）湍流水力光滑区 $[4000 < Re < 26.98(d/\varepsilon)^{8/7}]$：对于充分发展的湍流，$C_z$ 与相对粗糙度 d/ε 无关，只是 Re 的函数。当 $4000 < Re < 10^5$ 时，该区域内阻力系数的经验公式为：

$$C_z = \frac{0.3164}{Re^{0.25}} \tag{4-14}$$

式（4-14）在工程计算中常被采用。该式表明，光滑圆管中的沿程损失 Δh_f 与 v_m 成正比，故称湍流光滑管区为 1.75 次方阻力区。

当 $Re > 10^5$ 时，采用下面的公式：

$$\frac{1}{\sqrt{C_z}} = 2\lg(Re\sqrt{C_z}) - 0.8 \tag{4-15}$$

式（4-15）称作光滑圆管中湍流的卡门-普朗特阻力系数公式，其适用范围为 $4000 < Re < 26.98(d/\varepsilon)^{8/7}$。

（4）湍流粗糙管过渡区 $[26.98(d/\varepsilon)^{8/7} < Re < 4160(d/2\varepsilon)^{0.85}]$：随着 Re 数的增大，湍流流动的层流底层逐渐减薄，水力光滑管逐渐过渡为水力粗糙管，这一区域的阻力系数与雷诺数、相对粗糙度都有关，即 $C_z = f(Re, d/\varepsilon)$。$C_z$ 可按如下经验公式进行计算：

$$\frac{1}{\sqrt{C_z}} = -2\lg\left(\frac{2.51}{Re\sqrt{C_z}} + \frac{\varepsilon}{3.71d}\right) \tag{4-16}$$

（5）湍流粗糙管平方阻力区：当 Re 增大到一定程度时，湍流充分发展，流动能量的损失主要取决于脉动运动，黏性的影响可以忽略不计。因此阻力系数 C_z 与 Re 无关，只与相对粗糙度 d/ε 有关。在这一区间的沿程损失 Δh_f 与 v_m^2 成正比，故称此区域为平方阻力区，其阻力系数计算公式如下：

$$\frac{1}{\sqrt{C_z}} = 2\lg\frac{d}{2\varepsilon} + 1.74 \tag{4-17}$$

流体的阻力系数 C_z 与许多因素有关，与各影响因素的函数关系为：

$$C_z = f(\nu, \varepsilon, d, v, \rho, T, L, \Psi) \tag{4-18}$$

式中，ν 为运动黏性系数，$kg/(s \cdot m^3)$；ε 为空隙度；d 为直径，m；v 为速率，m/s；ρ 为密度，kg/m^3；L 为长度，m；Ψ 为壁面的几何因素。

4.3   热量传输过程的传热系数

4.3.1   傅里叶导热系数

根据傅里叶定律：

$$\lambda = \frac{Q}{-(\partial T/\partial x)} \tag{4-19}$$

式中，λ 为热导率，也称为导热系数，$W/(m \cdot K)$。

λ 的物理意义为沿热流方向的单位长度上，温度降低 1 K 时通过单位面积的导热量，其数值的大小反映了物质的导热能力，是材料宏观的物理性质，λ 越大，该物质的导热能力越强。

导热系数是衡量物质导热能力的重要参数，是物质的固有性质之一，其值的大小与材料的几何形状无关，主要取决于材料的成分、内部结构、密度、温度、压力和湿度等，故其影响因素是复杂的，即使是同一工程材料，由于生产及使用条件不同，导热系数也有很大差异，在计算中采用的数值都是由专门试验测定出来的。

一般而言，由于材料性质不同，不同物质的导热机理不同[3,4]。

4.3.1.1   气体导热

按分子运动理论，对于理想气体有如下关系：

$$\lambda = \frac{c_V \cdot \bar{l} \cdot \rho}{3}\sqrt{\frac{3RT}{M}} \tag{4-20}$$

式中，c_V 为气体比定容热容，$J/(kg \cdot K)$；$\bar{l}$ 为气体分子平均自由路程，m；ρ 为气体密度，kg/m^3；R 为通用气体常数，8.314 $J/(mol \cdot K)$；T 为气体绝对温度，K；M 为相对分子质量，g/mol。

气体导热系数和温度有如下关系：

$$\lambda = \lambda_0 \left(\frac{T}{T_0} \right)^n \tag{4-21}$$

式中，λ_0 为 273 K 时的导热系数，W/(m·K)；$T_0 = 273.16$ K；n 为试验常数，对于 N_2 和 Ar 为 0.8，H_2 为 0.78，水蒸气为 1.48，空气为 0.82，CO_2 为 1.23，O_2 为 0.87。

混合气体的导热系数只能测定，粗略估算时可用叠加法，即：

$$\lambda = \frac{x_1 M_1 \lambda_1 + x_2 M_2 \lambda_2 + \cdots}{M} \tag{4-22}$$

式中，x_1、x_2…为各组分气体的体积分数；M_1、M_2…为各组分的分子量；M 为混合气体的分子量；λ_1、λ_2…为各组分的导热系数，W/(m·K)。

4.3.1.2　液体导热

液体导热在常温下有如下关系（压力对液体导热性的影响很小，可以忽略）：

$$\lambda = \frac{k}{\varepsilon} c_p \rho^{\frac{4}{3}} \tag{4-23}$$

式中，k 为与液体成分及分子量有关的常数；ε 为表示液体结构特点的系数，对于缔合作用较强的液体（如水、甘油等），$\varepsilon > 1$，对于非缔合液体，$\varepsilon < 1$；c_p 为定压比热，J/(kg·K)；ρ 为液体密度，kg/m³。

4.3.1.3　金属导热

多数金属是热的良导体，这是因为金属中不仅有晶格波动的传递作用，还有大量自由电子的碰撞和扩散，而且后者具有更强的导热作用。可见纯金属的导热能力与导电能力之间应有密切关系。试验得出导热系数与导电系数 σ（为 $1/\rho$，ρ 为电阻率）之间有如下关系：

$$\frac{\lambda}{\sigma T} = L \approx 常数 \tag{4-24}$$

当金属中含有杂质或晶格出现缺陷时，其导热系数降低。因此，合金的导热能力总是低于组成该合金的纯金属。

大多数金属的导热系数随温度升高而降低，而且在熔点或晶型转变点上，通常发生突变。

4.3.1.4　非金属固体及多孔材料的导热

非金属结晶物质，其导热系数依靠晶格振动形式的弹性波而传播，可得如下关系式：

$$\lambda = \frac{1}{4} c_p a_{音} \bar{I} \tag{4-25}$$

式中，$a_{音}$ 为该物体中的音速；$\bar{I}$ 为热弹性波平均作用距离，即为波动强度降低为原来 $1/e$ 时的距离（e 为自然对数的底）。

多孔材料的导热机理较复杂。一般情况下，孔隙内充满导热系数很低的空气或其他的气体。材料中的孔隙越细越多，导热系数越低。

物质的导热系数与温度和压力有关。但是由于固体和液体的不可压缩性，以及气体热导率在较大压力范围内变化不大，因而一般可以把热导率仅仅视为温度的函数，而且在一定的温度范围常用线性关系来描述，即：

$$\lambda = \lambda_0 (1 + aT) = \lambda_0 + bT \tag{4-26}$$

式中，λ_0 为参考温度下的热导率，W/(m·K)；a、b 为实验常数；T 为温度，K。

4.3.2　对流换热系数

热流量和热流密度都可按牛顿公式计算，即：

$$Q = \alpha(T_w - T_f)A \quad \text{或} \quad q = \frac{Q}{A} = \alpha(T_w - T_f) \tag{4-27}$$

式中，T_w 为壁面温度，K；T_f 为流体平均温度，K；A 为与流体接触的壁面面积，m^2；α 为比例系数，称为对流换热系数，简称换热系数，$W/(m^2 \cdot K)$。

牛顿公式没有揭示对流换热系数的本质，仅给出了对流换热系数 α 的数学定义[3,5]。

对流换热系数 α 与各影响因素的函数关系为：

$$\alpha = f(\nu, \lambda, c_p, \rho, T_w, T_f, L, \Psi) \tag{4-28}$$

因影响对流换热的因素众多，只有在层流条件下可以通过方程求解。布拉修斯在平板层流边界层微分方程中首次引入流函数，得到的平板层流对流换热的局部换热系数和平均换热系数，分别见式（4-29）和式（4-30）。

$$\alpha_x = 0.332 \frac{\lambda}{x} Re_x^{\frac{1}{2}} Pr^{1/3} \tag{4-29}$$

$$\alpha_L = 0.664 \frac{\lambda}{L} Re_L^{\frac{1}{2}} Pr^{1/3} \tag{4-30}$$

式（4-29）和式（4-30）适用于恒壁温，平板层流边界层的情况，应用范围为 $0.6 < Pr < 50$，$Re < 5 \times 10^5$。计算时流体物性参数的温度取边界层平均温度 $T_m = (T_\infty + T_w)/2$。

金属沿平板流动时的对流换热系数的公式为：

$$\alpha_x = 0.564 \frac{\lambda}{x} Re_x^{\frac{1}{2}} Pr^{\frac{1}{2}} \tag{4-31}$$

4.3.2.1　管内湍流时的换热

对于管内湍流换热，应用较为广泛的换热系数为：

$$\alpha_d = 0.023 \frac{\lambda}{d} Re_d^{0.8} Pr^n \tag{4-32}$$

式中，n 在加热时为 0.4，在冷却时为 0.3。

（1）管内层流时的换热。对于管内层流时的对流换热，通常采用下式：

$$\alpha_d = 1.86 \frac{\lambda}{d} \left(Pe_d \cdot \frac{d}{L} \right)^{\frac{1}{3}} \left(\frac{\mu_\infty}{\mu_w} \right)^{0.14} \tag{4-33}$$

式中，$Pe_d = Re_d \cdot Pr$，称为贝克列（Peclet）数。适用范围为 $\left(Pe_d \cdot \dfrac{d}{L} \right) > 10$。

（2）管内过渡区的换热。当 $Re_d = 2300 \sim 10^4$ 时，流动处于过渡状态。此时，对流换热系数的计算公式为：

$$\alpha_d = 0.116 \frac{\lambda}{d} \left(Re_d^{\frac{2}{3}} - 125 \right) Pr_d^{\frac{1}{3}} \left[1 + \left(\frac{d}{L} \right)^{\frac{2}{3}} \right] \left(\frac{\mu_f}{\mu_w} \right)^{0.14} \tag{4-34}$$

在式（4-34）中，除黏度 μ_w 是由 T_w 决定外，其他物性参数均取决于流体平均温度。

（3）管内液态金属湍流时的换热。液态金属在管内湍流流动时，对流换热的公式为：

$$\alpha_d = (7 + 0.025 Pe_d^{0.8}) \frac{\lambda}{d} \tag{4-35}$$

式（4-33）适用范围为 $Pe_d = 200 \sim 10000$。

4.3.2.2 外部流动的强制对流换热

（1）绕流球体。流体流过单个球体时，流体与球体表面之间的平均对流换热系数如下所示：

$$\alpha_d = \left(2.0 + 0.6 Re_d^{\frac{1}{2}} Pr^{\frac{1}{3}} \right) \frac{\lambda}{d} \tag{4-36}$$

式（4-36）的适用范围为 $Re_d = 1 \sim 70000$；$Pr = 0.6 \sim 400$，温度用 T_m 表示，尺寸用球体直径 d 表示。

（2）绕流圆柱体。流体横向流过圆管或圆柱体时（指流动方向垂直于管子的中轴线），平均换热系数的对流换热计算式为：

气体
$$\alpha_d = C \frac{\lambda}{d} Re_d^n \tag{4-37}$$

液体
$$\alpha_d = 1.1 \frac{\lambda}{d} C Re_d^n Pr^{\frac{1}{3}} \tag{4-38}$$

式中，常数 C、n 取决于 Re_d，见表4-1。定性温度取 T_m，定型尺寸取圆管外径 d。

表4-1 绕流圆柱对流换热关联式中的 C 和 n 值

Re_d	C	n
0.4 ~ 4	0.891	0.330
4 ~ 40	0.821	0.385
40 ~ 4000	0.615	0.466
4000 ~ 40000	0.174	0.618
40000 ~ 250000	0.024	0.805

4.3.2.3 自然对流换热

自然对流换热在工程中广泛使用如下公式：

$$\alpha_l = C \frac{\lambda}{l} (Gr_l \cdot Pr)^n \tag{4-39}$$

式中，C 和 n 是由实验确定的常数；格拉晓夫数 $Gr_l = \dfrac{g\beta\Delta T l^3}{\nu^2}$，其中下标 l 为特征长度。

自然对流有不同的情况，如大空间自然对流换热、有限空间自然对流换热等，对应的关联式可以查看相关教材等[1-5]。

4.4 质量传输过程的传质系数

4.4.1 菲克分子扩散系数

根据菲克第一定律：

$$D = \frac{J}{-(\partial c / \partial x)} \tag{4-40}$$

式中，D 为分子扩散系数，m^2/s。

分子扩散系数为物质的物理属性，表示扩散能力的大小。它可以理解为沿扩散方向，在单位时间内，浓度梯度为 1 时，通过单位面积的质量，其单位为 m^2/s。它与物质的运动黏度和导温系数具有相似的物理意义。

分子扩散系数与物质的种类、结构状态、温度、压力、浓度等都有关系。气体的扩散性能最好，其扩散系数 $D = 1.0 \times 10^{-5} \sim 1.0 \times 10^{-4} (m^2/s)$，固体的扩散性能最差，其扩散系数 $D = 1 \times 10^{-14} \sim 1 \times 10^{-10} (m^2/s)$，液体居中，其扩散系数 $D = 1 \times 10^{-10} \sim 1 \times 10^{-9} (m^2/s)$。

4.4.1.1 气体的分子扩散系数

单一气体在常温下的数据可以查表获得[6]。在缺乏实际数据的情况下，通常可用如下半经验式计算：

$$D_{AB} = \frac{10^{-7} T^{1.75} \sqrt{\dfrac{1}{M_A} + \dfrac{1}{M_B}}}{p(V_A^{1/3} + V_B^{1/3})^2} \tag{4-41}$$

式中，T 为绝对温度，K；M_A、M_B 为组分 A、B 的分子量；p 为混合气体的压力，atm；V_A、V_B 分别为两气体的扩散体积，cm^3/mol。

4.4.1.2 液体的分子扩散系数

溶质在液体中的扩散系数不仅与液体种类和温度有关，而且随溶质的浓度而变。稀溶液中的溶质在液相中的扩散系数的计算，只能采用半经验的方法。

从一些相关文献中可以查到某些物质在液态纯铁中的自扩散系数和互扩散系数，但数据不多。

4.4.1.3 固体的分子（原子）扩散系数

固体内部的扩散遵守菲克第一定律。如与固体结构无关的扩散，与静止液体内的扩散极为相似，它属于分子（原子）在均相系统内的扩散。固态中的扩散很缓慢，只有在高温下扩散现象才比较显著。

与固体结构密切相关的扩散可以分为：

（1）分子扩散型：与气体扩散类似，用气体扩散的公式。

（2）纽特孙扩散型：

$$D_{KP} = \frac{2}{3} r_m v_{Am} = \frac{2}{3} r_m \sqrt{\frac{RT}{\pi M_A}} = 97 r_m \sqrt{\frac{T}{M_A}} \tag{4-42}$$

式中，D_{KP} 为纽特孙扩散系数，cm^2/s；r_m 为孔的半径平均值，m；v_{Am} 为组分 A 分子的均方根速度，m/s；M_A 为组分 A 的分子量；T 为绝对温度，K。

（3）表面扩散型：

$$J_{Az} = -\left[\left(\frac{1}{D_{ABP}} + \frac{1}{D_{KP}} \right)^{-1} + K D_{sp} \right] \frac{dc_A}{dz} \tag{4-43}$$

式中，D_{sp} 为表面扩散系数，m^2/s；K 为常数。

4.4.2 对流传质系数

传质流密度与对流传质系数有关[7]。对流传质流密度方程可表述为：

$$N_A = k_c \Delta c_A \tag{4-44}$$

式中，N_A 为物质 A 的摩尔质量流密度；Δc_A 为边界表面密度与运动流体平均密度之差；k_c 为对流传质系数。

对流传质是流体中分子扩散和物质对流共同作用的结果，受到众多因素的影响。可将对流传质系数 k 与各影响因素写成如下函数关系：

$$k = f(\nu, D, \mu_p, \rho, c_w, c_f, L, \Psi, \text{Rea.}) \tag{4-45}$$

式中，Rea. 表示化学素。

式（4-45）表明对流传质系数与对流换热系数都是非常复杂的。由于对流换热和对流传质都涉及流体的流动，这两个系数均与流体性质、流动状态以及流场的几何特性等有关。由于对流传质方程和对流换热方程彼此极为相似，可以将对流换热的分析方法用于对流传质系数。

因影响对流换热的因素众多，只有在层流条件下可以通过方程求解，同样采用布拉修斯引入流函数的方法，求解平板热边界层微分方程，分别得到长板的局部和平均对流传质系数，见式（4-46）和式（4-47）。

$$k_c = 0.332 \frac{D_{AB}}{x} Re_x^{1/2} Sc^{1/3} \tag{4-46}$$

$$k_{cm} = 0.664 \frac{D_{AB}}{L} Re_L^{1/2} Sc^{1/3} \tag{4-47}$$

式中，$Re_L = \dfrac{\rho v_\infty L}{\mu}$；$L$ 为平板沿流体流动方向的特征长度。

通过湍流边界层条件下的对流传质系数如下：

$$k_c^{\text{湍流}} = 0.0365 \frac{D_{AB}}{L} Re_L^{4/5} Sc^{1/3} \quad （湍流）\quad Re_L > 2 \times 10^5 \tag{4-48}$$

如果考虑平板前端有 L 长度为层流边界层，则综合对流传质系数如下：

$$k_c^{\text{综合}} = 0.0292 \frac{D_{AB}}{L} Re_x^{4/5} Sc^{1/3} \tag{4-49}$$

（1）流体流过单个球体时的传质（当 Re 很小时）系数如下：

$$k_c = (2.0 + CRe^m Sc^{1/3}) \frac{D_{AB}}{D} \tag{4-50}$$

式中，C 和 m 为关联常数；$Re = \dfrac{\rho v_\infty D}{\mu}$，其中 D 为球体的直径；D_{AB} 为传质气态组分 A 在液态组分 B 中的扩散系数；v_∞ 为流体的主体流速；ρ 和 μ 为流体混合物的密度和黏度。

（2）气泡（聚集态球形气泡）通过流体的传质系数。溶解的气体 A 在大量液体 B 中冒泡的对流传质关联式如下：

1）当气泡直径（d_b）小于 2.5 mm 时，采用：

$$k_L = 0.31 \frac{D_{AB}}{d_b} Gr^{1/3} Sc^{1/3} \tag{4-51}$$

2）当气泡直径大于或等于 5 mm 时，采用：

$$k_L = 0.42 \frac{D_{AB}}{d_b} Gr^{1/3} Sc^{1/2} \tag{4-52}$$

在上述方程中，$Gr = \dfrac{d_b^3 \rho_L g \Delta \rho}{\mu^2}$，其中，$\Delta \rho$ 为液体和气泡中的气体密度差。利用液体的密度和黏度来描述液体主体混合物的平均特性。对于稀释溶液，溶剂的特性均被看作是液体混合物的特性。扩散系数 D_{AB} 是气体 A 在液体 B 中的扩散系数。

（3）流体垂直流过单个圆柱时的传质系数。气流垂直于圆柱体轴线升华到空气中，或固态圆柱溶解于水蒸气湍流中的对流传质系数为：

$$k_G = 0.281 \frac{G_M}{p} Re_D^{-0.4} Sc^{-0.56} \qquad (4\text{-}53)$$

式中，p 为系统总压；G_M 为圆柱表面气流摩尔黏度，$kmol/(m^2 \cdot s)$。圆柱表面气流 $Re_D = \dfrac{\rho v_\infty D}{\mu}$，其中 D 为圆柱直径，v_∞ 为垂直于圆柱表面的流体速度，ρ 和 μ 按膜层的平均温度进行估算。适用范围是 $400 < Re < 25000$ 和 $0.6 < Sc < 2.6$。

（4）管道内的湍流传质系数如下：

$$k_L = 0.023 \frac{D_{AB}}{D} Re^{0.83} Sc^{1/3} \qquad (4\text{-}54)$$

适用范围是 $2000 < Re < 35000$，$1000 < Sc < 2260$。Re 和 Sc 为按运动流体主体状态确定的特征数。对于稀溶液，流体的密度和黏度大致与载体 B 的性质相同。

对于管内的层状流（$10 < Re < 2000$），对流传质系数约为：

$$k_L = 1.86 \frac{D_{AB}}{D^{1/3} L^{2/3}} (Re \cdot Sc)^{1/3} \qquad (4\text{-}55)$$

式中，L 为管长。

对于不同的设备如填充床、流化床和湿壁塔等，从已有的确定对流传质系数的经验关联式看，在化学工程方面的较多，而在冶金工程方面的较少[3,5]。

4.5　雷诺类比和柯尔伯恩类比

4.5.1　雷诺类比

雷诺认为，单位时间内，质量为 m 的流体微团，在离表面一定距离的地方向表面运动，到达表面时速度 v_x 降为零，因此单位时间传输的动量为 mv_x。根据动量定律，单位时间动量的变化等于作用在表面上的剪应力，即：

$$m(v_x - 0) = \tau A \quad 或 \quad \frac{m}{A} = \frac{\tau}{v_x} \qquad (4\text{-}56)$$

4.5.1.1　动量传输与热量传输

如果这个流体微团与表面的温度差为 $(T_b - T_s)$，则单位时间内传给表面的热量为 $mc_p(T_b - T_s)$，此即为通过平板面积 A 传给表面的热量：

$$Q = mc_p(T_b - T_s) = \alpha(T_b - T_s)A \quad 或 \quad \frac{m}{A} = \frac{\alpha}{c_p} \qquad (4\text{-}57)$$

联立式（4-56）和式（4-57），可得：

$$\frac{\tau}{v_x} = \frac{\alpha}{c_p} \tag{4-58}$$

将式（4-58）两边除以 ρv_x，可得：

$$\frac{\tau}{\rho v_x^2} = \frac{\alpha}{c_p \rho v_x} \tag{4-59}$$

对于平板流动，按照摩擦系数，$\tau = C_f \dfrac{\rho v_x^2}{2}$，由此得到：

$$\frac{C_f}{2} = \frac{\alpha}{c_p \rho v_x} \tag{4-60}$$

上式即为摩擦系数 C_f 与对流换热系数 α 之间的关系，称为动量传输与热量传输的雷诺类似律。

由此关系可以根据动量传输关系求出热量传输关系。

式（4-59）也可以写成特征数，由于：

$$\frac{\tau}{\rho v_x^2} = \frac{\alpha}{c_p \rho v_x} = \frac{\dfrac{\alpha d}{C_f}}{\dfrac{v_x d}{\nu} \cdot \dfrac{\nu}{C_f/(c_p \rho)}} = \frac{Nu}{Re \cdot Pr} = St \tag{4-61}$$

由式（4-61）可得到：

$$St = \frac{\alpha}{c_p \rho v_x} = \frac{C_f}{2} \tag{4-62}$$

在特殊情况下，当 $Pr = 1$ 时，即在气体情况下，可简化为：

$$Nu = \frac{C_f}{2} Re \tag{4-63}$$

雷诺类比同样适用于圆管内流动，但应注意，圆管内流动摩擦阻力系数 f（即动量传输中的摩擦阻力系数 λ）与沿平板流动的摩擦阻力系数 C_f 的定义不同，类比式（4-59）需要稍做变化。由管内流动的压降与摩擦阻力系数的关系：

$$\Delta p = \lambda \frac{L}{d} \frac{\rho v_m^2}{2} = f \frac{L}{d} \frac{\rho v_m^2}{2} \tag{4-64}$$

由式（4-64）可以给出：

$$\tau \pi d L = \frac{\pi}{4} d^2 \Delta p \tag{4-65}$$

所以：

$$\tau = \frac{\Delta p}{4} \frac{d}{L} \tag{4-66}$$

将式（4-66）代入式（4-64）中，可得：

$$\tau = \frac{f}{8} \rho v_m^2 \tag{4-67}$$

如把沿平板流动的 $\tau = C_f \rho v_x^2/2$ 中的 v_x 改为 v_m，然后与式（4-67）相比较，则 $C_f = \dfrac{f}{4}$，代入式（4-62）得圆管内流动的雷诺类比：

$$St = \frac{\alpha}{c_P \, \rho v_{\mathrm{m}}} = \frac{f}{8} \tag{4-68}$$

式中，St 为 Stanton（斯坦顿）数。

4.5.1.2　动量传输与质量传输

如果这个流体微团与表面的浓度差为 $(\rho_{\mathrm{A}} - \rho_{\mathrm{AS}})$，则单位时间内传给表面的质量传输量为 $\frac{m}{\rho}(\rho_{\mathrm{A}} - \rho_{\mathrm{AS}})$，亦即时间为 t，面积为 A 上的平板对流流动传质量。

$$nA = \frac{m}{\rho}(\rho_{\mathrm{A}} - \rho_{\mathrm{AS}}) = k(\rho_{\mathrm{A}} - \rho_{\mathrm{AS}})A \tag{4-69}$$

即：

$$\frac{m}{A} = k\rho$$

由式（4-69）及式（4-56），即可得到：

$$\frac{\tau}{v_x} = k\rho \tag{4-70}$$

上式两边各除以 ρv_x，得到：

$$\frac{\tau}{\rho v_x^2} = \frac{k}{v_x} \tag{4-71}$$

按照摩擦阻力系数定义：

$$\tau = C_{\mathrm{f}} \frac{\rho v_x^2}{2} \tag{4-72}$$

由此得到：

$$\frac{C_{\mathrm{f}}}{2} = \frac{k}{v_x} \tag{4-73}$$

式（4-73）为摩擦阻力系数 C_{f} 与对流传质系数 k 之间的关系，称为动量传输与质量传输的雷诺类似。由此可以根据动量传输关系求出质量传输关系。

式（4-73）也可以整理成特征数的关系：

$$\frac{kd}{D} = \frac{C_{\mathrm{f}}}{2} \frac{dv_x\rho}{\mu} \frac{\mu}{\rho D} \tag{4-74}$$

即：

$$Sh = \frac{C_{\mathrm{f}}}{2} Re \cdot Sc$$

在特殊情况下，当 $Sc = 1$ 时，也就是 $\nu = D$ 时，得到：

$$Sh_{\mathrm{D}} = \frac{C_{\mathrm{f}}}{2} Re \tag{4-75}$$

式中，Sh_{D} 为传质 Stanton（斯坦顿）数。

对于圆管流动的动量传输与质量传输的雷诺类比，用与得到式（4-68）相同的方法，可以得到圆管流动的雷诺类比：

$$Sh_{\mathrm{D}} = \frac{f}{8} Re \tag{4-76}$$

4.5.2 柯尔伯恩类比

柯尔伯恩通过实验研究了对流换热与流体摩擦阻力之间的关系，提出了对流换热系数与摩擦阻力系数之间的关系，有：

$$StPr^{0.666} = j_{\mathrm{H}} \tag{4-77}$$

式中，j_{H} 为传热 j 因子，对于平板，$j_{\mathrm{H}} = \dfrac{C_{\mathrm{f}}}{2}$；对于管流，$j_{\mathrm{H}} = \dfrac{f}{8}$。由此得到：

平板对流换热：

$$StPr^{0.666} = \frac{Nu}{RePr} = \frac{C_{\mathrm{f}}}{2} \tag{4-78}$$

圆管内对流换热：

$$StPr^{0.666} = \frac{Nu}{RePr} = \frac{f}{8} \tag{4-79}$$

当 $Pr = 1$ 时，式（4-78）与式（4-79）与雷诺类比完全一致。可以认为，柯尔伯恩类比是用 $Pr = 0.666$ 时，修正雷诺类比所得的结果，对于气体或液态而言，式（4-77）的适用条件为 $0.6 < Pr < 100$。柯尔伯恩把这一关系扩展到质量传输中，得到：

$$St_{\mathrm{D}}Sc^{0.666} = j_{\mathrm{M}} \tag{4-80}$$

式中，j_{M} 为传质 j 因子，对于平板，$j_{\mathrm{M}} = \dfrac{C_{\mathrm{f}}}{2}$；对于管流，$j_{\mathrm{M}} = \dfrac{f}{8}$。由此得到：

平板对流换热：

$$St_{\mathrm{D}}Sc^{0.666} = \frac{Sh}{ReSc^{0.333}} = \frac{Sh}{ReSc}Sc^{0.666} = \frac{C_{\mathrm{f}}}{2} \tag{4-81}$$

圆管内对流换热：

$$St_{\mathrm{D}}Sc^{0.666} = \frac{Sh}{ReSc^{0.333}} = \frac{Sh}{ReSc}Sc^{0.666} = \frac{f}{8} \tag{4-82}$$

式（4-81）与式（4-82）可以认为是考虑了物性因素的影响，用 $Sc^{0.666}$ 修正雷诺类比得到的结果。当 $Sc = 1$，即 $\dfrac{\nu}{D} = 1$ 时，式（4-81）与式（4-82）与雷诺类比完全一致。对于气体或液态而言，式（4-80）的适用条件为 $0.6 < Sc < 2500$。

实验证明：

$$j_{\mathrm{H}} = j_{\mathrm{M}} = \frac{C_{\mathrm{f}}}{2} \tag{4-83}$$

或

$$j_{\mathrm{H}} = j_{\mathrm{M}} = \frac{f}{8} \tag{4-84}$$

式（4-83）与式（4-84）把三种传输过程联系在一起，它们对于没有形状阻力的平板流动和管内流动是适用的，利用这种类比关系，就可将对流换热中的计算式，经过简单转换变为对流传质的计算式，如前面的平板紊流对流传质计算式就是根据这一思路求得的。

4.6 冶金过程复杂条件下"三传"数学模型的传输系数

确定冶金过程中"三传"数学模型（微分方程）的传输系数，是完成对冶金反应过程准确解析所需相关动力学参数中的主要内容之一。在平板流动时，流体阻力系数 C_{z}、对流换热系数 α 和对流传质系数 k 与各影响因素的函数关系分别如下所示：

$$C_z = f(\nu, \varepsilon, d, v, \rho, T, L, \Psi) \tag{4-18}$$

$$\alpha = f(\nu, \lambda, c_p, \rho, T_w, T_f, L, \Psi) \tag{4-28}$$

$$k = f(\nu, D, \mu_p, \rho, c_w, c_f, L, \Psi, \text{Rea.}) \tag{4-45}$$

由式（4-18）、式（4-28）和式（4-45）可知，动量传输的传输系数 C_z、对流换热系数 α 和对流传质系数 k 都与反应物质的理化特性、反应设备的形状、流动状态、温度等因素有关。

在化工过程中，因反应过程的温度低和高压（相对冶金过程），化工合成制品所用的原料基本上是单一的较纯的化学物品。物质理化特性相对稳定，各反应设备性能和功能单一，使得在反应过程中"三传"数学模型（微分方程）的传输系数可较为容易地获得，而且变化不大。反应物质形态基本不变和理化性能相对稳定对传输系数保持基本不变起到了至关重要的作用。

冶金过程中，高温、低压（相对化工过程）、多种物质及非均匀性、一般情况下反应物的理化特性在反应过程中是变化的、设备性能多样性、设备单一等原因，使得"三传"数学模型（微分方程）的传输系数获得的难度较大，在复杂的体系中反应物质形态和理化性能是变化的，在冶金反应过程中传输系数大多也是变化的。这也是求解数学模型（微分方程）所需能够准确反映冶金反应过程实际情况的相关动力学参数严重缺乏的原因所在。

"三传"过程之间存在许多类似之处，根据类似性，对动量、热量和质量传输过程进行类比和分析，建立物理量间的定量关系。通过对"三传"过程传输现象的类比，既有利于进一步了解传输过程的机理，也可在缺乏传热、传质数据时，只要满足一定的条件，就可以用流体力学试验来代替传热或传质试验。但需要指出的是，传输现象中的相似性和类比关系（雷诺类比和柯尔伯恩类比），都要求体系满足下面的条件：

（1）体系内不产生能量或物质，即体系内不发生均匀的化学反应；

（2）无辐射能量的吸收与发射；

（3）无黏性损耗；

（4）速度分布不受传质的影响，即只有低速率的传质存在；

（5）物性不变，由于温度或浓度的变化，可能会引起物性的微小变化，因此可用平均浓度和薄层温度来近似。

由于冶金过程的特点，特别要注意在采用类比的方法来获得传输系数时是否满足上述的条件。如在雷诺类比和柯尔伯恩类比中，"三传"过程的传输方程没有采用微分式，而是采用差分式，这要求传输系数在所考虑的区间内保持常数或变化很小，才能由其中的一种传输系数根据类比的关系确定出另外一种传输系数，而在冶金反应过程的复杂体系中，传输系数不是常数，且变化规律也较复杂。所以，要准确地获得冶金复杂体系的传输系数，需要通过试验研究来确定。这与不可逆过程热力学理论中，唯象系数（传输系数）不能用热力学方法推算，必须用试验方法确定是一致的。

4.7　本　章　小　结

"定解条件"的几何条件、物理条件、边界条件和时间条件反映了具有共性的各个具体现象的个性。质量传输在边界上可同时发生质量变化和化学反应，其边界条件最为复杂；热量传输在边界上有温度和能量变化，其边界条件复杂程度次之；动量传输的边界条件则相对简单。

从"三传"基本微分公式的传输系数来看，影响流体的阻力系数 C_z、对流换热系数 α 和对流传质系数 k 的因素有很多，大大地增加了获得这些传输系数的难度。在"三传一反"中，对动量和热量的传输系数研究较多，而对质量和化学反应的传输系数研究的深度和广度则要逊色一些，特别是在高温冶金过程中质量传输和化学反应的传输系数研究更少。

对于单一物质在低温和层流条件下，通过求解边界层微分方程，给出特征数的经验关联式，确定相关特征数，进而分别给出计算摩擦阻力系数、对流传热系数和对流传质系数的公式。由雷诺类比和柯尔伯恩类比，可导出摩擦阻力系数、对流传热系数和对流传质系数之间的关系式。需要指出的是，冶金过程大多是原料种类多和非均匀的复杂体系，大大地限制了传输现象中的相似性和类比关系的应用。现有文献中有关"三传一反"数学模型（微分方程）的传输系数的数据极少，深入开展对冶金反应过程解析所需的相关动力学参数的研究是冶金反应工程学基础理论亟须解决的基础问题。

思 考 题

1. 如何理解"微分方程（数学模型）反映了同一类现象的共性，而'定解条件'则反映了具有共性的各个具体现象的个性"？
2. 分别叙述热量传输和质量传输的边界条件，并说明为什么质量传输的边界条件更复杂些。
3. 对不考虑流体流动的情况下的牛顿流体的黏性系数、傅里叶的导热系数和菲克的分子扩散系数进行类比分析。
4. 分别叙述考虑流体流动的条件下的流体的阻力系数 C_z、对流换热系数 α、对流传质系数 k 与哪些变量有关，什么是雷诺类比和柯尔伯恩类比，如何用雷诺类比导出动量传输与热量传输之间的关系式，并讨论它们的使用条件。
5. 为什么说"深入开展对冶金反应过程解析所需的相关动力学参数的研究是冶金反应工程学基础理论需要解决的最基础的问题"？

参 考 文 献

[1] 张爱民，王长永. 流体力学 [M]. 北京：科学出版社，2010.

[2] 张先棹，吴懋林，沈颐身. 冶金传输原理 [M]. 北京：冶金工业出版社，1988.

[3] Welty J R, Wicks C E, Wilson R E, et al. 动量、热量和质量传递原理 [M]. 北京：化学工业出版社，2005.

[4] 沈颐身，李保卫，吴懋林. 冶金传输原理基础 [M]. 北京：冶金工业出版社，1999.

[5] 吴铿. 冶金传输原理 [M]. 北京：冶金工业出版社，2011.

[6] 张家芸. 冶金物理化学 [M]. 北京：冶金工业出版社，2004.

[7] 吴铿. 冶金反应工程学（基础篇）[R]. 北京科技大学讲义（内部资料）. 北京：北京科技大学，2015，1.

5 高炉风口前水平方向不同位置试样的物性参数

本章提要：

高炉冶炼在我国未来几十年或更长时期内仍将是主流的炼铁工艺，高炉必然会向大型化和智能化发展。解析高炉内反应过程是冶金反应工程学研究的主要内容。高炉内料柱存在气态、液态和固态不同物质，高炉是典型的多物质、非均匀和多形态的复杂体系，其反应过程数学模型（微分方程）求解所需的相关动力学参数极为缺乏，其中全面和深入研究物质的物性参数是首要解决的问题。本章介绍了高炉休风后取样器在风口前水平方向不同位置取出的试样中物质（焦炭、铁珠和渣）的物性参数研究结果。通过对试样中的凝固物进行分离，确定了在风口前水平方向不同位置中各物质的质量分数、渣成分和碱度，焦炭的平均粒度和焦炭层的空隙度，焦炭的比重和真比重，焦炭的形状系数、焦炭层的压差及焦炭达到的最高温度，并对这些参数进行了对比和分析。这项研究不仅有助于确定高炉风口前水平方向上的相关动力学参数，同时也展示了非均匀体系高炉内相关动力学参数变化的复杂性和获得物质的物性参数所需试验的难度。

5.1 高炉内焦炭劣化及高炉风口前取样技术的研究现状

5.1.1 高炉内不同区域焦炭的劣化

焦炭是高炉冶炼的主要原燃料之一，在高炉内的作用如下：（1）在风口前燃烧，提供冶炼所需热量；（2）固体炭及其氧化产物一氧化碳是氧化物的还原剂；（3）在高温区，矿石软化熔融后，焦炭是炉内唯一以固态存在的物料，是支撑高达数十米料柱的骨架，同时又是风口前产生的煤气得以自下而上畅通流动的高透气性通路；（4）铁水渗碳[1-2]。焦炭从入炉开始，随着炉料的下降，温度升高，依次经过块状带、软熔带、滴落带直至风口区，最后到达炉缸被完全消耗。在高炉内的不同部位，焦炭有不同程度的劣化。其劣化过程为逐步和连续的，在这一过程中焦炭的各种性能都发生了很大变化。研究焦炭在高炉内不同部位的劣化及相应理化性能和重要参数的变化，分析炉内焦炭劣化后对高炉内传输性能和化学反应的影响，为冶金反应工程学对生产高炉的模拟奠定了必要的基础[3]。

焦炭在高炉块状带内由于承受逐步加重的机械作用，焦炭的粒度会减小，炉内锌和碱金属循环、沉积，并富集后会黏附在焦炭颗粒上，从而引起焦炭化学成分发生变化[4]。焦炭在高炉块状带下降过程中，主要受到各种炉料间以及炉料与炉壁间的摩擦力，还有上部炉料的压力作用，碳熔反应不太剧烈，所以块状带焦炭的块度变化不大，其平均粒径大约降低5%[5]。

高炉内软熔带温度较高，焦炭在软熔带与矿石还原产生的 CO_2 发生强烈的熔损反应，焦炭的劣化程度明显增加，熔损可达 30% ~ 40%，且高炉内碱金属循环的影响很大。软熔带下有一中心料柱，完全由焦炭组成，温度在 1623 K 以上，此处碳素熔损反应已经减弱，对焦炭的破坏作用主要来自不断滴落的渣铁的冲刷，由此产生的热应力是焦炭劣化的一个重要因素。利用 X 射线衍射技术测定焦炭的石墨化程度，进而可判断焦炭达到的最高温度，是一种成熟可行的间接测试高炉内焦炭温度的方法[6]。国内冶金工作者曾用此方法测定了高炉风口平面径向焦炭的温度分布，发现大型高炉风口前和炉缸焦炭的温度为 2073 K 左右，比炼焦终温 1273 ~ 1373 K 高出 700 ~ 800 K[7-8]。焦炭在进入高炉后温度升高的过程中，经历进一步缩聚，热性质发生变化，残留挥发分进一步析出，灰分中的硫化物和氧化物与焦炭中的碳反应，导致其进一步失重 4% ~ 5%，碳质的晶格高度和长度发生变化，反应性降低等；在高温作用下焦块表面和中心温度梯度产生巨大热应力，使得焦炭产生较多微裂纹[9]。在高炉炉身上部及中部，焦炭反应性指数变化不大，但是从炉身下部开始明显增加，至炉腹部位，焦炭反应性高达 60.75%，几乎是入炉焦的 3 倍[10]。在回旋区外，向高炉中心方向这一区域称为死料柱。死料柱呈圆锥形，结构相对致密，死料柱的焦炭受到上面炉料的重力、下面液铁液渣的浮力和四周鼓风的压力，形成一个平衡状态，因而处于相对静止状态。死料柱内焦炭的滞留时间与高炉容积、冶炼强度、炉况顺行等因素有关，短则几天，长则几周，这些因素会导致焦炭进一步劣化。

在炉缸炉渣液面水平，焦炭与炉渣的接触时间比在风口水平长得多，炉渣有充足的时间充分进入焦炭气孔，焦炭灰分与炉渣间存在显著的反应，导致炉渣注入，但焦炭结构保持不变。在铁水液面，焦炭受液态铁水的侵蚀导致焦炭在铁水中溶解，铁-焦接触面不规则，说明发生了反应；由于铁水对焦炭结构的强烈作用，最终导致焦炭颗粒完全破坏，随着焦炭的最终溶解，焦炭结构全部消失。

一般来说，可以通过实验室模拟获得块状带、软融带和炉缸焦炭的劣化程度和对应劣化后焦炭的相关特性。不过由于风口前和死料柱温度很高，情况非常复杂，由实验室模拟焦炭在该部位的劣化难度非常大。热风炉加热后的气体从高炉风口吹入，焦炭在风口前和死料柱的特性（如粒度分布、透气和透液性等）对气流在高炉内的分布影响很大，是求解冶金反应工程学模拟高炉内煤气流分布方程所需主要定解条件之一。

采用由高炉风口前取出试样，并对其进行理化分析，是研究高炉风口回旋区和死料柱的有效手段，不仅可以定量地了解焦炭劣化程度和煤粉燃烧效果，对焦炭质量和煤粉燃烧条件进行直接评价，而且可以了解高炉下部及死料柱的活性，给炉缸侵蚀控制提供有益的指导。

5.1.2 高炉风口前水平方向不同位置的取样技术

5.1.2.1 高炉风口前水平方向不同位置取样技术发展概况

高炉风口前的区域如图 5-1 所示，沿风口前分别为回旋区、回旋焦炭区、鸟巢层和死料柱，在回旋区上方是炉腹焦炭。

高炉风口取样方法按高炉的工作状态可分为在线和离线取样两种。前者是在高炉正常生产中取样，用水冷取样管从直吹管插入风口前，可以测定回旋区和鸟巢区的深度，用插管所受阻力的大小来表示风口前的火焰温度和焦层温度，可取出风口前不同部位的煤气及

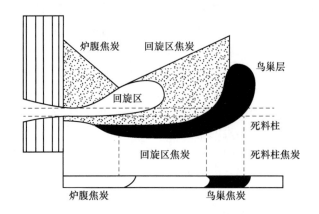

图5-1　高炉风口前水平区域焦层示意图

固体颗粒等。后者是在高炉休风后取样，一种是拆下直吹管和风口后从风口二套中采用手工向外扒焦炭；另一种是炉芯取样法，用特制的芯管（带槽的管或筒）从风口插入炉内，取出炉缸沿半径方向风口水平的焦炭（包括炉腹焦、回旋区焦、鸟巢焦和死料柱焦）、未燃煤粉、渣铁等。

　　高炉生产中的在线取样具有实时性，获取的信息可反映炉内真实的情况，但对探针和设备技术要求高，安全密封要求严格，同时存在一定的设备和高炉操作的危险性，在大型、高压高炉上操作更加困难。从使用的实际情况看，在线方法也不能做到"完全真实"，探针对风口前气流和热量的干扰是不可避免的。另外，探针是从直吹管狭窄的通道内插入，取样管只能做得较细，对于煤气分析的取样有代表性，而对于焦炭和煤粉颗粒，因取出的数量过少，有时也会发生取不到样的情况，使分析结果的代表性有所降低。有时因为密封不良，取样不得不在高炉低压或休风前进行，这使得在线取样的效果受到影响。在线取样特别是斜风口取样时，直吹管和风口需要特殊设计制造，取样和操作都比较复杂。因此，在线取样方法主要适于回旋区煤气分析、温度测定和煤粉燃烧情况的分析，不易获得死料柱内的信息。特别是对于采用弯枪喷煤的大型高压高炉，采用在线取样更加不易。

　　风口扒焦方法只能取出沿炉墙下落的大块炉腹焦，对风口前焦炭的分析范围有限，只能对入炉焦炭质量和焦炭劣化情况做粗略的评价。而同是离线的炉芯取样法则避开了在线取样的安全隐患，对取样管材质、冷却条件和设备操作的要求明显放宽。因为离线炉芯取样法可取出风口前各区域足够量的固体试样，为深入分析焦炭、煤粉和渣铁提供了必要的条件，同样可得到在线取样获得的信息和参数。所以从实用和安全的角度，采用休风后进行炉芯取样法更为适宜。

5.1.2.2　高炉风口前不同位置取样技术在国内外的应用

A　国外应用情况

高炉根据不同的生产条件和研究目的，在线和离线风口取样技术都有采用。欧洲、日本、韩国[11-13]等在高炉技术基础研究、新工艺开发和喷煤技术攻关中，非常注重采用包括风口取样在内的各种检测分析手段，大量细致的研究为其技术创新和保持领先起到了重要支撑作用。

西欧国家很重视对高炉风口前的研究。风口取样方法应用得较为普遍。德国蒂森公司施韦尔根高炉用风口取样法，研究了不同喷煤比情况下不同的焦炭在炉内的破坏程度，以及径向渣铁和碱金属对焦炭劣化的影响[14]。取样管直径为 280 mm，最大长度为 15 m。休风时用气动滑锤将探管打入风口，当炉料阻力使探管不能前进时，用绞车将其拉出。取出后管内试样用 N$_2$ 冷却，然后每隔 25 cm 分割钢管，研究不同部位焦炭的粒度分布和焦炭强度的变化。法国索拉克公司福斯厂在 2 号高炉上装有既可在线探测，又可离线取芯样的两用取样机，该设备装有 2 台液马达，推力分别为 10 t 和 30 t，可使探针或取样管插入风口前 6 m[15]。在线探针和芯管的直径分别为 90 mm 和 300 mm，前者水冷，后者不用冷却。荷兰霍高文公司艾莫伊登厂于 1992 年进行大喷煤试验时，为研究回旋区外粉末积聚状况和风口平面焦炭破坏程度，分别在喷煤 135 kg/tHM、175 kg/tHM 和 190 kg/tHM 条件下，用取样机进行了休风状态下的炉芯取样[16]。取样管端部带有不锈钢齿条，用旋转锤撞击将取样管打入炉内，最大深度为 3.8 m，取样管拔出后按一定的长度切割，每段试样先用 10.6 mm 的筛子分出块焦、渣铁等，筛下粉末部分用磁铁吸附将铁珠从焦末、煤粉、渣中分离出来，粉末的物相组成用显微镜定量测定。

亚洲国家特别是日本对风口取样进行了较为全面的研究，近些年韩国也进行了一些相关的研究。日本神户制钢为研究多用低变质程度非焦煤生产高质量焦炭的配煤技术，用风口取样方法研究了焦炭的劣化状况和劣化机理[17]。休风后用空气锤将取样管打入风口内，可插入到炉缸中心线位置（4800 mm）。取样管有 7 个槽，间距 680 mm，神户制钢高炉风口取样机如图 5-2 所示。试样用 3 mm 筛子过筛，分出块焦、铁、渣和粉末等。用 X 射线衍射方法根据晶格尺寸确定焦炭的最高温度，即回旋区、过渡区和死料柱区的焦炭温度。

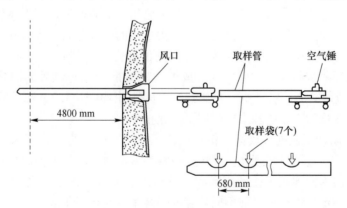

图 5-2 神户制钢高炉风口取样机

NKK 公司 2 号高炉在研究热风流量控制阀开度对回旋区行为的影响时，用风口取样探针对回旋区压力、温度（用双色高温计）、深度、煤气成分进行了在线测定[17]。取样探针用 ϕ48.6 mm 水冷钢管制作，电马达驱动。除进行上述测定外，还取出焦炭颗粒、渣铁等进行分析，NKK 福山 4 号高炉于 1994 年 10 月进行了喷煤 200 kg/tHM 试验，创造了当月平均喷煤比 218 kg/tHM 的纪录。为了解大喷煤时死料柱的透气性和使用偏芯双枪的燃烧效果等问题，用分别设在相邻两个风口的死料柱在线检测探针和休风用风口取样机做了分析研究[18]。川崎制铁在千叶 5 号高炉采用这种侧斜式风口探针分析了煤粉燃烧情况[19]。新日铁为研究普通焦和成型焦在高炉不同部位的特性变化，用垂直探针、炉身探针、炉腹探针和风口探针在 Tobata 4 号高炉上进行了全面检测研究[20-21]。炉芯取样在休风后进行，取样管及其外盖板有 9 个分隔开的槽（孔），直径为 80 mm，用气锤振打推入，速度为 4 m/min。设备驱动和撞击均用 0.5 MPa 空气气动，撞击频率 400 次/min，取样时取样管带盖板一起推入，到预定位置后移动盖板，使其孔正对取样管的槽，让上部焦炭落入槽内，再将取样管拉出。取出的样品进行粒度、灰成分（包括碱金属）、强度分析等。韩国浦项制铁光阳厂 4 号高炉于 1994—1995 年在 2.7 ~ 2.8 t/(m³·d) 的高利用系数下，将煤比由 130 kg/tHM 逐步提高到 150 kg/tHM。为考查喷煤量增加和使用氧煤枪对回旋区性状、死料柱焦炭粉化及透液性的影响，进行了炉芯离线取样，测定了回旋区深度和鸟巢区厚度，分析比较了风口前不同深度范围粒度小于 3 mm 的粉焦量及滞留渣铁量的变化[13]。

B　国内应用情况

20 世纪 90 年代后期，随着高炉喷煤量的不断增加，国内对高炉风口前煤粉的燃烧率和回旋区的温度进行了研究。

杨永宜[22]和杜鹤桂[19]等分别于 1983—1984 年间，在鞍钢、首钢和北台钢厂高炉进行喷煤试验时，用自制的水冷取样管在高炉正常生产中进行了回旋区取样，研究了煤粉燃烧形态结构变化，计算了煤粉燃烧率。1987 年，鞍钢 2 号高炉富氧喷煤 170 kg/tHM，试验期间用风口取样装置对不同富氧率和喷煤量操作时的回旋区煤粉燃烧情况进行了在线取样分析，测定了回旋区深度、煤气成分和煤粉燃烧率。取样设备包括台车、探针、驱动系统、冷却系统以及粉气收集器等[22]。国家"八五"攻关期间，在 3 号高炉进行 200 kg/tHM 喷煤工业试验时，采用鞍钢自主开发的风口和风管组合测温枪测定了沿风管轴向的温度分布，并用红外成像仪连续摄录了各个时刻风口火焰区的温度分布。风口和风管内组合电偶测温枪是将多支镍铬镍硅电偶按需要测温的位置预组装到一根耐高温的无缝不锈钢管上，达到一次多点测温的目的。高炉风口红外成像的设备是 JRD 近红外高温热电视系统，通过风口视孔进行成像测试，采用 CCD 传感器，波长范围为 0.8 ~ 1.2 μm，测温范围为 873 ~ 2473 K，在交叉双枪的工业试验中也应用了上述技术。

1998 年，安阳钢厂在进行放宽煤粉粒度的工业试验时，为了检测风口前煤粉燃烧后气体的分布情况，通过风口窥视孔，用风口取样装置沿风口轴线上不同位置依次取出煤气样，直到取样枪向内插到底为止。用吸收法分析煤气成分，采用与文献［23］类似的设备和分析方法，确定煤粉在风口前不同位置的燃烧率。给出了细煤粉（小于 0.074 mm 占 70%）和粗煤粉（小于 0.074 mm 占 30%）在风口燃烧区的燃烧率和沿风口水平方向气体成分的变化[24]。

1990 年，宝钢自主设计制造出第一台离线用风口取样机，并于同年 11 月至 1991 年 5 月在 1 号高炉上进行了 6 次取样。因设备性能可靠、操作维护简便，此后一直在生产中使用。2001 年，配合焦炭热性能研究、200 kg/tHM 喷煤比攻关和炉缸长寿技术研究，在 3 座高炉上先后进行了 30 余次取样作业，获得大量基础性研究数据。2002 年，宝钢对风口取样机进行了全面更新改造，研制出第二代取样设备，使其结构、性能更加优化[25-26]。该型号取样机被推广到首钢、武钢、攀钢等高炉使用，改造后的高炉风口取样机如图 5-3 所示。

(a) 风口取样机   (b) 风口取样流程

图 5-3　高炉风口取样机和取出试样示意图

5.2　高炉风口前水平方向不同位置试样中物质的质量分数及铁粒和渣的特性

5.2.1　高炉风口前水平方向不同位置焦炭、渣和铁的质量分数

采用改造后的高炉风口取样机在 3000 m^3 级别的高炉中进行取样（共四批次）。用特制带槽的芯管从风口前插入高炉内，取出沿高炉风口前水平方向不同位置的试样。对不同位置的试样中的焦炭（包括炉腹焦、回旋区焦、鸟巢焦、死料柱焦）和渣、铁的物理和化学特性的变化进行较为深入的研究，为冶金反应工程学中对高炉进行模拟提供了模型方程求解所需定解条件中的重要参数。

在高炉风口水平方向不同位置上取出的试样中，除焦炭和铁粒外，还有凝固物（渣并裹有少量炭和铁）。焦炭颗粒易分离，铁粒可由磁铁吸出。凝固物需破碎，用磁铁将铁粒分离，可确定不同位置试样中总铁量。剩余物质中绝大部分是渣，含有少量细粒焦炭和炭末。采用燃烧法可测定不同位置中渣裹带的细粒焦炭和炭末。表 5-1 给出了试样凝固物中细粒焦炭和炭末在全部试样质量中的比例。

表 5-1　高炉风口前水平方向不同位置试样中渣裹炭中炭末的质量分数　　　　　（%）

风口前位置/m	第一批次	第二批次	第三批次	第四批次
0~0.5	4.14	5.88	2.46	8.61
0.5~1.0	19.98	11.00	21.06	26.23
1.0~1.5	19.95	20.80	15.02	34.54
1.5~2.0	23.58	25.20	4.20	18.25
2.0~2.5	18.65	23.40	9.14	8.41

风口前位置/m	第一批次	第二批次	第三批次	第四批次
2.5~3.0	10.87	9.99	8.87	13.55
3.0~3.5	22.85	7.95	10.33	12.97
3.5~4.0	25.65	11.40	9.42	10.39
4.0~4.5	17.01	6.97	9.61	18.71
4.5~5.0	16.73	14.10	8.45	10.53
5.0~5.5	14.97	—	7.75	14.42

注：第二批次取样只取到风口前水平方向5m的深度。

表5-2~表5-5分别给出了第一批次至第四批次风口前水平方向不同位置试样中焦炭、渣和铁粒的质量分数，其中渣比例不包括裹带炭，而焦炭比例仅考虑分离焦炭量，总焦炭比例包括被渣铁包裹的焦炭与分离焦炭。

第一批次至第四批次高炉风口前水平方向不同位置试样中焦炭、渣和铁粒的质量分数变化分别见图5-4~图5-7。

表5-2　第一批次高炉风口前水平方向不同位置试样中焦炭、渣和铁粒的质量分数

风口前距离/m	试样总质量/g	分离焦炭质量/g	焦炭质量分数/%	分离铁粒质量/g	铁粒质量分数/%	渣+炭末质量分数/%	炭末质量/g	渣质量/g	渣质量分数/%	总焦炭质量分数/%
0~0.5	400.46	305.30	76.24	61.15	15.27	8.49	4.14	32.13	8.02	76.71
0.5~1.0	1196.52	692.75	57.90	208.51	17.43	24.68	19.98	216.60	18.10	64.47
1.0~1.5	1323.59	865.19	65.37	215.54	16.28	18.35	19.95	178.26	13.47	70.25
1.5~2.0	1961.14	699.93	35.69	302.75	15.44	48.87	23.58	657.12	33.51	51.06
2.0~2.5	1621.82	662.84	40.87	280.69	17.31	41.82	18.65	509.62	31.42	51.27
2.5~3.0	1924.94	781.09	40.58	315.32	16.38	43.04	10.87	708.45	36.80	46.82
3.0~3.5	2200.13	1004.81	45.67	386.74	17.58	36.75	22.85	562.23	25.55	56.87
3.5~4.0	2010.2	866.04	43.08	379.6	18.88	38.03	25.65	503.08	25.03	56.09
4.0~4.5	2250.72	939.43	41.74	381.19	16.94	41.32	17.01	719.15	31.95	51.11
4.5~5.0	1854.94	749.31	40.40	296.09	15.96	43.64	16.73	628.96	33.91	50.13
5.0~5.5	2019.79	889.17	44.02	308.21	15.26	40.72	14.97	658.26	32.59	52.15

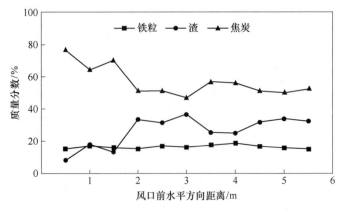

图5-4　第一批次高炉风口前水平方向不同位置试样中焦炭、渣和铁粒的质量分数变化

由图5-4可见，第一批次高炉风口前水平方向不同位置试样中铁粒的质量分数变化不大，基本保持在略低于20%的水平；渣的质量分数随着距风口前距离的增加，由最低逐步变高，在达到最高点后，变化趋向平稳；焦炭的质量分数变化与渣的变化完全相反。

表5-3 第二批次高炉风口前水平方向不同位置试样中焦炭、渣和铁粒的质量分数

风口前距离/m	试样总质量/g	分离焦炭质量/g	焦炭质量分数/%	分离铁粒质量/g	铁粒质量分数/%	渣+炭末质量分数/%	炭末质量/g	渣质量/g	渣质量分数/%	总焦炭质量分数/%
0~0.5	225.2	73.19	32.50	61.79	27.43	40.07	5.88	83.17	36.93	35.64
0.5~1.0	753.2	518.20	68.80	180.01	23.90	7.30	11.00	46.93	6.23	69.87
1.0~1.5	1082.9	611.41	56.46	394.86	36.46	7.07	20.80	55.36	5.11	58.42
1.5~2.0	1625.7	1007.30	61.96	516.30	31.76	6.28	25.20	67.77	4.17	64.07
2.0~2.5	1654.8	1108.79	67.01	451.54	27.29	5.71	23.40	64.97	3.93	68.79
2.5~3.0	2236.9	1270.70	56.81	688.75	30.79	12.40	9.99	240.47	10.75	58.46
3.0~3.5	1941.1	844.00	43.48	779.26	40.15	16.37	7.95	284.13	14.64	45.22
3.5~4.0	2060.8	1211.07	58.77	644.15	31.26	9.98	11.40	174.35	8.46	60.28
4.0~4.5	2040.0	1063.20	52.12	714.13	35.01	12.87	6.97	238.22	11.68	53.32
4.5~5.0	2737.1	1260.60	46.06	1010.37	36.91	17.03	14.10	378.51	13.83	49.26

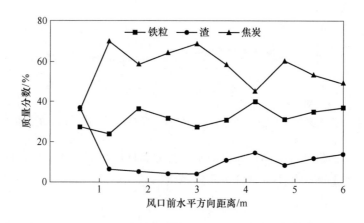

图5-5 第二批次高炉风口前水平方向不同位置试样中焦炭、渣和铁粒的质量分数变化

由图5-5可见，第二批高风口前水平方向试样中第一个位置渣的质量分数特别高（32.6%），远远地高于其他位置渣的质量分数；焦炭的质量分数特别低，也远远地低于其他位置的质量分数，这是较为特殊的情况。其他位置试样中焦炭和渣比例的变化规律与第一批次中变化的趋势基本相同，但第二批次中渣的质量分数远小于第一批次。试样中铁粒的质量分数大部分在30%~40%，明显高于第一批次。

表5-4 第三批次高炉风口前水平方向不同位置试样中焦炭、渣、铁粒的质量分数

风口前 距离/m	试样 总质量 /g	分离焦炭 质量/g	焦炭质量 分数/%	分离铁粒 质量/g	铁粒质量 分数/%	渣+炭末 质量分数 /%	炭末质量 /g	渣质量/g	渣质量 分数/%	总焦炭 质量分数 /%
0~0.5	1509.2	714.4	47.34	533.4	35.34	17.32	2.46	252.83	16.75	47.91
0.5~1.0	1385.7	794.1	57.31	443.8	32.03	10.67	21.06	106.30	7.67	60.30
1.0~1.5	1684.7	808.7	48.00	694.3	41.21	10.79	15.02	145.31	8.63	50.16
1.5~2.0	2296.1	1140.9	49.69	911.3	39.69	10.62	4.20	230.24	10.03	50.28
2.0~2.5	2363.4	1230.1	52.05	934.5	39.54	8.41	9.14	174.57	7.39	53.07
2.5~3.0	2385.4	1309.7	54.90	832.8	34.91	10.18	8.87	214.17	8.98	56.11
3.0~3.5	2289.7	1245.2	54.38	914.1	39.92	5.70	10.33	112.44	4.91	55.17
3.5~4.0	2004.1	1189.4	59.35	734.6	36.65	4.00	9.42	70.04	3.49	59.85
4.0~4.5	1714.7	992.7	57.89	616.4	35.95	6.16	9.61	92.07	5.37	58.68
4.5~5.0	1788.8	1013.6	56.66	628.5	35.14	8.20	8.45	130.17	7.28	57.59
5.0~5.5	1546.4	899.5	58.17	536.0	34.66	7.17	7.75	99.44	6.43	58.91

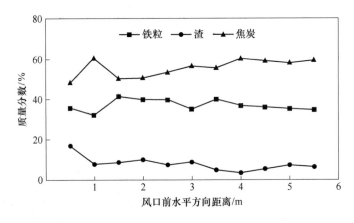

图5-6 第三批次高炉风口前水平方向不同位置试样中焦炭、渣和铁粒的质量分数变化

由图5-6可见，第三批次高炉风口前水平方向试样中焦炭、渣和铁粒的质量分数在高炉风口前水平方向上的变化不大，在一定的范围内波动。铁粒的质量分数与第二批次相差不大，比第一批次的要高。

表5-5 第四批次高炉风口前水平方向不同位置试样中焦炭、渣和铁粒的质量分数

风口前 距离/m	试样 总质量 /g	分离焦炭 质量/g	焦炭质量 分数/%	分离铁粒 质量/g	铁粒质量 分数/%	渣+炭末 质量分数 /%	炭末质量 /g	渣质量/g	渣质量 分数/%	总焦炭 质量分数 /%
0~0.5	289.4	249.8	86.32	34.2	11.80	1.87	8.61	4.78	1.65	86.53
0.5~1.0	407.1	313.7	77.04	81.37	20.00	2.97	26.23	7.86	1.93	78.08
1.0~1.5	817.4	571.9	69.96	223.2	27.31	2.73	34.54	12.03	1.47	71.22

续表 5-5

风口前距离/m	试样总质量/g	分离焦炭质量/g	焦炭质量分数/%	分离铁粒质量/g	铁粒质量分数/%	渣+炭末质量分数/%	炭末质量/g	渣质量/g	渣质量分数/%	总焦炭质量分数/%
1.5~2.0	1401.1	836.1	59.67	452.6	32.30	8.02	18.25	85.05	6.07	61.63
2.0~2.5	1625.6	802.7	49.38	567.4	34.90	15.72	8.41	226.85	13.96	51.14
2.5~3.0	2144.1	1030.3	48.05	817.8	38.14	13.81	13.55	242.52	11.31	50.55
3.0~3.5	1929.2	1013.0	52.51	637.8	33.06	14.43	12.97	230.26	11.94	55.00
3.5~4.0	1776.6	932.8	52.50	631.3	35.53	11.96	10.39	183.06	10.30	54.16
4.0~4.5	1501.4	978.0	65.14	397.5	26.48	8.39	18.71	94.49	6.29	67.23
4.5~5.0	1593.3	964.5	60.53	472.8	29.67	9.79	10.53	134.10	8.42	61.91
5.0~5.5	1723.3	939.1	54.49	624.2	36.22	9.28	14.42	129.24	7.50	56.28

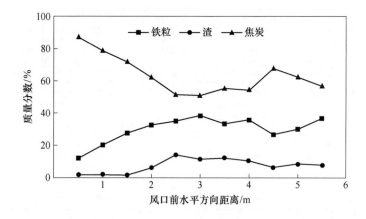

图 5-7　第四批次高炉风口前水平方向不同位置试样中焦炭、渣和铁珠的质量分数变化

由图 5-7 可见，铁粒和渣的质量分数在高炉风口水平方向最近端都很低，随着水平方向距离的延长，质量分数逐步增加，之后在较小的范围内波动。焦炭的质量分数在高炉风口水平方向最近端最高，且高于其他三个批次，焦炭质量分数变化逐步下降，之后在 60% 左右波动。

5.2.2　高炉风口前水平方向不同位置试样中渣的成分变化

采用化学分析方法对第二批次和第三批次高炉风口前水平方向不同位置试样中渣的成分进行分析的结果分别见表 5-6 和表 5-7。

表 5-6　第二批次高炉风口前水平方向不同位置试样中渣的成分　　　　（%）

风口前距离/m	三元碱度	二元碱度	SiO_2	Al_2O_3	CaO	MgO	FeO	S	K_2O	Na_2O	TiO_2
0~0.5	0.669	0.521	39.36	23.81	20.49	5.83	7.82	0.36	0.61	0.49	1.23
0.5~1.0	0.966	0.824	32.43	20.36	26.71	4.63	13.77	0.55	0.38	0.27	0.91
1.0~1.5	1.987	1.766	19.73	15.02	34.85	4.36	24.07	0.96	0.18	0.13	0.71

风口前距离/m	三元碱度	二元碱度	SiO$_2$	Al$_2$O$_3$	CaO	MgO	FeO	S	K$_2$O	Na$_2$O	TiO$_2$
1.5~2.0	2.738	2.376	13.54	13.26	32.17	4.90	34.53	1.02	0.07	0.06	0.45
2.0~2.5	2.518	2.150	20.26	14.73	43.55	7.46	11.96	1.43	0.08	0.10	0.44
2.5~3.0	2.051	1.674	25.47	11.29	42.64	9.62	9.08	1.06	0.09	0.19	0.55
3.0~3.5	1.938	1.560	27.55	10.79	42.97	10.42	6.31	0.87	0.12	0.30	0.69
3.5~4.0	2.012	1.643	22.99	10.17	37.78	8.46	18.89	0.81	0.10	0.23	0.57
4.0~4.5	1.934	1.567	25.57	10.33	40.07	9.38	12.83	0.85	0.11	0.26	0.61
4.5~5.0	1.942	1.581	20.63	9.34	32.63	7.45	28.42	0.65	0.18	0.24	0.46

表5-7　第三批次高炉风口前水平方向不同位置试样中渣的氧化物含量　　　（%）

风口前距离/m	三元碱度	二元碱度	SiO$_2$	Al$_2$O$_3$	CaO	MgO	FeO	S	K$_2$O	Na$_2$O	TiO$_2$
0~0.5	0.756	0.481	27.83	23.03	13.38	7.65	27.68	0.29	0.12	0.03	0.004
0.5~1.0	2.148	1.871	20.60	20.51	38.54	5.71	13.34	1.19	0.07	0.04	0.003
1.0~1.5	2.078	1.812	17.55	10.72	31.79	4.67	34.11	1.06	0.04	0.05	0.006
1.5~2.0	1.688	1.393	30.48	13.79	42.46	8.98	2.84	1.31	0.05	0.08	0.007
2.0~2.5	1.733	1.438	29.38	14.57	42.25	8.68	3.47	1.49	0.07	0.09	0.005
2.5~3.0	1.758	1.455	29.47	14.82	42.88	8.91	2.24	1.50	0.08	0.10	0.005
3.0~3.5	1.709	1.406	29.94	14.94	42.08	9.08	2.29	1.43	0.11	0.11	0.004
3.5~4.0	1.683	1.380	28.63	14.12	39.50	8.67	7.49	1.34	0.12	0.12	0.003
4.0~4.5	1.732	1.432	29.05	14.91	41.58	8.74	4.05	1.40	0.14	0.13	0.005
4.5~5.0	1.730	1.435	29.59	14.83	42.45	8.75	2.64	1.41	0.18	0.15	0.001
5.0~5.5	1.677	1.365	25.75	13.07	35.15	8.03	16.66	1.09	0.13	0.12	0.001

　　由表5-5和表5-6可见，在距离风口前2.0 m内不同位置试样中渣的成分变化较大。在2.0 m后，除FeO的含量外，其他氧化物含量在一定的范围内波动，FeO含量变化大表明在风口前不同位置铁氧化物还原的差别较大。

　　表5-8对比了第二批次和第三批次高炉风口水平方向不同位置试样中渣的成分的平均值与相应高炉出铁时终渣主要成分。

　　由表5-8可见，风口前试样中渣的碱度和FeO含量要远高于出铁时终渣碱度，而SiO$_2$含量则完全相反。这表明在炉缸下部死料柱中，风口前高温区被还原的气体SiO也参与了FeO的还原，产生的SiO$_2$导致终渣碱度明显下降。

表5-8　高炉风口前试样中渣的成分的平均值与相应高炉出铁时终渣的主要成分　　（%）

批次	成　分	三元碱度	二元碱度	SiO$_2$	Al$_2$O$_3$	CaO	MgO	FeO	S
第二批次	风口前渣（平均值）	1.824	1.522	25.85	13.90	35.80	7.33	15.28	0.87
	高炉出铁时终渣	1.305	1.085	36.77	13.76	39.90	8.09	0.42	1.05
第三批次	风口前渣（平均值）	1.699	1.406	24.85	14.11	34.34	7.32	9.73	1.13
	高炉出铁时终渣	1.284	1.043	36.11	14.68	37.68	8.69	0.40	1.04

5.3　高炉风口前水平方向不同位置试样中焦炭的特性

5.3.1　高炉风口前水平方向不同位置焦炭的平均粒度和空隙度

焦炭空隙度测定试验采用阿基米德原理，在已知容器的体积中，由放入风口焦炭后所排出水的体积来确定风口焦炭的比重和空隙度。通过预备试验，确定测定风口焦炭的空隙度前要将其在水中浸泡48 h，使风口试样中焦炭中的气孔完全充满水，以排除焦炭气孔对测定比重和空隙度的影响。

考虑到风口前试样中包含粒度小于2.5 mm的细颗粒焦炭，这些细小的颗粒进入水中，有些飘在水表面上，有些会沉在底部或产生"和泥"现象，因此在测定风口前试样的焦炭空隙度试验中采用焦炭的最小粒度为2.5 mm。

表5-9给出了高炉风口试样中粒度大于2.5 mm及全部焦炭颗粒的平均粒度。图5-8对比了不同批次高炉风口前水平方向不同位置试样中全部焦炭的平均粒度。

表 5-9　高炉风口试样中粒度大于 2.5 mm 及全部焦炭颗粒的平均粒度　　（mm）

风口前不同位置/m		0 ~ 0.5	0.5 ~ 1.0	1.0 ~ 1.5	1.5 ~ 2.0	2.0 ~ 2.5	2.5 ~ 3.0	3.0 ~ 3.5	3.5 ~ 4.0	4.0 ~ 4.5	4.5 ~ 5.0	5.0 ~ 5.5
第一批次	>2.5 mm 平均	27.12	23.54	21.90	13.96	14.15	10.98	11.88	12.85	14.26	10.57	16.01
	总平均	26.88	23.17	21.43	11.83	10.52	7.26	7.34	8.38	9.52	6.30	11.13
第二批次	>2.5 mm 平均	23.03	23.38	17.65	18.56	15.66	14.08	7.45	11.95	6.72	6.98	
	总平均	23.03	23.14	17.43	17.93	14.61	12.70	6.40	10.12	5.37	5.61	
第三批次	>2.5 mm 平均	22.91	18.40	17.03	13.11	14.02	13.90	13.23	10.27	10.55	11.70	11.71
	总平均	21.89	17.78	15.60	9.21	9.09	9.38	7.99	5.98	6.87	6.96	6.78
第四批次	>2.5 mm 平均	24.67	20.05	20.04	17.64	12.71	12.41	11.87	12.35	12.66	13.27	11.03
	总平均	24.49	19.71	19.44	15.81	9.53	8.24	8.97	8.67	9.96	8.61	5.70

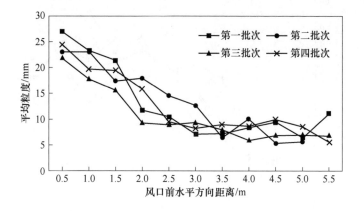

图 5-8　不同批次高炉风口前水平方向不同位置试样中全部焦炭的平均粒度

由图 5-8 可见，焦炭的平均粒度随着风口前水平距离的增加而下降，最后下降到 10 mm 以下，但不同批次下降的速度不同，达到 10 mm 以下的位置也有差别。

试验测定焦炭空隙度采用试样中的粒度大于 2.5 mm 颗粒，要得到全部焦炭的空隙度，需要考虑粒度小于 2.5 mm 颗粒的影响。粒度小于 2.5 mm 颗粒中有较多细粉末，会将小颗粒之间的空隙几乎完全填满，使得空隙度下降，采用下面的公式，可以得到考虑全部焦炭的空隙度：

$$\varepsilon_{\text{全部焦炭}} = (1 - x\%) \times \varepsilon_{\text{测定}} \tag{5-1}$$

式中，x 为粒度大于 2.5 mm 颗粒的比例。

不同批次高炉风口前水平方向不同位置试样中粒度大于 2.5 mm 焦炭的比例和全部焦炭的空隙度见表 5-10。

表 5-10　高炉风口前水平方向不同位置试样中粒度大于 2.5 mm 焦炭的比例和全部焦炭空隙度　　　　　　（%）

风口前不同位置/m		0 ~ 0.5	0.5 ~ 1.0	1.0 ~ 1.5	1.5 ~ 2.0	2.0 ~ 2.5	2.5 ~ 3.0	3.0 ~ 3.5	3.5 ~ 4.0	4.0 ~ 4.5	4.5 ~ 5.0	5.0 ~ 5.5
第一批次	>2.5 mm 比例	0.91	1.62	2.25	16.65	27.78	37.59	42.05	37.83	35.89	44.99	32.62
	焦炭的空隙度	38.08	39.62	34.47	24.28	20.48	16.69	16.62	16.86	17.58	14.48	16.27
第二批次	>2.5 mm 比例	0	2.84	4.34	8.22	16.92	27.49	47.04	41.32	56.12	56.56	
	焦炭的空隙度	48.08	41.36	41.58	34.44	27.67	23.88	18.22	19.06	13.68	14.74	
第三批次	>2.5 mm 比例	4.68	3.54	8.99	32.17	37.77	35.03	42.86	46.13	38.55	44.28	45.9
	焦炭的空隙度	37.1	36.5	32.48	22.81	20.69	23.02	20.5	20.01	22.22	19.8	20.21
第四批次	>2.5 mm 比例	0.76	1.77	3.16	10.9	27.48	36.79	26.88	32.67	23.45	38.05	53.31
	焦炭的空隙度	44.3	38.76	36.94	30.97	23.52	18.52	23.13	21.14	25.54	20.84	14.93

图 5-9 和图 5-10 分别对比了不同批次高炉风口前水平方向不同位置试样中粒度小于 2.5 mm 焦炭的比例和全部焦炭的空隙度。

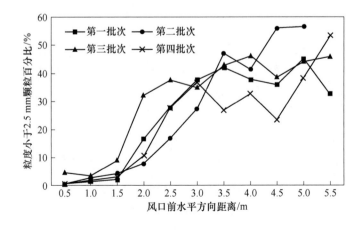

图 5-9　不同批次高炉风口前水平方向不同位置试样中粒度小于 2.5 mm 焦炭的比例

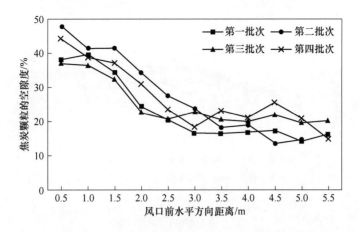

图 5-10　不同批次高炉风口前水平方向不同位置试样中全部焦炭的空隙度

风口前水平方向不同位置试样中粒度小于 2.5 mm 焦炭的比例随着风口距离的增加而增加，在 1.5 m 到 3.5 m 间快速增加，之后开始在高位波动，不同批次波动达到最大值不同，波动范围差异也较大，如图 5-9 所示。

在图 5-10 中，风口前水平方向不同位置试样中焦炭的空隙度随着风口距离的增加而下降，在 3.0 m 处，除第四批次外，都降低到 20% 左右，之后在此值波动，第四批次在距 3 m 之前的位置下降较慢，之后到达接近 10% 的最低值。

5.3.2　高炉风口前水平方向不同位置焦炭的比重和真比重

测定的高炉风口前水平方向不同位置试样中焦炭的比重和真比重结果见表 5-11。

表 5-11　高炉风口前水平方向不同位置试样中焦炭的比重和真比重

风口前不同位置/m		0 ~ 0.5	0.5 ~ 1.0	1.0 ~ 1.5	1.5 ~ 2.0	2.0 ~ 2.5	2.5 ~ 3.0	3.0 ~ 3.5	3.5 ~ 4.0	4.0 ~ 4.5	4.5 ~ 5.0	5.0 ~ 5.5
第一批次	比重	0.950	1.020	1.033	1.027	0.955	0.985	1.128	1.014	1.033	0.996	0.999
	真比重	1.265	1.401	1.467	1.479	1.389	1.487	1.428	1.435	1.434	1.562	1.458
第二批次	比重	0.883	0.986	1.01	1.145	1.15	1.124	1.134	1.131	1.227	1.241	
	真比重	1.184	1.397	1.402	1.559	1.595	1.593	1.61	1.556	1.726	1.731	
第三批次	比重	1.000	1.026	0.988	1.046	1.056	1.072	1.061	1.078	1.082	1.101	1.109
	真比重	1.375	1.464	1.394	1.441	1.492	1.498	1.450	1.574	1.554	1.545	1.577
第四批次	比重	0.988	0.975	1.018	1.074	1.076	1.105	1.128	1.073	1.158	1.130	1.121
	真比重	1.279	1.394	1.438	1.526	1.569	1.593	1.632	1.571	1.635	1.586	1.663

图 5-11 对比了不同批次高炉风口前水平方向不同位置试样中焦炭的真比重。

风口前水平方向不同位置试样中焦炭的真比重随着距离的增加而增加，在距风口前较近的区域增加较快，而后在一定的范围内少量波动，有的批次在局部位置的波动量会大一些。

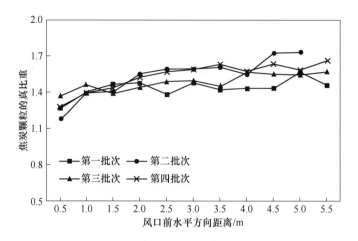

图 5-11   不同批次高炉风口前水平方向不同位置试样中焦炭的真比重

5.4   高炉风口前水平方向不同位置试样中焦炭层的压差

5.4.1   高炉风口前水平方向不同位置试样中焦炭层的压差试验测定装置

高炉风口前水平方向不同位置试样中焦炭层压差的试验装置前后面分别如图 5-12 和图 5-13 所示。

图 5-12   压差试验装置正面图

压差试验装置中，空管的直径为 80 mm，高 700 mm，筛板的孔径为 0.5 mm。试验中的气体压力为 2 kg/cm^2，流量为 6 m^3/h。试验温度为室温，空塔速度为 0.34 m/s。

5.4.2   高炉风口前水平方向不同位置试样中焦炭颗粒的形状系数

高炉风口前水平方向不同位置试样中大的焦炭颗粒直径超过 40 mm，而小的焦炭颗粒

图 5-13　压差试验装置背面图

直径则小于 0.074 mm，焦炭的粒度差别非常大。采用吹气法测定固体颗粒的压差，需要气体有一定的压力和流速，且对粒度范围有一定要求。通常对于较大颗粒料层，测定在紊流或层流条件下流体的压力损失；而对于细颗粒，则确定流体达到流态化的一些参数。

在测定高炉风口前水平方向不同位置试样中焦炭的压差时，为了防止细小的颗粒被吹出，对焦炭颗粒直径的下限有一定的要求。需要给出如何通过测定限定焦炭颗粒的压差来确定全部焦炭颗粒的压差。

描述气体通过固体散料层的欧根（Ergun）公式如下：

$$\frac{\Delta p}{H} = 150 \frac{\eta w (1-\varepsilon)^2}{(d_e \varphi)^2 \varepsilon^3} + 1.75 \frac{\rho_g w^2 (1-\varepsilon)}{\varphi d_e \varepsilon^3} \tag{5-2}$$

式中，Δp 为压差；H 为高度；η 为气体黏度；w 为气体流速；ε 为散料体的空隙度；d_e 为散料体的当量直径；φ 为散料体的形状系数（或球形度）。

在层流或紊流条件下，式（5-2）可以分别简化为式（5-3）和式（5-4）：

$$\frac{\Delta p}{H} = 150 \frac{\eta w (1-\varepsilon)^2}{(\varphi d_e)^2 \varepsilon^3} \tag{5-3}$$

$$\frac{\Delta p}{H} = 1.75 \frac{\rho_g w^2 (1-\varepsilon)}{\varphi d_e \varepsilon^3} \tag{5-4}$$

由于试验技术等问题，测定只限于风口试样中大于某一限定直径焦炭颗粒的压差。但在试样中还有小于该限定直径的焦炭颗粒，特别是在鸟巢区的试样中，有时细小颗粒的比例可达到 40% 以上，细小颗粒对压差的影响大，因此必须要考虑。

式（5-5）给出了大于某一限定直径（d_{e1}）焦炭颗粒压差在层流条件下的表达式。

$$\frac{\Delta p_1}{H_1} = 150 \frac{\eta w (1-\varepsilon_1)^2}{(\varphi_1 d_{e1})^2 \varepsilon_1^3} \tag{5-5}$$

在试验条件不变时，气体流速中空塔速度和气体的黏度都保持不变。全部焦炭粒度的压差如下式所示：

$$\frac{\Delta p_2}{H_2} = 150 \frac{\eta w (1 - \varepsilon_2)^2}{(\varphi_2 d_{e2})^2 \varepsilon_2^3} \tag{5-6}$$

式中，d_{e2} 为全部焦炭颗粒的平均直径，mm。

风口试样中大于某一限定焦炭颗粒的平均直径（d_{e1}）和全部焦炭颗粒的平均直径（d_{e2}）可以通过计算获取。而通过试验则可以确定某一限定焦炭空隙度（ε_1）和全部粒度空隙度（ε_2），及某一限定焦炭粒度和全部粒度的料层高度（H_1）和（H_2）。联立式（5-5）和式（5-6），给出层流条件下全部焦炭颗粒压差与某一限定焦炭粒度压差之间的关系如下：

$$\Delta p_2 = \Delta p_1 \left(\frac{1 - \varepsilon_2}{1 - \varepsilon_1} \right)^2 \times \left(\frac{\varepsilon_1}{\varepsilon_2} \right)^3 \times \left(\frac{d_{e1}}{d_{e2}} \right)^2 \times \frac{H_2}{H_1} \times \left(\frac{\varphi_1}{\varphi_2} \right)^2 \tag{5-7}$$

形状系数的定义为同体积球形颗粒的表面积（S_{pb}）与非球形颗粒的表面积（S_{fb}）之比，又被称为球形度。对于小于某一限定焦炭粒度，因其粉末多而可以认为全部由球形颗粒组成，形状系数为1。大于某一限定焦炭粒度的形状系数如式（5-8）所示：

$$\varphi_1 = \frac{S_{pb}}{S_{\text{fb小于某一限定的焦炭粒度}}} \tag{5-8}$$

考虑全部焦炭颗粒的形状系数由下式表示：

$$\varphi_2 = \frac{S_{pb}}{S_{\text{fb全部}}} = \frac{S_{pb}}{(1 - x) S_{\text{fb小于某一限定的焦炭粒度}} + x S_{pb}} = \frac{\varphi_1}{(1 - x) + x \varphi_1} \tag{5-9}$$

式中，x 为小于某一限定焦炭颗粒的比例。

将式（5-9）代入式（5-7）中，可得层流条件下全部焦炭粒度的料层压差公式：

$$\Delta p_2 = \Delta p_1 \left(\frac{1 - \varepsilon_2}{1 - \varepsilon_1} \right)^2 \times \left(\frac{\varepsilon_1}{\varepsilon_2} \right)^3 \times \left(\frac{d_{e1}}{d_{e2}} \right)^2 \times \frac{H_2}{H_1} \times (1 - x + x \varphi_1)^2 \tag{5-10}$$

同理，紊流条件下全部焦炭粒度料层的压差公式如下所示：

$$\Delta p_2 = \Delta p_1 \frac{1 - \varepsilon_2}{1 - \varepsilon_1} \times \left(\frac{\varepsilon_1}{\varepsilon_2} \right)^3 \times \frac{d_{e1}}{d_{e2}} \times \frac{H_2}{H_1} \times (1 - x + x \varphi_1) \tag{5-11}$$

形状系数需要通过不同限定的焦炭颗粒预备试验来确定，得到了 φ_1 后，由测定的大于某一限定焦炭粒度的压差来确定全部焦炭颗粒在层流或紊流条件下的压差。

预备试验中选取了三种限定的最小粒度，分别为0.5 mm、1.5 mm和2.5mm。在第一批次风口前水平方向分别选用1.0~1.5 m、2.0~2.5 m、4.0~4.5 m和4.5~5.0 m的不同位置的试样进行试验，得到的压差、料层高度和空隙度的平行试验值和相对误差分别见表5-12~表5-14。

表5-12　第一批次高炉风口前水平方向不同位置试样中不同粒度范围的焦炭层的压差

（mmH₂O）

风口前距离/m	粒度范围	第一次	第二次	第三次	平均值	相对误差/%
1.0~1.5	>2.5mm	6	5	7	6.0	11.1
	>1.5mm	5	7	6	6.0	11.1
	>0.5mm	7	6	5	6.0	11.1

风口前距离/m	粒度范围	第一次	第二次	第三次	平均值	相对误差/%
2.0~2.5	>2.5mm	9	10	9	9.3	4.8
	>1.5 mm	10	11	12	11.0	6.1
	>0.5 mm	21	29	27	25.7	12.1
4.0~4.5	>2.5 mm	10	10	9	9.7	4.6
	>1.5 mm	10	11	12	11.0	6.1
	>0.5mm	35	39	27	33.7	13.2
4.5~5.0	>2.5 mm	6	5	6	5.7	7.8
	>1.5 mm	7	7	9	7.7	11.6
	>0.5 mm	43	30	35	36.0	13.0

表 5-13 第一批次高炉风口前水平方向不同位置试样中不同粒度范围的焦炭料层的高度

（mm）

风口前距离/m	粒度范围	第一次	第二次	第三次	平均值	相对误差/%
1.0~1.5	>2.5 mm	205	215	220	213.3	2.6
	>1.5 mm	205	215	220	213.3	2.6
	>0.5 mm	205	215	220	213.3	2.6
2.0~2.5	>2.5 mm	101	98	99	99.3	1.1
	>1.5 mm	113	112	113	112.7	0.4
	>0.5 mm	126	125	126	125.7	0.4
4.0~4.5	>2.5 mm	110	109	110	109.7	0.4
	>1.5 mm	112	113	114	113.0	0.6
	>0.5 mm	148	147	150	148.3	0.7
4.5~5.0	>2.5 mm	51	53	52	52.0	1.3
	>1.5 mm	63	62	64	63.0	1.1
	>0.5 mm	88	86	91	88.3	2.0

表 5-14 第一批次高炉风口前水平方向不同位置试样中不同粒度范围的焦炭层的空隙度

（%）

风口前距离/m	粒度范围	第一次	第二次	第三次	平均值	相对误差/%
1.0~1.5	>2.5 mm	35.16	35.60	35.03	35.26	0.64
	>1.5 mm	34.57	34.64	33.72	34.31	1.15
	>0.5 mm	33.14	32.98	33.43	33.18	0.50
2.0~2.5	>2.5 mm	28.62	27.93	28.53	28.36	1.01
	>1.5 mm	27.27	28.51	27.34	27.71	1.92
	>0.5 mm	21.34	21.16	20.49	21.00	1.61
4.0~4.5	>2.5 mm	27.81	26.60	27.84	27.42	1.99
	>1.5 mm	25.04	25.50	24.06	24.87	2.16
	>0.5 mm	18.38	18.24	18.73	18.45	1.01

风口前距离/m	粒度范围	第一次	第二次	第三次	平均值	相对误差/%
4.5~5.0	>2.5 mm	26.19	27.07	25.70	26.32	1.90
	>1.5 mm	28.22	29.06	28.37	28.55	1.19
	>0.5 mm	22.81	21.64	23.43	22.63	2.91

第一批次风口前水平方向1.0~1.5 m、2.0~2.5 m、4.0~4.5 m和4.5~5.0 m位置焦炭不同粒度的比例、总料层高度和平均粒度见表5-15。

表5-15　风口焦炭不同粒度的比例、总料层高度和平均粒度

风口前距离/m	>2.5 mm 比例/%	>1.5 mm 比例/%	>0.5 mm 比例/%	总料层高度/mm	>2.5 mm 平均粒度/mm	>1.5 mm 平均粒度/mm	>0.5 mm 平均粒度/mm
1.0~1.5	2.25	2.15	0.76	213.3	21.90	21.88	21.59
2.0~2.5	27.78	26.02	11.62	138.3	14.15	13.86	11.76
4.0~4.5	35.89	33.83	15.62	172.0	14.26	13.87	11.10
4.5~5.0	44.99	42.5	18.77	103.7	10.57	10.20	7.51

将表5-15中的测定值代入式（5-10）和式（5-11）中，可根据试验中测定的限定最小粒度压差，分别计算出全部颗粒在层流和紊流条件下的压差，同时给出不同粒度的形状系数。当限定粒度为2.5 mm、1.5 mm和0.5 mm时，第一批次高炉风口前水平方向不同位置焦炭层压差公式的形状系数经验式分别为$0.5(1-x_1)$、$0.6(1-x_2)$和$0.9(1-x_3)$，x_1、x_2和x_3分别为小于2.5 mm、小于1.5 mm和小于0.5 mm的百分数。

表5-16~表5-18分别给出了第一批次风口前水平方向1.0~1.5 m、2.0~2.5 m、4.0~4.5 m和4.5~5.0 m位置处，由不同最小粒度得到的全部焦炭粒度在层流和紊流条件下的压差及主要计算参数。

表5-16　由最小粒度2.5 mm计算出全部颗粒的压差

风口前距离/m	1.0~1.5	2.0~2.5	4.0~4.5	4.5~5.0
测定压差平均值/mm	6.0	9.3	9.7	5.7
>2.5 mm 平均粒度/mm	21.9	14.2	14.26	10.57
总平均粒度/mm	21.4	10.52	9.52	6.30
<2.5 mm 比例 (x_1)/%	2.25	27.78	35.89	44.99
形状系数	$0.5(1-x_1)$	$0.5(1-x_1)$	$0.5(1-x_1)$	$0.5(1-x_1)$
>2.5 mm 的空隙度/%	35.26	28.36	27.42	28.55
总平均粒度的空隙度/%	34.47	20.48	17.58	15.71
层流条件下压差/mmH$_2$O	6.7	52.0	95.2	120.8
紊流条件下压差/mmH$_2$O	6.5	37.4	63.1	74.3

表5-17 由最小粒度1.5 mm计算出全部颗粒的压差

风口前距离/m	1.0~1.5	2.0~2.5	4.0~4.5	4.5~5.0
测定压差平均值/mm	6.0	11.0	11.0	7.7
>1.5 mm 平均粒度/mm	21.9	13.86	13.87	10.2
总平均粒度/mm	21.4	10.52	9.52	6.3
<1.5 mm 比例（x_2）/%	2.15	26.02	33.83	42.50
形状系数	$0.6(1-x_2)$	$0.6(1-x_2)$	$0.6(1-x_2)$	$0.6(1-x_2)$
>1.5 mm 的空隙度/%	34.31	27.71	24.87	26.32
总平均粒度的空隙度/%	33.57	20.50	16.45	15.13
层流条件下压差/mmH_2O	6.7	51.2	96.1	120.2
紊流条件下压差/mmH_2O	6.5	36.0	62.3	71.6

表5-18 由最小粒度0.5 mm计算出全部颗粒的压差

风口前距离/m	1.0~1.5	2.0~2.5	4.0~4.5	4.5~5.0
测定压差平均值/mm	6.0	25.7	33.7	36.0
>0.5 mm 平均粒度/mm	21.60	11.76	11.10	7.51
总平均粒度/mm	21.43	10.52	9.52	6.3
<0.5 mm 比例（x_3）/%	0.76	11.62	15.62	18.77
形状系数	$0.9(1-x_3)$	$0.9(1-x_3)$	$0.9(1-x_3)$	$0.9(1-x_3)$
>0.5 mm 的空隙度/%	33.18	21.00	18.45	22.63
总平均粒度的空隙度/%	32.93	18.56	15.57	18.38
层流条件下压差/mmH_2O	6.3	51.8	87.7	112.4
紊流条件下压差/mmH_2O	6.2	42.0	66.8	81.3

表5-19比较了测定压差试验中由不同最小粒度得到的全部颗粒压差的平均值和相对误差。

表5-19 由不同最小粒度计算出全部颗粒的压差和相对误差

风口前距离/m	1.0~1.5	2.0~2.5	4.0~4.5	4.5~5.0	1.0~1.5	2.0~2.5	4.0~4.5	4.5~5.0
流动状态	层流	层流	层流	层流	紊流	紊流	紊流	紊流
最小粒度为2.5 mm/mmH_2O	6.7	52.0	95.2	120.8	6.5	37.4	63.1	74.3
最小粒度为1.5 mm/mmH_2O	6.7	51.2	96.1	120.2	6.5	36.0	62.3	71.6
最小粒度为0.5 mm/mmH_2O	6.3	51.8	87.7	112.4	6.2	42.0	66.8	81.3
平均值/mmH_2O	6.6	51.7	93.0	117.8	6.4	38.5	64.1	75.7
相对误差/%	3.00	0.59	3.79	3.05	2.09	6.21	2.84	4.88

由表5-19可见,最大相对误差仅为6.21%,大部分在3%以下,表明通过该试验方法确定的全部粒度的压差与选定的最小粒度无关。由式(5-10)和式(5-11)可见,关键的问题是如何确定不同限定最小粒度时的形状系数的经验公式。一旦形状系数的经验公式确定,就可以根据试验的条件确定限定的最小粒度。

测定风口试样压差的同时还要测定空隙度,由限定不同最小粒度测定的空隙度计算出全部颗粒的空隙度。表5-20为由不同最小粒度得出全部颗粒的空隙度。

表5-20　由不同最小粒度计算出全部颗粒的空隙度和相对误差　　　　　（%）

风口前距离/m	最小粒度为2.5 mm	最小粒度为1.5 mm	最小粒度为0.5 mm	平均值	相对误差
1.0~1.5	34.47	33.57	32.93	33.66	1.61
2.0~2.5	20.48	20.50	18.56	19.84	4.33
4.0~4.5	17.58	16.45	15.57	16.53	4.21
4.5~5.0	15.71	15.13	18.38	16.41	8.02

限定粒度越小,得到的全部颗粒的空隙度值越低。细颗粒比例增加后,由不同最小粒度计算得到的全部颗粒的空隙度的相对误差可能会增加。主要原因是测定空隙度是采用阿基米德原理,在已知体积的容器中,加入的风口焦炭排除同体积水,来确定风口焦炭的比重和空隙度。限定粒度越小,被水泡出粉末越多,同时还会出现"和泥"现象,使得空隙中的水不易全部排除。试验中也发现,限定粒度越小,压差的波动越明显,见表5-12。综上所述,限定粒度不应该过小,通过预备试验,确保测定压差时不会发生较大的波动,且在测定空隙度时不会出现"和泥"现象。为了防止"和泥"现象,建议限定粒度为2.5 mm,可以节省工作量。

5.4.3　高炉风口前水平方向不同位置试样中焦炭层的透气性

四个批次的高炉风口前水平方向不同位置试样中焦炭层的压差(层流和紊流)如表5-21所示。

表5-21　高炉风口前水平方向不同位置试样中焦炭层的压差　　　　（mmH_2O）

风口前不同位置/m		0~0.5	0.5~1.0	1.0~1.5	1.5~2.0	2.0~2.5	2.5~3.0	3.0~3.5	3.5~4.0	4.0~4.5	4.5~5.0	5.0~5.5
第一批次	层流	0.3	2.5	6.7	19.5	52.0	81.4	169.1	128.1	95.2	120.8	78.4
	紊流	0.3	2.5	6.5	15.9	37.4	54.0	105.8	83.7	63.1	74.3	54.4
第二批次	层流	0	2.6	2.9	7.7	19.6	43.6	75.7	43.6	179.5	156.3	
	紊流	0	2.6	2.8	7.2	17.4	37.1	64.9	36.3	159.7	136.8	
第三批次	层流	2.6	5.6	9.7	88.7	128.0	133.8	208.1	247.7	106.5	230.6	197.0
	紊流	2.4	5.4	8.5	58.9	79.8	84.8	120.9	139.7	65.4	133.3	110.0
第四批次	层流	0.1	1.1	2.8	7.6	33.7	105.3	48.5	38.9	24.4	78.1	264.4
	紊流	0.1	1.1	2.6	7.1	25.5	67.9	38.9	29.2	19.7	51.4	134.3

图5-14~图5-17分别对比了各批次不同位置焦炭层的压差。

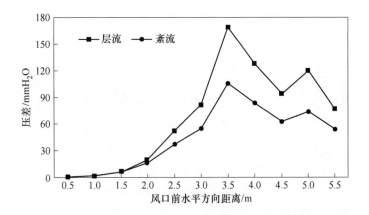

图5-14　第一批次高炉风口前水平方向不同位置试样中焦炭层的压差

由图5-14可见，第一批风口试样在风口水平方向上近风口前区域的压差最小，随着风口前距离的增加，压差增大。但距离风口前3.5 m后压差下降，这与中心有一定的煤气流有关。在相同的空塔速度条件下，层流的压力损失比紊流的大，试验的结果与之吻合。虽然层流条件下的压差比紊流条件下的大，但在风口前的不同位置，压差变化的规律是相同的。

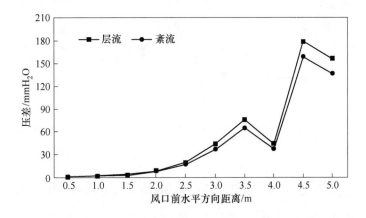

图5-15　第二批次高炉风口前水平方向不同位置试样中焦炭层的压差

第二批次高炉风口前水平方向试样中焦炭层的压差在距离2.25 m前都不高，之后随着距离的增加而增大，但期间也有下降，在距离达到4.5 m后，压差成倍增加，此时压差值很高。这是由于距离在达到4.5 m后，试样中细颗粒非常多，比例高达50%，这些细颗粒主要是未消耗的含炭细粉末。

第三批次高炉风口前水平方向试样中焦炭层的压差在距离1.5 m前都不高，之后开始逐步增加（除距离4.5 m处外），距离4.5 m处试样中粒度小于2.5 mm的焦炭比例超过40%，导致压差明显降低。

第四批次高炉风口前水平方向试样中焦炭层的压差在大多数情况下都不高，只在距离3 m处出现小峰值，后在距离5.5 m处出现较大的值。图5-17中压差变化的两个低谷是高炉内煤气分布为明显的"两道气流"现象的反映。

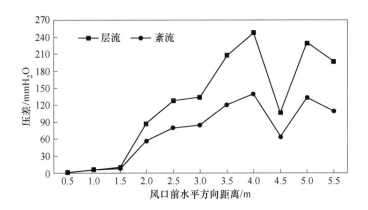

图5-16   第三批次高炉风口前水平方向不同位置试样中焦炭层的压差

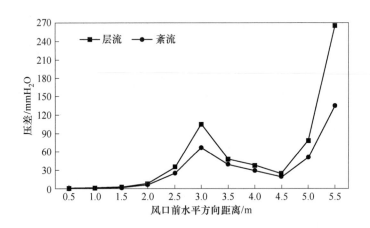

图5-17   第四批次高炉风口前水平方向不同位置试样中焦炭层的压差

5.5   高炉风口前水平方向不同位置试样中焦炭的温度

5.5.1   测定高炉使用焦炭温度的原理

用X射线衍射技术推测高炉内焦炭的温度，是一种成熟可行的间接测试方法。高炉冶炼所使用的焦炭中的碳主要由两部分组成：一部分是非晶态碳，又称无定形碳；另一部分是结晶碳，又称石墨化碳。X射线衍射法测定表明：无定形碳只产生衍射峰的背底，而结晶的石墨化碳则产生X射线衍射峰。当焦炭受二次加热时，焦炭中的碳原子排列趋向于有序化，即发生石墨化转变。随着加热温度的升高，焦炭的石墨化转变程度增加，石墨碳的晶粒也随之长大。热处理温度越高，焦炭越接近石墨的结构状态。焦炭的上述结构变化在X射线衍射谱上则反映出碳（002）晶面衍射峰的峰形发生变化。加热温度较低时，衍射峰背底较高，峰宽较大；反之则衍射峰背底较低，峰宽较小（图5-18）。根据晶体学理论，石墨属六方晶系，其碳原子按网络结构方式排列。石墨晶粒的大小可由碳片层的堆垛高度 L 表示，见图5-19。

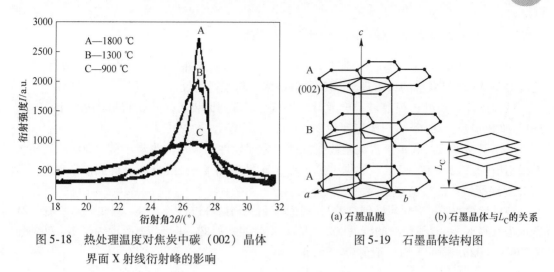

图 5-18　热处理温度对焦炭中碳（002）晶体
　　　　界面 X 射线衍射峰的影响

图 5-19　石墨晶体结构图

根据 Scherrer 方程，L_C 与碳（002）晶面衍射峰半高宽 B 的关系如下式所示：

$$L_C = \frac{A\lambda}{B\cos B} \tag{5-12}$$

式中，A 为由被测试样及衍射晶面决定的常数；λ 为 X 射线的波长，nm；B 为试样的某一衍射峰的半高宽，rad，或为试样的某一衍射峰的峰位，（°）。

对于已定的试样、参与衍射的晶面和试验条件，参数 A、λ 和 θ 都是固定的。L_C 和 B 虽是两个不同物理含义的参数，但是它们的变化所反映的本质是相同的，即 L_C 和 B 的变化反映了焦炭在加热过程中的石墨化程度的大小。焦炭的热处理温度决定了焦炭中碳（002）晶面 X 射线衍射峰的半高宽 B。所以，焦炭中碳（002）晶面 X 射线衍射峰半高宽 B 与热处理温度 T 的相互关系就成为推测高炉内焦炭温度的依据。通过对事先经不同温度处理的入炉焦炭中碳（002）晶面 X 射线衍射峰的半高宽 B 的测定建立起 B-I 标定曲线，并在相同测量条件下测得高炉内确定部位的焦炭中碳（002）晶面 X 射线衍射峰的半高宽 B，对照已经得到的 B-I 标定曲线，就可推测出高炉内焦炭所处位置的温度值[25-26]。

推测温度是利用宝钢对入炉焦炭在不同温度下，测定焦炭中碳（002）对应 X 射线衍射峰的半高宽值，结果见图 5-20[7]。

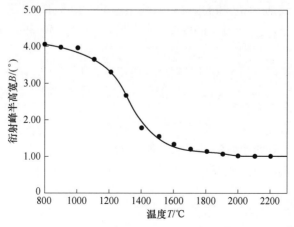

图 5-20　宝钢给出的焦炭在不同温度与半高宽的标定曲线[7]

5.5.2　用 X 射线衍射技术确定风口焦炭温度的方法

将经热处理的焦炭研磨成能通过 0.048 mm 筛子的粉末并压制成块状试样，所用仪器是经 IBM-AT 微机联机的日本理学 2038X 射线多晶粉末衍射仪。

试验条件：铜靶，镍滤波片，管压 40 kV、管流 150 mA；光路狭缝 DS1，RS 0.3，SS1：采数步长为 0.02°，扫描速度为 2°/min。

采用 IBMPC BASICA 语言编制数据采集和处理软件。采集的焦炭中碳（002）晶面 X 射线衍射峰（$2\theta = 10° \sim 32°$）数据，经 5 点 3 次平滑和 K_α 双线分离，得到碳（002）晶面 X 射线衍射峰的半高宽。

通过计算程序，对焦炭中碳（002）晶面 X 射线衍射峰进行 $K_{\alpha 1}$、$K_{\alpha 2}$ 双线分离。图 5-21 所示为未经 K_α 一双线分离的碳（002）晶面 X 射线衍射峰。图 5-22 所示为经 K_α 双线分离的碳（002）晶面 X 射线衍射峰。

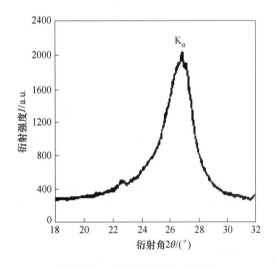

图 5-21　未经分离的 K_α 衍射线

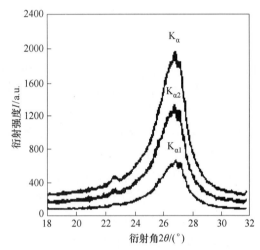

图 5-22　经分离的 K_α 衍射线

将分离得到的 K_α 衍射峰扣除背底，再测量其半高宽值。一般的 X 射线衍射使用的是特征 K_α 谱线。K_α 谱线是由 $K_{\alpha 1}$ 和 $K_{\alpha 2}$ 两条谱线组成的。由于 $K_{\alpha 1}$ 和 $K_{\alpha 2}$ 两谱线的波长差很小（对于铜靶而言，$\Delta\lambda_{CuK_{\alpha 1}} = 0.1540562$ nm，$\Delta\lambda_{CuK_{\alpha 1}} = 0.1544390$ nm，$\Delta\lambda_{Cu} = 3.828 \times 10^{-4}$ nm），因此采集到的数据实际上是 $K_{\alpha 1}$ 和 $K_{\alpha 2}$ 的合成谱。

为了提高测量的精度，通常需对得到的合成谱进行 K_α 双线分离，即去除 $K_{\alpha 2}$ 的谱线，只保留 $K_{\alpha 1}$ 的谱线。Rechanger 分峰法则给出了 K_α 双线分离的计算公式：

$$I_1(2\theta) = I(2\theta) - \frac{1}{2}I_1(2\theta - \delta) \tag{5-13}$$

式中，$I(2\theta)$ 为 K_α 合成谱的强度；$\delta = \Delta\lambda/\lambda \times \tan\theta$；$I_1(2\theta)$ 为 $K_{\alpha 1}$ 衍射峰的强度；2θ 为整个扫描区间内某一点的角度位置；δ 为 $K_{\alpha 1}$ 和 $K_{\alpha 2}$ 的双峰分离度。

5.5.3　测定高炉入炉前焦炭和风口前焦炭的温度

试验条件：铜靶，镍滤波片，管压 40 kV、管流 150 mA；光路狭缝 DS1，RS 0.3，

SS1：采数步长为 0.02°，扫描速度为 2°/min。

对于高炉使用的 5 种入炉前焦炭第一批次和第二批次高炉风口前水平方向不同位置试样中的焦炭，将表面进行处理后，研磨成粒度小于 0.048 mm 的粉末后进行扫描，得到了全程的衍射曲线，进而对石墨存在区域进行精细扫描，确定半高宽等参数。

表 5-22 ~ 表 5-24 分别给出了入炉前焦炭、第一批次和第二批次高炉风口前不同位置试样中焦炭 X 射线衍射参数和推测的温度。推测温度是利用测定焦炭在达到不同最高温度下，焦炭中碳（002）对应 X 射线衍射峰的半高宽值（图 5-20），作为本试验标准。入炉焦炭取自粒度大于 30 mm 的焦炭，风口前不同位置试样取自粒度大于 25 mm 的焦炭。

表 5-22　进入高炉前焦炭的 X 射线衍射参数和推测温度

入炉前	角度/(°)	半高宽/(°)	积分宽/(°)	高斯比	晶粒大小/nm	推测温度/K
焦炭 1	25.127	3.530	4.179	0.541	2.2	1423
焦炭 2	25.448	2.927	3.675	0.362	2.7	1553
焦炭 3	25.654	3.018	3.695	0.452	2.6	1523
焦炭 4	25.544	3.575	4.120	0.651	2.2	1393
焦炭 5	25.501	3.797	4.177	0.852	2.1	1323

需要指出，表 5-22 推测的温度是进入高炉前焦炭在生成过程中达到的最高温度。

表 5-23　第一批次高炉风口前水平方向不同位置试样中焦炭的 X 射线衍射参数和推测温度

风口前位置/m	角度/(°)	半高宽/(°)	积分宽/(°)	高斯比	晶粒大小/nm	推测温度/K
0 ~ 0.5	25.637	1.179	1.563	0.379	6.8	1993
0.5 ~ 1.0	25.651	1.440	1.933	0.310	5.5	1753
1.0 ~ 1.5	25.852	1.367	1.814	0.380	6.0	1823
1.5 ~ 2.0	26.131	1.221	1.600	0.410	6.6	1873
2.0 ~ 2.5	25.988	1.059	1.399	0.400	7.6	2163
2.5 ~ 3.0	25.966	1.095	1.435	0.423	7.3	2123
3.0 ~ 3.5	25.912	1.158	1.558	0.334	6.9	2013
3.5 ~ 4.0	25.897	1.268	1.720	0.295	6.3	1783
4.0 ~ 4.5	26.074	1.115	1.413	0.522	7.2	2033
4.5 ~ 5.0	26.054	1.090	1.505	0.260	7.3	2143
5.0 ~ 5.5	25.719	1.255	1.638	0.420	6.4	1813

表 5-24　第二批次高炉风口前水平方向不同位置试样中焦炭和焦炭的 X 射线衍射参数和推测温度

风口前距离/m	角度/(°)	半高宽/(°)	积分宽/(°)	高斯比	晶粒大小/nm	推测温度/K
0 ~ 0.5	25.725	0.968	1.283	0.400	8.3	2213
0.5 ~ 1.0	26.093	0.884	1.112	0.498	9.3	2373
1.0 ~ 1.5	25.987	0.855	1.086	0.538	9.4	2383
1.5 ~ 2.0	25.939	0.812	1.040	0.516	9.9	2403

风口前距离/m	角度/(°)	半高宽/(°)	积分宽/(°)	高斯比	晶粒大小/nm	推测温度/K
2.0 ~ 2.5	25.908	1.049	1.319	0.552	7.6	2183
2.5 ~ 3.0	26.002	1.052	1.587	0.476	7.5	2173
3.0 ~ 3.5	26.068	1.069	1.421	0.381	7.5	2153
3.5 ~ 4.0	26.089	0.935	1.188	0.530	8.6	2243
4.0 ~ 4.5	26.071	0.883	1.047	0.745	9.1	2373
4.5 ~ 5.0	26.003	0.903	1.129	0.577	8.9	2263

由表 5-22 可见，高炉入炉焦炭在炼焦过程中达到的最高温度在 1323 ~ 1553 K，焦炭 2 和焦炭 3 的温度比焦炭 1 和焦炭 4 要高 100 K 以上，比焦炭 5 则要高 200 K 以上。

图 5-23 对比了高炉风口前水平方向第一批次和第二批次不同位置试样中粒度大于 25 mm 的焦炭的温度。

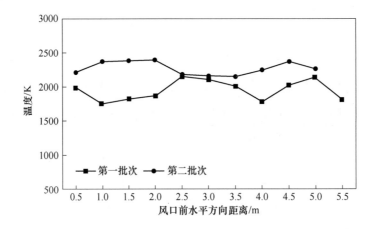

图 5-23　高炉风口前水平方向不同位置试样中焦炭的温度

在图 5-23 中，第一批次风口前水平方向不同位置试样中焦炭的最低温度在 1273 K 左右，最高温度不到 2173 K；第二批次焦炭的最低温度为 2153 K，最高温度为 2503 K。第二批次试样中焦炭的温度只有 4 个位置与第一批次的较接近，而其他的则要高出许多。

5.6　高炉风口前水平方向不同位置的相关动力学参数

在 4.6 节中讨论了影响"三传"的传输系数，可知动量传输系数 C_z、对流换热系数 α 和对流传质系数 k 分别是反应物质的理化特性、反应设备的形状、流动状态、温度等参数的函数。

通过对高炉风口前水平方向不同位置试样中反应物特性的测定，可以发现焦炭的平均粒度（图 5-8）、全部焦炭的空隙度（图 5-10）、焦炭的真比重（图 5-11）和焦炭的温度（图 5-23）沿水平方向都是变化的，既不为常数，也不呈线性关系，而是呈复杂的高次方函数关系。由此可推断高炉风口前水平方向不同位置的"三传"传输系数也呈复杂的高次方函数关系，即高炉内风口前不同位置的相关动力学参数变化比较复杂，需要通过试验来确定。

通过对比图 5-14 ~ 图 5-17 不同批次高炉风口前水平方向不同位置试样测定的焦炭层在不同位置的压差可见，距离风口较近的位置压差不大，随着距离的增加压差增大，会出现先上升、后下降、再上升的现象，有两个峰值，而不同批次的峰值高度不相同，同样压差与风口前距离也不呈线性关系，而是呈复杂的高次方函数关系。

欧根公式［式（5-2）］为高炉实际散料床的压降梯度表达式，是欧根根据高炉内阻力系数 f_c 与雷诺数 Re 的经验关系式，考虑到雷诺数既随高炉内煤气流速的变化而变化，也受运动黏度（它取决于温度及成分）的影响，还随炉料颗粒直径及空隙度的变化而变化的情况后，分别确定了实际炉料在稳流和湍流时卡门（Carman）公式中的阻力系数，并按不同影响因素对阻力系数进行修正而建立的[27]。

卡门公式是在气体流过空管的阻力损失公式的基础上，考虑散料层的特点而导出的[27]。如圆管内散料层内的空隙度为 ε，每立方米料层内可通气体的体积为 ε m³，填充料所占有的体积为 $(1-\varepsilon)$ m³；假定圆管内填充料都为等效直径为 d 的球体，可以计算出单位体积中圆管内球体的个数 n；进而可确定散料层 $(1-\varepsilon)$ m³ 内 n 个球体表面为气体流经所发生摩擦的总表面积 A（由于气体与球体表面摩擦的面积要远远大于与圆管壁摩擦的面积，与圆管壁摩擦的面积可以忽略不计）。气体在散料层的圆管内阻力损失与流经固体表面积有关，为使气体流经空圆管的阻力公式能在有散料层的圆管中应用，将气体在散料层通过的体积看成一个与空圆管长度 L 相同，而直径为 d_c 的当量空圆管。由当量圆管中通过气体的体积 V（每立方米料层内可通气体的体积）和气体产生摩擦阻力的总表面积 A，可以得到当量圆空管的直径与孔隙度 ε 和物料直径 d 的关系，进而确定当量圆空管的压力降，即卡门公式：

$$\Delta p / L = f_c \cdot \rho v_m^2 \frac{s(1-\varepsilon)}{\varepsilon^3} \tag{5-14}$$

式中，$\Delta p / L$ 为单位料柱高度上的压力降，N/m³；f_c 为阻力系数，也是雷诺数的函数；ρ 为气体的密度，kg/m³；ε 为散料体的空隙度（$\varepsilon < 1$）；s 为料球的比表面积（球的面积/球的体积），cm⁻¹。

由此可见，确定气体流过散料层的阻力损失是在假定管内物质是等效直径的前提下，由于在高炉中沿风口水平方向上不同位置焦炭的平均直径不是常数，通过试验确定不同位置焦炭的压力降，这样得到的折线就会接近实际中的曲线，可对风口前不同位置的动量传输过程进行较为准确的解析，为数学模拟提供有力的支持。而如果采用理想化方法，将在高炉中沿风口水平方向上不同位置焦炭的平均直径看成常数，则得到的压力降只是均匀下降，即仅考虑了沿程的阻力损失，与实际的情况有较大的差别，因此这种方法只能用来进行定性分析。

5.7 本 章 小 结

高炉风口前水平方向不同位置试样中包含不同粒度的焦炭和凝固物，凝固物是渣和铁粒裹有少量炭凝固在一起。为准确地确定试样中焦炭、渣和铁粒的质量分数，需将凝固物进一步破碎，将铁粒分离后，剩余的物质中绝大部分是渣，含有少量细焦炭和炭末，还需要进一步测定渣裹炭的炭末的质量分数，最后确定试样中焦炭、铁粒和渣的质量分数。

在高炉风口前水平方向不同位置试验中，焦炭颗粒的质量分数最高，除第一批次外，铁粒的质量分数次之，渣的质量分数最低；随着水平方向上风口距离的增加，焦炭的质量分数先下降，后在一定范围内稳定波动；铁粒和渣的质量分数与焦炭的变化相反。不同批次试样中焦炭、铁粒和渣的质量分数不同，而且波动较大。

在沿高炉风口向前水平方向试样中，焦炭的平均粒度逐渐变小。不同位置试样中焦炭层的空隙度在距离风口一段距离后会突然降低，这是由于在高炉风口前水平方向上存在着不同区域，即风口回旋区、鸟巢区和死料柱。

在高炉风口前水平方向前端试样中，渣的成分和碱度在 $1.5 \sim 2.5$ m 区间内波动较大，之后波动变小，不同批次的渣的成分不同。不同批次风口前水平方向不同位置试样中渣的成分的平均值差别比不同批次出铁时终渣成分的差别大。由于在炉缸下部，气体中的 SiO 会还原渣中的 FeO，进而生成 SiO_2 和 Fe，使得试样中渣的平均碱度低于出铁时终渣的碱度，终渣的 FeO 含量明显下降。

高炉风口前不同位置焦炭层的压差变化在风口前回旋区、鸟巢区和死料柱区域不同，在近风口前区域压差最小，随着风口前距离的增加，压差增加并出现峰值，此后有所下降，然后再出现峰值，但不同批次相同位置的压差值相差较大，而峰值出现的位置和高度也不相同。风口前不同位置试样中焦炭的温度有一定的差别，要比进入高炉前焦炭在炼焦过程中达到的温度高出许多，但不同批次相同位置试样中焦炭的温度大部分是不同的。

高炉风口前水平方向不同位置的“三传”微分方程的传输系数，也呈现复杂的高次方关系，即高炉风口前不同位置的相关动力学参数也是复杂的，需要通过试验来确定。由经试验确定的相关动力学参数得到的数学方程的解析结果会较为符合实际情况，而采用理想的简化的结果只能进行定性分析。

思 考 题

1. 分析和讨论不同高炉风口取样的优缺点，以及为什么要对高炉风口前水平方向取出试验中的凝固物进行分离。
2. 为什么在测定高炉风口前水平方向试样中焦炭的空隙度、压差等参数时要考虑焦炭中细小颗粒的影响，采用什么方法能够避免这些细小颗粒对试样结果的影响？
3. 分别分析和讨论测定高炉风口前水平方向试样中焦炭层的形状系数和采用 X 射线衍射技术确定焦炭达到最高温的方法。
4. 分析和讨论在测定高炉风口前水平方向试样中不同物质的质量分数、焦炭的比重、空隙度、压差、温度和渣成分和碱度沿不同位置的变化时，相关动力学参数的复杂性会给冶金反应工程学对高炉过程解析时的数学模型求解带来哪些影响？
5. 为什么说由试验确定的相关动力学参数得到的数学方程的解析结果会较为符合实际情况，而采用理想的简化的结果只能进行定性分析？

参 考 文 献

[1] 吴铿，折媛，刘起航，等. 高炉大型化后对焦炭性质及在炉内劣化的思考 [J]. 钢铁，2017，52

（10）：1-12.

［2］ Liu Q H, Wang D, Zhao X W, et al. Multi-scale relationship between coke gasification kinetics and its microstructure evolution in the Blast Furnace ［J］. Metallurgical Research & Technology, 2023, 120, 303：1-12.

［3］ 刘起航，王利东，杨双平，等. 高炉焦炭微观气孔结构演变及分形特征研究 ［J］. 钢铁研究学报，2021, 33（7）：566-574.

［4］ 傅永宁. 炼焦化学 ［M］. 北京：冶金工业出版社，1982.

［5］ 孔德文，张建良，龚必侠，等. 高炉块状带焦炭反应性的研究 ［J］. 钢铁，2011, 46（4）：15-18.

［6］ 张德品，尹新堂. 用X射线衍射测定焦炭石墨化法推定高炉内的温度分布 ［J］. 钢铁，1982（11）：77-78.

［7］ 陈炳庆，沈红标. 风口焦性状与高炉操作 ［J］. 钢铁，1996, 31（4）：16-21.

［8］ 费三林，吴铿，陈洪飞，等. 应用X射线衍射法确定风口前焦炭温度 ［C］//2008年全国冶金物理化学学术会议专辑（下册），2008：83-86.

［9］ 崔平，张磊，杨敏，等. 焦炭溶损反应动力学及其模型研究 ［J］. 燃料化学学报，2006, 34（3）：280-284.

［10］ 左海滨，戎妍，张建良，等. 氧化钙对焦炭性能的影响 ［J］. 钢铁，2014, 49（1）：7-12.

［11］ Komaki I, Yamaguchi K, Ichida M, et al. Influence of strength and reactivity of formed coke on reaction, heat transfer and permeability in lower part of blast furnace ［J］. Tetsu to Hagane-journal of the Iron and Steel Institute of Japan, 2009, 83（1）：12-17.

［12］ Kimura K, Kishimota S, Sakai A, et al. Challenge to the highest PC rate operating at Fukuyama No. 4 BF ［J］. La Revue de metallurgie, 1996（4）：575-580.

［13］ Hur N S, Cho B R, Choi J S, et al. High coal injection into the blast furnace under high productivity ［J］. La Rewe de Metallurgie-CIT, 1996（3）：367-377.

［14］ Reppier E, Gerstenberg B, Janhsen U, et al. Requirements on the coke properties especially when injecting high coal rate ［C］//51st Ironmaking Conference Proceedings, 1992, 51：171-184.

［15］ Cheng A. Coke quality requirements for blast furnaces ［J］. Iron and Steelmaker, 2001, 28（7）：75-77.

［16］ Steeghs G S, Schome E, Tokopeus H. High infection rates of coal into the blast furnaces ［J］. Metallurgical Plant and Technology International, 1994（3）：58-65.

［17］ Hotta H, Nakajima R, Kishimoto S, et al. Blast furnace operation with hot blast furnace control values ［C］//48th Ironmaking Conference Proceedings, 1989, 48：565-572.

［18］ Iwakiri H, Kamijyo T, Tanaka H, et al. Planning of high quality coke bases on a coke degradation mechanism in a blast furnace and production ［C］//48th Ironmaking Conference Proceedings, 1989, 48：119-131.

［19］ 杜鹤桂，刘新. 高炉风口区煤粉燃烧率的研究 ［J］. 炼铁，1986（1）：11-18.

［20］ 武田干治，田口整司，滨田上夫，等. 高炉し-スゥェィ领域测定の斜行羽口ゾメデ ［J］. 川崎制铁技报，1988, 20（3）：54-59.

［21］ Kubo S, Ono H, Zuyoshi K, et al. Result of the test operation with formed coke at Tobata No. 4 blast furnace ［C］//49th Ironmaking Conference Proceedings, 1990, 49：409-412.

［22］ 杨永宜，杨彦慧. 高炉风口回旋区煤粉燃烧动力学研究 ［J］. 金属学报，1986, 222：49-53.

［23］ Ulanovskii M L. Parameters for optimization of coke quality（CRI and CSR）［J］. Coke and Chemistry, 2009, 52（1）：11-15.

［24］ 马政峰，吴铿，左兵，等. 煤粉粒度对高炉风口前燃烧性能的影响 ［J］. 钢铁，2003, 38（7）：35-38.

［25］徐万仁，张龙来，张永忠，等．高煤比条件下高炉风口前现象的取样研究［J］．宝钢技术，2004，2：37-42.

［26］徐万仁，姜伟忠，张龙来，等．高炉风口取样技术及其在宝钢的应用［J］．炼铁，2004，23（1）：13-17.

［27］吴铿．冶金传输原理［M］．2版．北京：冶金工业出版社，2016.

6 冶金物理化学中的反应过程动力学

本章提要：

　　物理化学是冶金物理化学的基础，其中化学反应动力学的基元反应主要描述化学反应过程的机理，根据不同类型的基元反应，给出对应的反应动力学方程式。冶金物理化学中反应过程动力学则是研究宏观反应中不同过程（化学反应和质量传输）的反应速度，进而确定限制反应速度的环节。确定冶金反应过程的控制环节，是冶金物理化学中反应过程动力学研究的主要内容。本章讨论了冶金物理化学研究反应过程动力学的常用方法，根据冶金过程中的应用实例，分别分析了准稳态、虚设最大速度和 n 指数法（或混合模型法）等方法确定反应速度控制环节的思路，给出了冶金物理化学研究反应过程动力学的一些相关模型。本章为冶金反应工程学建立研究反应过程动力学的新方法奠定必要的基础。

6.1　物理化学中的化学动力学

　　化学动力学研究不同类型的化学反应，如单向反应、可逆反应、并行反应、连续反应、自动催化反应、链锁反应（包括直链及支链）等。绝大部分的化学反应都属于均相反应，如气相反应或水反应；一部分是多相反应，如有催化剂参加的气-固相反应。化学反应的分类方法很多，最普遍的分类方法是按照反应物的相分类，冶金过程所涉及的反应按相分类可以得到均相反应与非均相反应。除此之外，按反应式可分为单一反应、可逆反应、平行反应与串联反应[1-2]。

　　对于均相化学反应：

$$aA + bB + \cdots = eE + dD \tag{6-1}$$

反应速率用 v 表示：

$$v = \frac{1}{V}\left(-\frac{1}{a}\frac{\mathrm{d}n_A}{\mathrm{d}t}\right) \tag{6-2}$$

许多研究体系中，v 是常数或不变量，这时反应速率表达式可写为：

$$v = -\frac{1}{a}\frac{\mathrm{d}c_A}{\mathrm{d}t} = -\frac{1}{b}\frac{\mathrm{d}c_B}{\mathrm{d}t} = \cdots = \frac{1}{e}\frac{\mathrm{d}c_E}{\mathrm{d}t} \tag{6-3}$$

对于大多数化学反应，根据质量作用定律，速率可表示为：

$$v = kc_A^a c_B^b \cdots \tag{6-4}$$

式中，a 为反应物 A 的反应级数；b 为反应物 B 的反应级数；指数之和 $n = a + b + \cdots$ 为反应的总级数，指数 a、b $\cdots$ 由试验归纳出来；k 为反应速率常数。

　　式（6-4）为化学反应的速率式，是微分式，但由于反应物的浓度随反应进程不断变化，所以可以用速率常数来表示反应的速率，把它视为反应物浓度为 1 单位时的反应速率。速率的积分式则更为有用，它表示了浓度与时间的函数关系。

下面讨论恒温恒压下常见的不同反应类型的一级反应，t 为某一反应物的反应时间，s；c_{A0} 为初始浓度，mol/m^3；c_A 为时间 t 的浓度，mol/m^3；c_{Ae} 为可逆反应中的平衡浓度，mol/m^3。

一级不可逆反应：

$$A \rightarrow B$$

$$v = -\frac{dc_A}{dt} = kc_A \tag{6-5}$$

当 $t = 0$ 时，$c_A = c_{A0}$，积分式（6-5），得：

$$kt = \ln \frac{c_{A0}}{c_A} \tag{6-6}$$

通过 $\ln \dfrac{c_{A0}}{c_A}$ 对时间 t 作图，可得其直线的斜率为 $-k$。

一级可逆反应：

$$A \leftrightarrow B$$

$$-\frac{dc_A}{dt} = k_1 c_A - k_2 c_B \tag{6-7}$$

式中，正反应速率为 k_1；负反应速率为 k_2；初始浓度分别为 c_{A0} 和 c_{B0}。

对于二元系，$c_A = c_{A0}(1 - x_A)$，$c_B = c_{B0}(1 - x_B)$，将其代入式（6-7）得：

$$\frac{dx_A}{dt} = \left(k_1 - k_2 \cdot \frac{c_{B0}}{c_{A0}} \right) - (k_1 + k_2) x_A \tag{6-8}$$

式中，x_A 为反应 A 物质的转化率。

当化学反应达到平衡时，$-\dfrac{dc_A}{dt} = 0$，平衡时浓度分别为 c_{Ae} 和 c_{Be}，转化率为 x_{Ae}；化学反应平衡常数 K 为：

$$K = \frac{k_1}{k_2} = \frac{c_{Be}}{c_{Ae}} \tag{6-9}$$

对于二元系，在化学反应平衡时，由式（6-8）和式（6-9）可得：

$$k_1 c_{A0}(1 - x_{Ae}) = k_2 (c_{B0} + c_{A0} x_{Ae}) \tag{6-10}$$

式（6-10）可写为：

$$k_2 c_{B0} = k_1 c_{A0} - c_{A0} x_{Ae}(k_1 + k_2) \tag{6-11}$$

将式（6-8）代入式（6-11）得：

$$\frac{dx_A}{dt} = (k_1 + k_2)(x_{Ae} - x_{A0}) \tag{6-12}$$

积分式（6-12）得：

$$(k_1 + k_2)t = \ln \frac{c_{A0} - c_{Ae}}{c_A - c_{Ae}} \tag{6-13}$$

通过 $\ln \dfrac{c_{A0} - c_{Ae}}{c_A - c_{Ae}}$ 对时间 t 作图，可得其直线的斜率为 $-(k_1 + k_2)$，联立式（6-9）和式（6-13）可以分别得到 k_1 和 k_2。

复合反应中的一级平行反应：

$$A \begin{array}{c} \longrightarrow B \\ \longrightarrow C \end{array}$$

$$-\frac{\mathrm{d}c_A}{\mathrm{d}t} = (k_1 + k_2)c_A \tag{6-14}$$

$$\frac{\mathrm{d}c_B}{\mathrm{d}t} = k_1 c_A \tag{6-15}$$

$$\frac{\mathrm{d}c_C}{\mathrm{d}t} = k_2 c_A \tag{6-16}$$

积分式 (6-14) 得：

$$c_A = c_{A0}^{-(k_1+k_2)t} \tag{6-17}$$

将式 (6-17) 分别代入式 (6-15) 和式 (6-16) 后积分得：

$$c_B = \frac{k_1}{k_1 + k_2} c_{A0} \left[1 - \mathrm{e}^{-(k_1+k_2)t} \right] \tag{6-18}$$

$$c_C = \frac{k_2}{k_1 + k_2} c_{A0} \left[1 - \mathrm{e}^{-(k_1+k_2)t} \right] \tag{6-19}$$

一级串联反应：

$$A \xrightarrow{k_1} B \xrightarrow{k_2} C$$

串联反应中每一步都是一级反应，则有：

$$-\frac{\mathrm{d}c_A}{\mathrm{d}t} = k_1 c_A \tag{6-20}$$

$$\frac{\mathrm{d}c_B}{\mathrm{d}t} = k_1 c_A - k_2 c_B \tag{6-21}$$

$$\frac{\mathrm{d}c_C}{\mathrm{d}t} = k_2 c_B \tag{6-22}$$

若初始反应物中，$c_B = c_C = 0$，积分式 (6-20) ~ 式(6-22) 可得：

$$c_A = c_{A0} \mathrm{e}^{-k_1 t} \tag{6-23}$$

$$\frac{c_B}{c_{A0}} = \frac{k_1}{k_1 - k_2} (\mathrm{e}^{-k_2 t} - \mathrm{e}^{-k_1 t}) \tag{6-24}$$

$$\frac{c_C}{c_{A0}} = 1 - \frac{k_2}{k_2 - k_1} \mathrm{e}^{-k_1 t} + \frac{k_1}{k_2 - k_1} \mathrm{e}^{-k_2 t} \tag{6-25}$$

前面讨论的是简单的化学反应，根据反应方程式可以直接给出化学动力学的速度方程式。当化学反应的条件变得复杂时，化学反应的速度方程式与反应机理有关，需要研究化学反应进行的途径（步骤），即反应机理（微观动力学）。对于复杂的化学反应，要先确定其反应机理，然后建立反应速度方程。

6.2　化学反应速率常数

由于冶金反应大部分是高温过程，而在高温下化学反应过程通常不是控制环节。为了方便，在冶金反应过程中将反应过程按一级反应处理，与分子扩散和对流传质过程浓度单位的量纲相同，以便于进行数学处理。一级反应的公式如下：

$$v = -\frac{dc_A}{dt} = kc_A \tag{6-26}$$

式（6-26）的速率方程中的比例常数 k 叫作反应速率常数。温度一定，反应速率常数为一定值，与浓度无关。k 是反应的特征物理量，同一温度下，k 越大，则反应越快。

6.2.1　阿累尼乌斯经验方程

反应速率常数 k 是反应的特征数值，它是温度的函数。温度对速率的影响，可用阿累尼乌斯的经验方程式表示：

$$k = A\exp\left(\frac{E_a}{RT}\right) \tag{6-27}$$

式中，A 为指前因子，单位与速率常数相同；E_a 为反应表观活化能，J/mol；T 为温度，K；R 为气体常数。

根据阿累尼乌斯的经验方程，在确定了反应的活化能后可以计算出反应速率常数 k。

6.2.2　有效碰撞理论

有效碰撞理论认为，只有当反应物分子的相对动能在其连心线上的分量大于某个定值 E_c 时，其相互碰撞才能发生反应，这样的碰撞称为有效碰撞[3]。

若 1 mol 的气体反应物粒子有效的反应碰撞占总碰撞数的分数为：

$$q = \exp\left(-\frac{E_c}{RT}\right) \tag{6-28}$$

式中，E_c 为反应阈能，也称为有效碰撞理论的活化能。

则 E_c 与实验活化能 E_a 的关系为：

$$E_a = E_c + \frac{1}{2}RT \tag{6-29}$$

若用 E_a 代替 E_c，则反应速率方程应改写为：

$$k = d_{AB}^2 N_A \left(\frac{8\pi k_B T \cdot e}{\mu}\right)^{\frac{1}{2}} \exp\left(-\frac{E_a}{RT}\right) \tag{6-30}$$

式中，d_{AB} 为碰撞直径，即在相互碰撞的过程中能够达到的最近距离，m；k_B 为玻耳兹曼常数，1.381×10^{-23} J/K；T 为热力学温度，K；e 为自然对数的底数，2.718；μ 为摩尔折合质量，$\mu = \frac{M_A M_B}{M_A + M_B}$，g/mol；$E_a$ 为实验活化能，J/mol；R 为摩尔气体常数，8.314 J/(mol·K)。

对照阿累尼乌斯公式，指前因子 A 代表的物理意义为：

$$A = d_{AB}^2 N_A \left(\frac{8\pi k_B T \cdot e}{\mu}\right)^{\frac{1}{2}} \tag{6-31}$$

式（6-31）中的所有因子均不涉及动力学试验，通过计算即可得到指前因子 A。对于一些常见的反应，用上述理论计算所得的 k 值和 A 值与试验值相符。但还有不少反应，计算所得的结果要比试验值大，有时很大。为了进行修正，曾引入校正因子 P，即：

$$k = PZ_{AB} e^{-\frac{E_a}{RT}} \tag{6-32}$$

式中，P 为概率因子或方位因子，P 的数值在 $1 \sim 10^{-9}$。

有效碰撞理论认为，不是所有分子的碰撞都能引起化学反应，只有极少数能量较大的活化分子在一定方位的碰撞，即有效碰撞才能进行化学反应。化学反应的速率即单位时间内的有效碰撞数目。有效碰撞理论对阿累尼乌斯经验式中的指数项、指前因子及阈能都给出了较明确的物理意义，但阈能（活化能）还需要由试验求得。

6.2.3 过渡态理论

过渡态理论又称为活化络合物理论或绝对速度理论。该理论认为反应分成两步进行，第一步反应物分子碰撞形成活化络合物，第二步活化络合物分解成为产物。对于气相反应的化学势则仍用压力表示，标准态为 $p^{\ominus}$，可以得到：

$$k = \frac{k_B T}{h}\left(\frac{p^{\ominus}}{RT}\right)^{1-n} \exp\left(\frac{\Delta_r^{\neq} S_m^{\ominus}(p^{\ominus})}{R}\right) \exp\left(\frac{-\Delta_r^{\neq} H_m^{\ominus}(p^{\ominus})}{RT}\right) \tag{6-33}$$

式中，h 为普朗克常数，6.626×10^{-34} J·s；$p^{\ominus}$ 为气相压力的标准态，Pa；R 为摩尔气体常数，8.314 J/(mol·K)；k_B 为所有反应物的系数之和；$\Delta_r^{\neq} S_m^{\ominus}(p^{\ominus})$ 为用压力表示时的标准摩尔活化熵变，J/(mol·K)；$\Delta_r^{\neq} H_m^{\ominus}(p^{\ominus})$ 为用压力表示时的标准摩尔活化焓变，J/mol。

根据过渡态理论，速率常数 k 一方面与物质的结构相联系，另一方面也与热力学函数建立了联系，还表明速率常数不仅与活化能 E_a 有关，而且与活化熵有关。在活化络合物理论中不需要引入概率因子 P。但对于复杂反应体系，过渡态理论的应用仍有不少困难，还要进一步做大量的试验和理论工作。

由平衡常数和热力学的关系可以得到热力学参数和指前因子 A 的关系：

$$k = \frac{k_B T}{h} e^n (c^{\ominus})^{1-n} \exp\left(\frac{\Delta_r^{\neq} S_m^{\ominus}(c^{\ominus})}{R}\right) \exp\left(\frac{-E_a}{RT}\right) \tag{6-34}$$

式中，$c^{\ominus}$ 为活化络合物的浓度。

$$A = \frac{k_B T}{h} e^n (c^{\ominus})^{1-n} \exp\left(\frac{\Delta_r^{\neq} S_m^{\ominus}(c^{\ominus})}{R}\right) \tag{6-35}$$

如果已知反应物分子和活化络合物分子的结构，可以依据统计热力学和量子化学求出 $\Delta_r^{\neq} S_m^{\ominus}$ 和 $-\Delta_r^{\neq} H_m^{\ominus}$，进而计算出反应速率常数 k[3]。

6.3 冶金物理化学中的反应过程动力学

6.3.1 冶金物理化学研究反应过程动力学的方法

冶金物理化学中，冶金过程热力学研究分析冶金过程进行的可能性，亦即其进行的方向，以及反应产物得到最大收得率的热力学条件；冶金宏观反应过程动力学则研究冶金过程不同步骤的理论模型，确定其进行的速度，进而确定反应过程中限制反应速度的环节，为提高反应速度及缩短反应时间的途径提供依据，是冶金物理化学的重要组成部分。

带有化学反应的冶金过程，其反应除受温度、压力、化学组成及结构等因素的影响外，还受冶金反应设备（各种冶金炉）内的物体流动、热量传递及物质扩散等因素的影响。存在传质、传热及物质流动时，研究化学反应的速度及机理则称为宏观动力学。冶金过程动力学属于宏观动力学的范畴。冶金过程动力学比较复杂，和化学动力学相比，有下列不同之处[4]：

（1）反应速度为单位时间浓度的变化。可以采用不同的浓度：1）质量浓度：即单位体积内某组分的质量，其单位为 kg/m^3，以符号 ρ_i 表示；2）物质的量浓度：即单位体积内某组分的物质的量，其单位为 mol/m^3，以符号 c_i 表示。3）质量分数：混合物中某组分的质量占总质量数的分数，以符号 w_i 表示；4）摩尔分数：混合物中某组分的物质的量占总物质的量的分数。对于液体或固体混合物，以符号 x_i 表示；对于气体混合物，以符号 y_i 表示。反应速度根据研究对象不同，采用不同的表示方法。

（2）由于冶金过程动力学涉及多相反应，它不研究均相内部的反应速度，更多地研究宏观过程的综合反应速度。

（3）冶金过程动力学不着重研究反应的机理，而着重研究整个多相反应的过程中控制速度的环节。研究方法常用的有：

1）准稳态处理法。化学动力学常用稳态处理法始于 21 世纪 20 年代，它作出中间产物浓度不变的假设[5]。冶金过程动力学进一步认为各个反应步骤的速度近似地相等，发展为准稳态处理法[6]。

2）虚设的最大速度处理法。对液-液相反应，可假定在界面上只有一个元素 i 的 c_i 浓度等于平衡浓度 c_i^*（如与平衡时浓度有偏差，则引入平衡度的参数进行修正），其余元素的浓度均等于溶液内部的浓度，可以确定出元素 i 在相界面转移的最大速度。采用相同的方法对每个元素进行计算，即可求出最慢步骤，亦即速度的控制性环节。

3）非稳态处理法。利用费克第二定律处理物质的扩散，根据熔体内部浓度随时间的变化，即可求出熔体中不同时间的浓度分布。

上述几种研究方法可在恒温条件下进行研究。但可以看出，化学反应平衡常数 K、反应速率常数 k、扩散系数 D、传质系数 β 等都与温度有关。同时，一个反应的进行经常有热效应存在，所以必须在温度变化条件或传热条件下更准确地分析化学反应过程。由于采用化学反应平衡常数，即假定反应达到平衡，但反应结束时也不能达到热力学要求的完全平衡，例如在渣金界面的反应，如相差可以忽略，可用平衡成分代替反应结束的成分，如相差不能忽略，则要引入平衡度的功能进行修正；对于气液反应，如采用氩气脱氧时，则引入不平衡参数 α（气泡中 CO 压力与碳氧平衡压力之比）来进行修正。

6.3.2　准稳态处理法

未反应核模型如图 6-1 所示。

假定图 6-1 中固体反应物 B 是致密的，固体产物是多孔、缩小的未反应核模型，则在固体反应物 B 和气体之间的气固反应由以下步骤组成：

（1）气体反应物 A 通过气相扩散边界层到达固体反应物表面，称为外扩散。

（2）气体反应物通过多孔的还原产物（S）层，扩散到化学反应界面，称为内扩散。在气体反应物向内扩散的同时，还可能有固态离子通过固体产物层扩散。

（3）气体反应物 A 在反应界面与固体反应物 B 发生化学反应，生成气体产物 G 和固体产物 S，这一步骤称为界面化学反应，由气体反应物的吸附、界面化学反应及气体产物

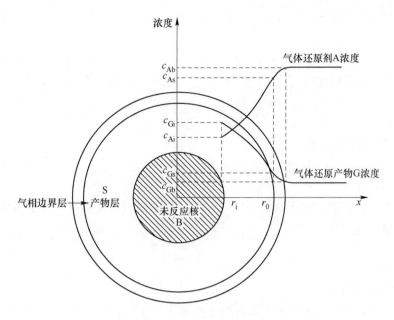

图 6-1 未反应核模型示意图

的脱附等步骤组成。

(4) 气体产物 G 通过多孔的还原产物（S）层扩散到达多孔层的表面。

(5) 气体产物通过气相扩散边界层扩散到气体本体内。

上述步骤中，每一步都有一定的阻力。对于传质步骤，传质系数的倒数 $1/k_d$ 相当于这一步骤的阻力。界面化学反应步骤中，反应速率常数的倒数 $1/k$，相当于该步骤的阻力。对于由前后相接的步骤串联组成的串联反应，则总阻力等于各步骤阻力之和。若反应包括两个或多个平行的途径组成的步骤，如上述第二步骤有两种进行途径，则这一步骤阻力的倒数等于两个平行反应阻力倒数之和。总阻力的计算与电路中总电阻的计算十分类似，串联反应相当于电阻串联，并联反应相当于电阻并联。

在前面五个反应步骤中，（1）和（5）步骤为外扩散，（2）和（4）步骤为内扩散，（3）步骤为化学反应。对于三种不同的反应过程，分别给出其速率表达式[5]：

（1）外扩散。如图 6-1 所示，球形颗粒的半径为 r_0，气体反应物通过球形颗粒外气相边界层的速率 v_g 可以表示为：

$$v_g = -\frac{dn_A}{dt} = 4\pi r_0^2 k_g (c_{Ab} - c_{As}) \tag{6-36}$$

式中，n_A 为气体的浓度；c_{Ab} 为气体 A 在气相内的浓度；c_{As} 为气体 A 在球体外表面的浓度；$4\pi r_0^2$ 为固体反应物原始表面积，设反应过程中由固体反应物生成产物的过程中总体积无变化，则 $4\pi r_0^2$ 也是固体产物层的外表面积；k_g 为气相边界层的传质系数，与气体流速、颗粒直径、气体的黏度和扩散系数有关。

（2）气体反应物在固相产物层中的内扩散。固相产物层中的扩散即内扩散速率 v_D 可以表示为：

$$v_D = -\frac{dn_A}{dt} = 4\pi r_i^2 D_{eff} \frac{dc_A}{dr_i} \tag{6-37}$$

式中，n_A 为气体反应物 A 通过固体产物层的物质量；r_i 为反应物 B 的当量半径，mm；c_A 为气体的浓度；D_{eff} 为 A 的有效扩散系数。

式（6-37）只在 c_A 值较小或反应物和产物等分子逆向扩散的前提下成立。在稳态或准稳态条件下，内扩散速率 v_D 可看作一个常数。对式（6-37）积分可得：

$$\int_{c_{As}}^{c_{Ai}} dc_A = -\frac{1}{4\pi D_{eff}} \frac{dn_A}{dt} \int_{r_0}^{r_i} \frac{dr_i}{dr_i^2} \tag{6-38}$$

式中，c_{Ai} 为反应过程中气体的浓度。

$$v_D = -\frac{dn_A}{dt} = 4\pi D_{eff}\left(\frac{r_0 r_i}{r_0 - r_i}\right)(c_{As} - c_{Ai}) \tag{6-39}$$

（3）化学反应控制。对于球形反应物颗粒，在未反应核及多孔产物层界面上，气-固反应的速率为：

$$v_B = -\frac{dn_A}{dt} = 4\pi r_i^2 k_{rea} c_{Ai} \tag{6-40}$$

式中，k_{rea} 为反应速率常数。

当界面化学反应阻力比其他步骤阻力大得多时，过程为界面化学反应阻力控速。此时气体反应物 A 在气相内、颗粒的表面及反应核界面上的浓度都相等。

若外扩散、内扩散及化学反应的阻力都不能忽略，在动力学方程式中应同时考虑这三个因素对速率的贡献。采用准稳态的处理方法，即假定外扩散、内扩散及化学反应的反应速率相等，都为 v_t，$v_g = v_D = v_B = v_t$，联立式（6-36）、式（6-39）和式（6-40）得：

$$4\pi r_0^2 k_g (c_{Ab} - c_{As}) = 4\pi D_{eff}\left(\frac{r_0 r_i}{r_0 - r_i}\right)(c_{As} - c_{Ai}) = 4\pi r_i^2 k_{rea} c_{Ai} \tag{6-41}$$

式（6-41）可以改写为：

$$\frac{4\pi r_0^2 (c_{Ab} - c_{As})}{\frac{1}{k_g}} = \frac{4\pi r_0^2 (c_{As} - c_{Ai})}{\frac{r_0(r_0 - r_i)}{D_{eff} r_i}} = \frac{4\pi r_0^2 c_{Ai}}{\frac{1}{k_{rea}}\left(\frac{r_0}{r_i}\right)^2} \tag{6-42}$$

由合分比性质，可得总反应速率与各步骤速率相等，用 v_t 表示为：

$$v_t = \frac{4\pi r_0^2 (c_{Ab} - 0)}{\frac{1}{k_g} + \frac{r_0(r_0 - r_i)}{D_{eff} r_i} + \frac{1}{k_{rea}}\left(\frac{r_0}{r_i}\right)^2} \tag{6-43}$$

令

$$\frac{1}{k_t} = \frac{1}{k_g} + \frac{r_0(r_0 - r_i)}{D_{eff} r_i} + \frac{1}{k_{rea}}\left(\frac{r_0}{r_i}\right)^2 \tag{6-44}$$

则式（6-43）可写为：

$$v_t = 4\pi r_0^2 k_t c_{Ab} \tag{6-45}$$

式（6-45）中的 $1/k_t$ 可以视为各步骤的总阻力，相当于各步骤阻力之和。式（6-43）右边分母中第一、第二和第三项分别为外扩散、内扩散及界面化学反应的阻力；右边分子（$c_{Ab} - 0$）为反应的推动力。球形颗粒条件下，对式（6-45）求解可得出下列方程式：

$$t = \frac{r_0 \rho_B}{3bk_g c_{Ab} M_B} X_B + \frac{r_0^2 \rho_B}{6bD_{eff} c_{Ab} M_B}\left[1 + 2(1 - X_B) - 3(1 - X_B)^{\frac{2}{3}}\right] + \frac{r_0 \rho_B}{bk_{rea} c_{Ab} M_B}\left[1 - (1 - X_B)^{\frac{1}{3}}\right]$$

$$\tag{6-46}$$

式中，X_B 为反应分数或转化率，即反应消耗反应物 B 的量与其原始量之比；ρ_B 为反应物 B 的密度，kg/m^3；b 为反应产物的化学计量数。

以上讨论的化学反应是不可逆反应，对于可逆反应要考虑化学反应达到平衡的情况，可逆反应的化学反应速率为：

$$v_B = -\frac{dn_A}{dt} = 4\pi r_i^2 (c_{Ai} - c_{Ae}) \frac{k_{rea} + (1+K)}{K} \tag{6-47}$$

式中，c_{Ae} 为平衡时气体反应物的浓度；K 为化学反应的平衡常数。

同样采用准稳态的处理方法，可以得到：

$$v_t = \frac{4\pi r_0^2 c_{Ab}}{\dfrac{1}{k_g} + \dfrac{r_0(r_0 - r_i)}{D_{eff} r_i} + \dfrac{K}{k_{rea}(1+K)}\left(\dfrac{r_0}{r_i}\right)^2} \tag{6-48}$$

$$v_t = 4\pi r_0^2 k_t (c_{Ab} - c_{Ae}) \tag{6-49}$$

式中，k_t 为式（6-48）中的分母。

式（6-48）右边分母中第一、第二、第三项分别表示外扩散、内扩散及界面化学反应的贡献。可以看出式（6-35）仍然符合加和性原则，即稳态条件下各步骤的速率相等。

球团矿被气体还原的反应为可逆过程，对于球形颗粒，对式（6-47）求解可得下列方程式：

$$t = \frac{r_0 c_0}{c_{Ab} - c_{Ae}} \left\{ \frac{X_B}{3k_g} + \frac{r_0}{6D_{eff}} \left[1 + 2(1 - X_B) - 3(1 - X_B)^{\frac{2}{3}} \right] + \frac{K}{k_{rea}(1+K)} \left[1 - (1 - X_B)^{\frac{1}{3}} \right] \right\} \tag{6-50}$$

如已知反应过程的相关动力学参数，可计算出反应时间和反应过程中不同步骤的阻力。

当试验温度为 1233 K 时，混合气体中氢分压 $p_{H_2} = 0.0405$ MPa，氮分压 $p_{N_2} = 0.0608$ MPa。扩散系数 $D = 10^{-3}$ m^2/s，动黏度系数 $\nu = 2.39 \times 10^{-4}$ m^2/s，矿球直径 $d = 1.2 \times 10^{-2}$ m，气体流量（标准状态下）为 50 L/min，炉管直径为 7.7×10^{-2} m。$Re = 41$，$Sc = 0.24$，边界层中的传质系数 $k_g = 0.367$ m/s。已知原始矿球由 Fe_2O_3 组成，其密度为 4.93×10^3 kg/m^3。矿石中的氧原子的物质的量浓度 $c_0 = 9.26 \times 10^4$ mol/m^3。在 Fe_2O_3 整个还原过程中，FeO 还原为铁这一步骤最困难，在计算平衡常数和气相平衡浓度时，可以只考虑氢与一氧化铁还原为铁和水蒸气的反应。配合常数在 1233 K 时为 $K_{1233\,K} = 0.627$，平衡时气相氢气分压为 0.0249 MPa，水蒸气分压为 0.0156 MPa。可以得到动力学的参数为 $r_0 = 6 \times 10^{-3}$ m，$k_g = 0.367$ m/s，$D_{eff} = 2.5 \times 10^{-4}$ m^2/s，$k_{rea+} = 3.17 \times 10^{-2}$ m/s。由式（6-41）中右边的分母计算，得到的各步骤在不同还原率 X 时的阻力如表 6-1 所示。

表6-1 内扩散、外扩散和化学反应各步骤的阻力

各步骤阻力/s·m⁻¹	还原率 X					
	0	0.2	0.4	0.8	0.9	1
外扩散阻力 R_d	2.72	2.72	2.72	2.72	2.72	2.72
内扩散阻力 R_i	0	3.7	8.9	17.2	34.1	55.4
化学反应阻力 R_c	12.2	14.1	17.1	22.4	35.6	56.6

从表 6-1 中可见，随着还原反应的进行，还原反应层逐渐增厚，还原反应界面的面积逐渐减小，内扩散和化学反应的阻力逐渐增大。随着还原反应的进行，内扩散的阻力逐渐增大，外扩散和化学反应步骤的相对阻力逐渐减小。

在通常的条件下，各个步骤的阻力均不可忽略，反应过程不是由反应中某一个步骤为唯一的限制性环节。

在还原温度较低，而还原气体流速较大，还原产物层的孔隙度较大时，外扩散和内扩散的阻力可以忽略，整个过程由化学反应控制，式（6-40）可以简化为：

$$t = \frac{r_0 c_0}{c_{Ab} - c_{Ae}} \left\{ \frac{K}{k_{rea}(1+K)} \left[1 - (1 - X_B)^{\frac{1}{3}} \right] \right\} \tag{6-51}$$

当还原温度较高，化学反应较快，固相产物层较为致密时，整个过程由内扩散所控制，式（6-50）可以简化为：

$$t = \frac{r_0 c_0}{c_{Ab} - c_{Ae}} \left\{ \frac{r_0}{6 D_{eff}} \left[1 + 2(1 - X_B) - 3(1 - X_B)^{\frac{2}{3}} \right] \right\} \tag{6-52}$$

在较为一般的情况下，过程由内扩散和化学反应混合控制，式（6-40）可以简化为：

$$t = \frac{r_0 c_0}{c_{Ab} - c_{Ae}} \left\{ \frac{r_0}{6 D_{eff}} \left[1 + 2(1 - X_B) - 3(1 - X_B)^{\frac{2}{3}} \right] + \frac{K}{k_{rea}(1+K)} \left[1 - (1 - X_B)^{\frac{1}{3}} \right] \right\}$$

$$\tag{6-53}$$

由前面的讨论结果可见，对于式（6-43）和式（6-48），在确定了反应动力学的参数（如 k_g、D_{eff} 和 k_{rea+}）后，可以计算出反应过程的阻力，进而确定其反应过程控制的主要环节。需要指出的是，在式（6-47）~式（6-53）中，对于在反应过程中都假定反应达到平衡，采用了化学反应平衡常数 K。

6.3.3　虚设的最大速度处理法

虚设的最大速度处理法主要用来研究液液界面反应过程动力学。钢中锰的氧化从熔化期就开始了。在电炉炼钢过程中，Mn 的氧化主要是通过与渣中（FeO）的相互作用而发生的，这是一个典型的钢渣的液液界面反应[6-7]。

渣中（FeO）实际以 Fe^{2+} 及 O^{2-} 两种离子形式存在。O^{2-} 的扩散系数比 Fe^{2+} 大，而且 O^{2-} 的浓度也远远高于 Fe^{2+} 的浓度，故（FeO）的扩散实际上由 Fe^{2+} 的扩散决定，液液界面上发生的反应过程分五步：

（1）钢中锰原子向钢渣界面迁移；

（2）渣中 Fe^{2+} 向钢渣界面迁移；

（3）钢渣界面上发生化学反应的离子反应 $[Mn] + (Fe^{2+}) = (Mn^{2+}) + [Fe]$；

（4）生成的 Mn^{2+} 从界面向渣中扩散；

（5）生成的 Fe 原子从界面向钢液内扩散。

如果确定出该反应过程的五个环节中的唯一限制性环节，则反应速度的计算将大为简化。可采用虚设的最大速度法，即计算每一步骤可能的最大速度，然后加以比较来判定。

第（3）步骤，即钢渣界面的化学反应，可以不考虑，因为在 1873 K 高温下，化学反应非常迅速，界面化学反应处于局部平衡，不是限制性环节。需要对第（1）、第（2）、第（4）和第（5）步骤，采用虚设的最大速度法确定出限制性环节。

第（1）步骤，Mn 在金属中的扩散流密度可由有效边界层理论来确定：

$$n_{[Mn]} = A \frac{D_{[Mn]}}{\delta_{[Mn]}} c_{[Mn]} \left(1 - \frac{Q}{K} \right) \tag{6-54}$$

式中，$n_{[Mn]}$ 为 Mn 由钢液内部向钢渣界面传递的扩散速率，mol/s；A 为反应面积，m^2；$D_{[Mn]}$ 为 Mn 在钢液中的扩散系数，m^2/s；$\delta_{[Mn]}$ 为 Mn 在钢液中扩散时的有效边界层厚度，m；$c_{[Mn]}$ 为 Mn 在钢液中的浓度，mol/m^3；Q 为反应的浓度熵；K 为反应的平衡常数。

第（2）步骤，Fe^{2+} 在渣中扩散的最大速率为：

$$n_{(Fe^{2+})} = A \frac{D_{(Fe^{2+})}}{\delta_{(Fe^{2+})}} c_{(Fe^{2+})} \left(1 - \frac{Q}{K} \right) \tag{6-55}$$

第（4）步骤，Mn^{2+} 在渣中扩散的最大速率为：

$$n_{(Mn^{2+})} = A \frac{D_{(Mn^{2+})}}{\delta_{(Mn^{2+})}} c_{(Mn^{2+})} \left(\frac{Q}{K} - 1 \right) \tag{6-56}$$

第（5）步骤，Fe 原子在钢液中扩散的最大速率为：

$$n_{[Fe]} = A \frac{D_{[Fe]}}{\delta_{[Fe]}} c_{[Fe]} \left(\frac{Q}{K} - 1 \right) \tag{6-57}$$

式（6-54）~式（6-57）中的 A、D 及 δ 值分别见表6-2。1873 K 的平衡常数 K 由热力学参数获得，Q 由已知条件算出，$K/Q = 2.4$，$Q/K = 0.145$。液相中的离子浓度为 $c_{[Mn]} = 255 \ mol/m^3$，$c_{(Fe^{2+})} = 0.97 \times 10^4 \ mol/m^3$，$c_{(Mn^{2+})} = 2.45 \times 10^3 \ mol/m^3$，$c_{[Fe]} = 1.25 \times 10^5 \ mol/m^3$；渣的成分为 $w_{(FeO)} = 20\%$，$w_{(MnO)} = 5\%$；而钢中 Mn 的含量为 0.2%，钢的密度 $\rho_{st} = 7.0 \times 10^3 \ kg/m^3$，渣的密度 $\rho_s = 3.5 \times 10^3 \ kg/m^3$；钢渣界面积为 15 m^3，计算的结果见表6-2。

表6-2　钢中 Mn 氧化各环节的最大速度步骤

步骤	钢渣界面积 A/m^2	扩散系数 $D/m^2 \cdot s^{-1}$	边界层厚度 δ/m	K/Q	Q/K	最大速率 $n/mol \cdot s^{-1}$
1	15	10^{-8}	3×10^{-5}	—	0.415	0.74
2	15	10^{-10}	1.2×10^{-4}	—	0.415	0.071
4	15	10^{-10}	1.2×10^{-4}	2.4		0.043
5	15	10^{-8}	3×10^{-5}	2.4		880

由表6-2可见，第（5）步骤进行得很快，最大速率较大，不可能成为反应的限制性环节。第（1）步骤的最大速率要比第（2）和第（4）步骤的最大速率高一个数量级，第（2）和第（4）步骤的差别不是很大，并不存在一个速率特别慢的环节，因而整个反应速度不能用其中任何一个环节的最大速率代替。

如果当条件发生变化，如开始反应时，渣中不存在 MnO（$c_{(Mn^{2+})} = 0$），$Q = 0$，那么此时各步骤的最大速率将发生变化。根据式（6-54）~式（6-57），第（4）步骤将大为加速，第（1）和第（2）步骤速率虽有增加，但不明显。最慢的步骤将为第（1）和第（2）步骤，尤其是第（2）步骤，即 Fe^{2+} 的传递将是主要控制环节。但如果是通过吹氧或加矿（氧化铁）来进行氧化时，则 Fe^{2+} 的迁移将大大加速。在此情况下，第（1）步骤是限制性环节，Mn 的氧化速率可近似以第（1）步骤的速率来考虑。

由此可见，在采用最大虚拟速度法时，也采用先确定了反应动力学的相关参数，计算出不同步骤反应的最大速率，进而确定其反应过程控制的主要环节。同样，在式（6-54）~式（6-57）中，对于在反应过程中的化学反应都假定达到平衡，采用了化学反应平衡常数 K。

由准稳态处理法和虚设的最大速度处理法可知，为了确定反应过程的控制环节，需要根据物性参数和微分方程系数，即反应动力学参数，再通过相应的公式计算出结果来进行比较。如在准稳态处理法未反应核模型中，用式（6-43）和式（6-48）时要先确定 k_g、D_{eff} 和 k_{rea+}；而在最大速度处理法中，用式（6-54）~式（6-57）时要先确定不同的扩散系数。特别要注意的是，对于化学反应过程应采用反应平衡常数，即假定化学反应达到平衡。在实际生产中，化学反应不可能达到平衡，对此可采用平衡度的参数来修正反应产物的浓度与平衡浓度的偏差。

一些基本的物性参数可以通过相关手册和专著来获得，而反应过程动力学参数不太容易获得，特别是对一些生产中的实际问题。如果已知反应过程动力学参数，则大体上可以按其数量级对控制环节进行粗略的判断。

6.3.4　n 指数法（或混合模型法）

由于大部分的反应过程都较为复杂，因此确定其反应过程动力学参数也需要通过试验来完成。通常在试验中可以测定不同时间与反应速率的关系，但由式（6-43）和式（6-48）是不能求解出反应过程的动力学参数的，因为独立的方程只有一个，而有三个未知数，即三个动力学参数 k_g、D_{eff} 和 k_{rea+}。可分别采用式（6-43）和式（6-48）中的任意一个单一步骤的微分方程与试验结果拟合，选取相关系数最大的结果，确定出最适合的微分方程。一个独立的方程可确定出一个动力学参数，进而给出微分方程的解。在实际应用中发现，单一步骤的微分方程的结果与试验结果仅在部分区域内能够吻合，而不能达到在全部区域内吻合，不能吻合的区域偏差较大。为了使模型计算结果与试验结果尽可能地在较宽的范围内吻合，引入了 n 指数法（或混合模型法），即反应速率与浓度（或分压）的 n 次方成正比[6-9]。

对于均相体系，在等温下的反应动力学方程通常可以写成：

$$\frac{dc}{dt} = kf(c) = k(c)^n \tag{6-58}$$

式中，k 为化学反应速率常数，单位与反应级数有关；t 为时间，min；c 为反应物的物质的量浓度，mol/m^3；n 为浓度的指数，可以为任何数。

根据阿累尼乌斯公式：

$$k = A\exp\left(\frac{E_a}{RT}\right) \tag{6-27}$$

式（6-27）是从热力学和化学平衡之间的关系来考虑的。后来，Polanyi 和 Wigner 表明简单单一分子的振幅依赖于温度，这一关系通常称为 Polanyi-Wigner 关系。认为必须克服反应物和产物之间的能垒，化学反应才能进行（图6-2），E_f 和 E_b 分别是正反应和逆反应的能垒，ΔH_R 为反应热，水平方向为反应坐标，通过能垒图可以近似地描述反应物与产物之间相互转化时的能量变化过程。Polanyi 和 Wigner 第一次根据统计学原理发现化学反应速率应该通过玻耳兹曼（Boltzmann）因子 $\exp[-E/(RT)]$ 来描述，其意义在于反应物和产物分子相互之间越过势能能垒的可能性。

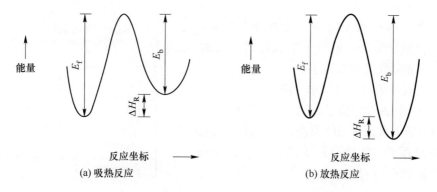

图 6-2　化学反应过程中反应物与产物相对于反应坐标的能量图

图 6-2 中，E_f 为正反应的活化能；E_b 为负反应的活化能；反应热 $\Delta H_R = E_f - E_b$。

假定活化能与时间和转化率无关，将式（6-27）代入式（6-58）可以给出冶金物理化学研究反应过程动力学常用的 n 指数法（或混合模型法）的公式：

$$\ln \frac{\mathrm{d}c}{\mathrm{d}t} = -A \frac{E}{R} \cdot \frac{1}{T} + \ln c^n \tag{6-59}$$

对于非均相和非等温情况，可以分别给出下面公式：

$$\ln \frac{\mathrm{d}\alpha}{\mathrm{d}t} = -\frac{E}{R} \cdot \frac{1}{T} + A\ln(1-\alpha)^n \tag{6-60}$$

$$\ln \frac{\mathrm{d}\alpha}{\mathrm{d}t} = -\frac{E}{R} \cdot \frac{1}{T} + \frac{A}{\beta}\ln(1-\alpha)^n \tag{6-61}$$

式中，α 为反应物向产物的转化百分率；β 为升温速率（一般为常数）。

n 指数法（或混合模型法）的使用较为普遍，特别是在采用转换率（或失重率、还原率）后，没有对浓度量纲的限制，n 往往是分数，而不是整数。由于放弃了反应模型的物理意义，不能得到反应过程反应速率常数和扩散系数。得到的是不同转换率（或失重率、还原率）的表观活化能，然后根据表观活化能的大小由经验来定性确定不同过程的控制环节和过渡区，从而得到冶金物理化学研究反应过程动力学的确定反应过程中的控制环节的主要目的。需要指出的是，尽管 n 可以采用分数，但在大部分情况下，由微分方程（数学模型）计算出的曲线与试验点的数据也不能在全部区域内高度拟合。

6.4　冶金物理化学反应过程动力学的应用模型

6.4.1　考虑均相化学反应的分子扩散模型

在冶金反应过程中，通常有"三传一反"中两种以上的不同过程发生。可以采用物质（或能量）平衡建立微分方程，进而给出同时考虑另一种不同过程的模型。

许多分子扩散的质量传输过程包含反应物和由化学反应生成或消失的组分同时扩散。如果化学反应发生在所研究的相内，且均匀地进行，则叫作均相反应。如果化学反应限定在相内某处或相界面产生，反应物与反应产物不在同一相中，则叫作多相反应。两种情况下的质量传输方程式不同[10]。

当流体为静止，温度均匀且可忽略反应热时，物性值（如扩散系数 D）可看作是恒量。例如伴有均相化学反应的分子扩散过程可以由图 6-3 所示的吸收过程来描述。

在吸收液体表面，组分 A 的浓度为 c_{A0}，薄膜厚度为 δ。在薄膜下方，组分 A 的浓度为零，即 $c_{A\delta}=0$。膜内有很微弱的流动，且在薄膜内组分 A 的浓度很低，因此可用下式来描述膜内的摩尔流量：

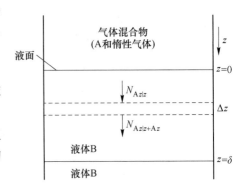

图 6-3　伴有均相化学反应的吸收过程

$$N_{Az} = -D_{AB}\frac{dc_A}{dz} \qquad (6\text{-}62)$$

对于一维、稳态、介质为静止的分子扩散，考虑化学反应的方程为：

$$\frac{d}{dz}N_{Az} - R_A = 0 \qquad (6\text{-}63)$$

式中，R_A 为参与反应的组分 A 的生成（或消失）速率。

考虑化学反应为一级，反应常数为 k_1，$R_A = -k_1 c_A$，再结合以上两个式子，可以给出有一级化学反应发生的分子扩散的二阶微分方程式：

$$-\frac{d}{dz}\left(D_{AB}\frac{dc_A}{dz}\right) + k_1 c_A = 0 \qquad (6\text{-}64)$$

当扩散系数 D_{AB} 为常数时，上式简化为：

$$-D_{AB}\frac{d^2 c_A}{dz^2} + k_1 c_A = 0 \qquad (6\text{-}65)$$

式（6-65）的通解为：

$$c_A = C_1 \cosh\sqrt{\frac{k_1}{D_{AB}}}z + C_2 \sinh\sqrt{\frac{k_1}{D_{AB}}}z \qquad (6\text{-}66)$$

式中，C_1 和 C_2 分别为积分常数。

当边界条件为 $z=0$ 时，$c_A = c_{A0}$；为 $z=\delta$ 时，$c_A = 0$。因此，存在化学反应的组分 A 的摩尔质量流密度为：

$$N_A\big|_{z=0} = \frac{D_{AB}c_{A0}}{\delta}\left(\frac{\sqrt{\dfrac{k_1}{D_{AB}}}\delta}{\tanh\sqrt{\dfrac{k_1}{D_{AB}}}\delta}\right) \qquad (6\text{-}67)$$

如果考虑组分 A 在无化学反应的液体 B 中吸收。根据薄膜理论，$k = D_{AB}/\delta$，于是有：

$$N_A\big|_{z=0} = \frac{D_{AB}c_{A0}}{\delta} \qquad (6\text{-}68)$$

对比式（6-67）和式（6-68）可见，差别为：

$$\text{Hatta} = \left(\frac{\sqrt{\dfrac{k_1}{D_{AB}}}\delta}{\tanh\sqrt{\dfrac{k_1}{D_{AB}}}\delta} \right) \tag{6-69}$$

式（6-69）表示了化学反应对分子扩散的影响，该特征数为八田（Hatta）数。

令：

$$\sqrt{\frac{k_1}{D_{AB}}} \cdot \delta \equiv \gamma \tag{6-70}$$

则：

$$\gamma = \frac{\sqrt{k_1 D_{AB}}}{k} \tag{6-71}$$

可认为 $\gamma \approx \dfrac{\text{化学反应速率}}{\text{对流传质速率}}$，即表征传质对化学反应的影响。式（6-67）可写作：

$$N_{Az\,|\,z=0} = \frac{D_{AB}}{\delta} c_{A0} \frac{\gamma}{\tanh\gamma} = k \cdot c_{A0} \frac{\gamma}{\tanh\gamma} \tag{6-72}$$

令 N_A^* 和 k^* 分别表示没有化学反应条件下的质量通量和对流传质系数，则在浓度差为一定时，有：

$$\frac{N_A}{N_A^*} = \frac{k}{k^*} \equiv \beta \tag{6-73}$$

式中，β 为反应系数，表示化学反应对传质的干涉效应，$\beta = \dfrac{k}{k^*} = \dfrac{\gamma}{\tanh\gamma} = \text{Hatta}$。

Hatta 数的物理意义为随着化学反应速率常数 k_1 的增加，即化学反应速率增加，$\tanh\sqrt{\dfrac{k_1}{D}} \cdot \delta$ 的值趋近于 1.0，因而上述通量式（6-67）便简化为：

$$N_{Az\,|\,z=0} = (\sqrt{D_{AB} \cdot k_1})c_{A0} \tag{6-74}$$

与对流传质方程式 $N_A = k_c \Delta c$ 比较，可认为此时的对流传质系数 $k = (D_{AB}k_1)^{1/2}$，即 $k \propto D^{1/2}$。这是由于在伴随着相当快的化学反应的传质过程中，组分 A 在进入吸收介质中很短一段距离后就发生反应而消失了，这种情况接近渗透论（或表面更新论）模型的假定，并且与模型导出的式子 $k \propto D^{1/2}$ 结论一致。

6.4.2 考虑化学反应前后物质的量变化的分子扩散模型

煤粉与空气中的氧气燃烧生成 CO 或 CO_2，是冶金过程中经常发生的反应。该过程是由分子扩散控制的，如图 6-4 所示[11]。在图 6-4 中，在分子扩散途径中没有发生化学反应，所以 $R_{O_2} = 0$。通过化学反应煤颗粒被氧化，碳转变为 CO 和 CO_2，煤颗粒的尺寸随时间减小。

在上述系统中采用球坐标，由传质微分方程式考虑一维、稳态，可以得到：

$$\frac{1}{r^2} \frac{d}{dr}\left(r^2 \frac{dN_{Ar}}{dr} \right) + R_A = 0 \tag{6-75}$$

由于该过程的分子扩散是控制环节，化学反应的影响可以忽略，式（6-75）可以写成：

$$\frac{d}{dr}\frac{d(r^2 N_{Ar})}{dr}=0 \qquad (6\text{-}76)$$

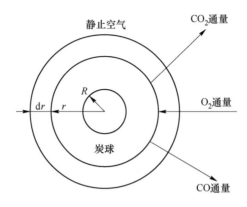

图 6-4   煤粉与空气中的氧气燃烧通过球膜扩散示意图

过程中氧气沿 r 方向扩散到球形煤颗粒的表面，此扩散为稳态一维扩散。扩散流密度的公式为：

$$N_{Az}=-cD_{AB}\frac{dy_A}{dz}+y_A\sum_{i=1}^{n}N_{iz} \qquad (6\text{-}77)$$

式中，c 为总物质的量浓度。

在煤粉与空气燃烧的过程中，式（6-77）可写为：

$$N_{O_2r}=-cD_{O_2\text{-mix}}\frac{dy_{O_2}}{dr}+y_{O_2}(N_{O_2r}+N_{COr}+N_{CO_2r}+N_{N_2}) \qquad (6\text{-}78)$$

虽然假定了该过程的化学反应不是控制环节，但由于不同的燃烧过程反应前后的物质的量会发生变化，从而对传质造成影响，因此要确定出反应前后的物质的量变化。

6.4.2.1   氧与碳的不完全燃烧

在颗粒表面，O_2 与 C 发生非均相反应产生 CO 和 CO_2，反应方程式如下所示：

$$3C(s)+2.5O_2(g)\Longrightarrow 2CO_2(g)+CO(g) \qquad (6\text{-}79)$$

在式（6-77）中规定，$r^2 N_{O_2r}$ 在 r 方向整个扩散途径上为常数，即：

$$r^2 N_{O_2r}\big|_r=R^2 N_{O_2r}\big|_R \qquad (6\text{-}80)$$

可以看出，对于球面坐标，$r^2 N_{Ar}$ 沿着 r 轴方向恒定；而对于直角坐标，N_{Ar} 沿着 z 轴方向保持恒定。

由反应式（6-79）的化学计量可知，对于分子扩散到煤颗粒表面的每 2.5 mol O_2，都有 2 mol CO_2 和 1 mol CO 离开表面。所以，$N_{O_2}=-1.25N_{CO_2}$，$N_{O_2}=-2.5N_{CO}$。因为空气中的 N_2 是惰性的，所以它没有净传质，故 $N_{N_2}=0$。采用气体的物质的量浓度单位，将上述结果代入式（6-79）：

$$N_{O_2r}=-cD_{O_2\text{-mix}}\frac{\partial y_{O_2}}{\partial r}-0.2y_{O_2}N_{O_2r} \qquad (6\text{-}81)$$

$r^2 N_{O_2r}$ 为常数，式（6-81）可以改写成如下形式：

$$(r^2 N_{O_{2r}}) \frac{dr}{r^2} = \frac{cD_{O_2-mix}}{1 + 0.2y_{O_2}} dy_{O_2} \qquad (6-82)$$

如果考虑在平均温度和平均组成条件下，则扩散率 D_{O_2-mix} 和总物质的量浓度 c 可以认为是常量。在球粒表面，因为反应是瞬态的，所以以氧的浓度为零。对式（6-82）在边界条件 $r = R$，$y_{O_2} = 0$；$r = \infty$，$y_{O_2} = 0.21$（对于气体体积比等于摩尔比）下进行积分可得：

$$(r^2 N_{O_{2r}}) \frac{1}{R} = \frac{cD_{O_2-mix}}{0.2} \ln \frac{1}{1.042} \qquad (6-83)$$

氧气传递物质的质量流率是氧气流密度和界面面积 $4\pi r^2$ 的乘积：

$$G_{O_2} = 4\pi r^2 N_{O_{2r}} = -4\pi R \frac{cD_{O_2-mix}}{0.2} \ln 1.042 \qquad (6-84)$$

需要指出的是，利用该方程计算的氧气质量流率为负值，这是因为氧气是沿负 r 方向传递的。

6.4.2.2 氧与碳的完全燃烧

在颗粒表面，如果 O_2 与 C 发生的非均相反应仅生成 CO_2，则反应方程如下：

$$C(s) + O_2(g) \Longequal CO_2(g) \qquad (6-85)$$

由于 CO_2 的流密度与 O_2 的流密度大小相等、方向相反，即 $N_{O_{2r}} = -N_{CO_{2r}}$，所以式（6-78）可简化为：

$$N_{O_{2r}} = -cD_{O_2-mix} \frac{dy_{O_2}}{dr} \qquad (6-86)$$

此时，气体混合物仅由 CO_2、O_2 和 N_2 组成，可以得到氧气分子扩散的质量流率：

$$G_{O_2} = -4\pi Rc D_{O_2-mix} y_{O_2\infty} \qquad (6-87)$$

对于非均相化学反应，化学反应速率可以提供一个边界条件，即：

$$N_A \big|_{r=R} = -k_s c_{As} \qquad (6-88)$$

式中，k_s 为表面反应的反应速率常数，m/s；负号表示组分 A 在表面减少。

如果反应是瞬态的，即扩散组分在反应表面上的浓度不为零，则需要考虑反应，式（6-57）写为：

$$G_{O_2} = -4\pi Rc D_{O_2-mix} (y_{O_2\infty} - y_{O_2s}) \qquad (6-89)$$

式中，$y_{O_2\infty}$ 为气源中 O_2 的物质的量浓度；y_{O_2s} 为表面（$r = R$）处 O_2 的物质的量浓度。

对于一级表面反应，表面 O_2 的摩尔分数可以表示为：

$$y_{O_2s} = \frac{c_{O_2s}}{c} = -\frac{N_{O_2R}}{k_s c} \qquad (6-90)$$

式中，负号表示 O_2 是沿负 r 方向上传递的。将式（6-89）代入式（6-90），得到：

$$G_{O_2} = -4\pi Rc D_{O_2-mix} \left(y_{O_2\infty} + \frac{N_{O_2R}}{k_s c} \right) \qquad (6-91)$$

由式（6-80）可得：

$$G_{O_2} = -4\pi R^2 N_{O_2R} = 4\pi r^2 N_{O_{2r}} \qquad (6-92)$$

合并式（6-91）和式（6-92），可以消去 N_{O_2R}，得到：

$$r^2 N_{O_{2r}} \left(1 + \frac{D_{O_2-mix}}{k_s R} \right) = -Rc D_{O_2-mix} y_{O_2\infty} \qquad (6-93)$$

最后，在扩散和反应过程中，O_2 的分子扩散的质量流率为：

$$G_{O_2} = -\frac{4\pi R c D_{O_2-mix} y_{O_2\infty}}{1 + \dfrac{D_{O_2-mix}}{k_s R}} \tag{6-94}$$

6.4.3　多相反应过程的模型

对于稳定态，如 $A(s) + B(g) \rightarrow AB(g)$ 的多相反应过程，化学反应速率如下[12]：

$$-v_B = v_{AB} = K_1 c_{Bi} - K_2 c_{ABi} \tag{6-95}$$

式中，K_1、K_2 分别为正逆反应的平衡常数；c_{Bi}、c_{ABi} 分别为 B 和 AB 在反应界面的浓度。

当考虑到多相反应中反应物 B 和生成物 AB 在气相中的传输时，应有两个质量通量：

$$J_B = k_{M1}(c_{B\infty} - c_{Bi}) \tag{6-96}$$

$$J_{AB} = k_{M2}(c_{AB\infty} - c_{ABi}) \tag{6-97}$$

式中，k_{M1}、k_{M2} 分别为 B 和 AB 的传质常数；$c_{B\infty}$、$c_{AB\infty}$ 分别为 B 和 AB 的本体浓度。

稳定态下，各组分的 J、R 及 c_i 都不随时间变化，因而有：

$$-v_B = J_B \tag{6-98}$$

$$v_{AB} = J_{AB} \tag{6-99}$$

且在稳态条件下：

$$-v_A = -v_B = v_{AB} = J \tag{6-100}$$

式（6-100）的含义是在单位反应界面上反应剂的消耗速率（R_B）与它的供给速率（J_B）相等。因而，反应物随时间的变化率为零。若 V 为反应体积，则可写作：

$$-V\frac{dc_{Bi}}{dt} = (-v_B) - J_B = 0 \tag{6-101}$$

把式（6-95）、式（6-96）和式（6-97）联立，可消去 c_{Bi}、c_{ABi}，得到：

$$-v_A = -v_B = v_{AB} = \frac{1}{1 + \dfrac{K_1}{k_{M1}} + \dfrac{K_2}{k_{M2}}}(K_1 c_{B\infty} - K_2 c_{AB\infty}) \tag{6-102}$$

或

$$v = \frac{c_{B\infty} - K c_{AB\infty}}{\dfrac{1}{K_1} + \dfrac{1}{k_{M1}} + \dfrac{K}{k_{M2}}} \qquad K = \frac{K_2}{K_1} \tag{6-103}$$

根据式（6-103），即可得出类似电阻的阻力串联的形式。

稳定态只是特殊情况，对于非催化反应和有限尺寸的球形固体反应物而言，当形成固态产物层时，保持稳定态是很困难的。因为随着反应的进行，反应界面向中心推进，反应面积不断减小。总反应速率将随时间而减小，并且由于固态产物层增厚，传质阻力增加。另外，传质面积发生变化，质量通量也将发生变化，故而有效反应速率 R 将随时间而变化，实质上属于非稳定态。这种情况下速率方程是很难确定的。因此在稳定态和非稳定态之间，引入了准稳定态的概念。

对于准稳定态，如前面的反应的速率方程仍然为式（6-95）。

因为当各点浓度变化所消耗的反应剂数量比发生反应的物质的量小得多时，可以认为各反应步骤速率仍然近似相等。但是，与稳定态不同的是，式中 v_A、v_B、v_{AB}、c_{ABi} 都是时间的函数。以 x 表示产物层厚度，气体通过产物层的通量可分别近似地表述为：

$$J_B = k_{M1} \frac{c_{B\infty} - c_{Bi}}{x} \tag{6-104}$$

$$J_{AB} = k_{M2} \frac{c_{AB\infty} - c_{ABi}}{x} \tag{6-105}$$

x 是时间的函数，故 J 也是时间的函数。因此，在反应区内气体反应剂的量随时间的变化率不为零。

$$-V \frac{dc_{Bi}}{dt} = -v_B - J_B \neq 0 \tag{6-106}$$

式中，V 为反应界面处单位面积的反应体积，$V = FL$，L 为反应区厚度。

对于单位反应界面，式（6-106）可写为：

$$-L \frac{dc_{Bi}}{dt} = -v_B - J_B \tag{6-107}$$

一般反应区的厚度都很薄，约为 10^{-8} cm 数量级。$\dfrac{dc_{Bi}}{dt}$ 主要取决于 v_B 与 J_B 的相对大小，即 B 的供应速率与消耗速率的相对值。如 $v_B > J_B$，则 $\dfrac{dc_{Bi}}{dt} < 0$，界面处 c_B 减小，导致化学反应速度减缓和传质推动力增加，最终令 $\dfrac{dc_{Bi}}{dt}$ 衰减为零；反之 $v_B < J_B$，则 $\dfrac{dc_{Bi}}{dt} > 0$，导致化学反应速度增加和传质推动力减小，最终令 $\dfrac{dc_{Bi}}{dt}$ 衰减为零。总之，化学反应与传质共同调节，使每次波动之后，界面浓度变化速率收敛于零，即 $-(v_B) - J_B = 0$。对于多相反应，当反应区厚度不大时，能够有如下准稳定态存在：

$$-v_{B(t)} = J_{B(t)} \tag{6-108}$$
$$-v_{AB(t)} = J_{AB(t)} \tag{6-109}$$

整个反应期间都能满足上述关系。从以上概念出发，可导出准稳定态下的速率方程：

$$-R_A = -R_B = R_{AB} \frac{1}{1 + \dfrac{K_1 x}{k_{M1}} + \dfrac{K_2 x}{k_{M2}}} (K_1 c_{B\infty} - K_2 c_{AB\infty}) \tag{6-110}$$

其形式上与稳定态速率相似，只是通过产物层厚度 x 的变化，反映了时间的影响。于是，对于准稳定态，尽管 v_A、v_{AB}、v_B、J_{AB}、J_B 等都是时间的函数，然而在同一瞬间，它们是相等的。

6.4.4 碳粒燃烧反应过程的模型

含碳粉煤燃烧不仅对一般动力设备及加热设备来说是重要过程，而且在高炉喷吹技术及熔态还原新工艺中也是十分重要的过程。碳粒的燃烧过程也是综合传质过程，它包括气相内部的对流流动传质、界面上进行化学反应、固相内部碳消耗后半径的变化等关系[11]。如气相中 O_2 的浓度为 $c_{A\infty}$，则与碳反应表面浓度为 c_s 的传质流密度为：

$$N_{A1} = k_D (c_{A\infty} - c_s) \tag{6-111}$$

式中，k_D 为对流流动传质系数，cm/s。

在界面上进行化学反应的速率与反应物浓度有关，对于一级化学反应，化学反应速率与反应物在界面上的浓度 c_s 成正比。

$$N_{A2} = k_r c_s \tag{6-112}$$

式中，k_r 为化学反应速率常数，$mol/(cm^2 \cdot s)$。

在稳态情况下有：

$$N_{A1} = N_{A2} = N_{AR} \tag{6-113}$$

$$N_A = \frac{1}{\dfrac{1}{k_D} + \dfrac{1}{k_r}} c_{A\infty} \tag{6-114}$$

当碳的燃烧反应为 $C + O_2 = CO_2$ 时，O_2 向碳表面扩散，而 CO_2 按相反方向扩散，它们属于等分子逆向传质，并将 C 消耗掉，故 C 的消耗速率与 O_2 的一样，即：

$$N_C = N_{O_2} \tag{6-115}$$

同时，碳的消耗与碳半径的变化有如下关系：

$$N_C = \frac{dR}{dt} \frac{\rho_C}{M_C} \tag{6-116}$$

式中，ρ_C 为碳的密度，kg/m^3；M_C 为碳的分子量，$kg/(kg \cdot mol)$；$\dfrac{dR}{dt}$ 为碳粒半径的变化速度，m/s。

在稳态时有：

$$N_A = -N_C \tag{6-117}$$

将式（6-114）和式（6-116）代入式（6-117）得到：

$$\frac{c_{A\infty}}{\dfrac{1}{k_D} + \dfrac{1}{k_r}} = -\frac{dR}{dt} \frac{\rho_C}{M_C} \tag{6-118}$$

按边界条件对式（6-118）进行积分：

$$\int_0^t dt = -\frac{\rho_C}{M_C c_{A\infty}} \int_{R_0}^0 \left(\frac{1}{k_D} + \frac{1}{k_r} \right) dR \tag{6-119}$$

式中，R_0 为碳粒的原始半径，m。

积分后得到：

$$t = \frac{\rho_C}{M_C c_{A\infty}} \left(\frac{R_0^2}{R k_D} + \frac{R_0}{k_r} \right) \tag{6-120}$$

当碳的燃烧反应为 $2C + O_2 = 2CO$ 时，这时已不属等分子逆向传质，每个 O_2 的迁移将引起两个 CO 的迁移，故碳的消耗速率为 O_2 的 2 倍，即：

$$N_C = 2N_{O_2} \tag{6-121}$$

采用与上面相同的方法，可以得到稳态时：

$$t = \frac{\rho_C}{2M_C c_{A\infty}} \left(\frac{R_0^2}{R k_D} + \frac{R_0}{k_r} \right) \tag{6-122}$$

式中，R 为碳粒在 t 时刻的半径，m。

当碳的燃烧反应中生成物为 $CO_2 : CO = 1 : 2$，则：

$$-N_C = 1.5N_{O_2} \tag{6-123}$$

同理可得：

$$t = \frac{\rho_C}{1.5 M_C c_{A\infty}} \left(\frac{R_0^2}{Rk_D} + \frac{R_0}{k_r} \right) \tag{6-124}$$

6.5 本 章 小 结

化学反应动力学主要研究化学反应过程的机理，即反应进行的途径（步骤），根据基元反应确定不同反应的级数，并确定反应速率常数与浓度的关系，由不同的模型计算化学反应的活化能和反应速率常数。

宏观反应动力学是研究整个反应过程不同步骤的反应速度。冶金物理化学的反应过程动力学，研究属于宏观反应工程动力学，它通过分析冶金过程不同步骤的理论模型，研究不同步骤进行的速度，进而确定反应过程中限制反应速度的环节，为提高反应速度及缩短反应时间提供依据。

冶金物理化学研究反应工程动力学不着重研究反应的机理，而主要是确定反应过程的控制环节，常用准稳态、虚设的最大速度和 n 指数法（或混合模型法）来确定反应过程中的速度控制环节。

在准稳态和虚设的最大速度法中，由于反应过程存在不同的步骤，每个步骤对应一个方程，独立的方程数目要小于未知量的数目，要计算不同步骤的阻力则需要先确定出相关的动力学参数。为了方便引入了化学平衡常数，即假定在化学反应达到局部或完全平衡。

对于复杂的反应过程动力学参数，可通过试验测定不同时间与反应率的关系。因独立方程只有一个，如分别用任意一个单一步骤的微分方程与试验结果拟合，选取相关系数最大的结果，确定出最适合的微分方程，进而给出微分方程的解。单一步骤的微分方程的结果与试验结果仅在部分区域内能够吻合，在不能吻合的区域内偏差较大。

为了使模型计算结果与试验结果尽可能地在较宽的范围内吻合，引入了 n 指数法，即反应速率与浓度（或分压）的 n 次方成正比。在采用转换率（或失重率、还原率）后，没有对浓度量纲的限制，n 往往是分数，而不是整数。由于放弃了反应模型的物理意义，不能得到反应过程反应速率常数和扩散系数，得到的是不同转换率（或失重率、还原率）的表观活化能，然后根据表观活化能的大小由经验来定性确定不同过程的控制环节和过渡区，从而得到冶金物理化学研究反应过程动力学的确定反应过程的控制环节的主要目的。尽管 n 可以采用分数，但在大部分情况下，由微分方程（数学模型）计算出的曲线与试验点的数据也不能在全部区域内高度完全拟合。

思 考 题

1. 化学反应动力学与宏观反应工程动力学之间有什么联系，相互之间的区别是什么？
2. 冶金物理中反应过程动力学中的准稳态、虚设的最大速度和 n 指数法（或混合模型法）的特点是什么？
3. 以未反应核模型和钢渣的液液界面反应模型为例，讨论在确定反应工程控制环节中，为什么要采用化学反应平衡常数,当化学反应没有得到完全平衡时应采用什么方法进行处理?

4. 碳燃烧反应前后气体的摩尔体积发生变化或不发生变化,对确定反应燃烧时间的影响有什么区别?

参 考 文 献

[1] 傅献彩. 物理化学 [M]. 北京:高等教育出版社,1990.

[2] 梁英教. 物理化学 [M]. 北京:冶金工业出版社,1998.

[3] 董元篪,王海川. 冶金物理化学 [M]. 合肥:合肥工业大学出版社,2011.

[4] 魏寿昆. 冶金过程动力学与冶金反应工程学——对其学科内容及研究方法的某些意见的商榷(代序)[J]. 稀有金属,1986,5(1):1-9.

[5] 黄希祜. 钢铁冶金原理 [M]. 北京:冶金工业出版社,1990.

[6] Ishida M, Wen C Y. Comparison of kinetic and diffusional models for solid-gas reactions [J]. AIChE J, 1968, 14 (2):311-317.

[7] 张家芸. 冶金物理化学 [M]. 北京:冶金工业出版社,2004.

[8] Pan W, Ma Z J, Zhao Z X, et al. Effect of Na_2O on the Reduction of Fe_2O_3 Compacts with CO/CO_2 [J]. Metallurgical and Materials Transactions B, 2012, 43 (6):1326-1337.

[9] Szekely J, Evans J W. A structural model for gas-solid reactions with a moving boundary-II: The effect of grain size, porosity and temperature on the reaction of porous pellets [J]. Chem. Eng. Sci., 1971, 26 (11):1901-1913.

[10] Welty J R, Wicks C E, Wilson R E, et al. 动量、热量和质量传递原理 [M]. 北京:化学工业出版社,2005.

[11] 吴铿. 冶金传输原理 [M]. 2版. 北京:冶金工业出版社,2016.

7 冶金反应工程学研究反应过程动力学的方法

本章提要：

在冶金反应工程学中应用动量传输、热量传输和质量传输（"三传"）的基本方程是顺理成章的，而对于宏观反应动力学（即"一反"），则不能采用冶金物理化学中研究反应过程动力学的方法，需要根据冶金反应工程学自身的需要，并使化学反应的基本微分方程与"三传"微分方程相适应，最终建立冶金反应工程学中研究反应过程动力学的新方法——分段尝试法。本章通过对比冶金物理化学的 n 指数法（或混合模型法）与冶金反应工程学的分段尝试法的试验结果，阐明了分段尝试法是一种独立于冶金物理化学中反应过程动力学的、新的反应过程动力学方法，可为求解数学模型（微分方程）提供必要的动力学参数。分段尝试法避免了对冶金过程反应过程动力学的学科属性之争，为建立独立的冶金反应工程学学科体系奠定了基础。

7.1　冶金反应工程学中的反应过程动力学

7.1.1　冶金反应工程学研究反应过程动力学方法的提出

在冶金物理化学的动力学中，反应速度的常用分析方法是准稳态法和虚设的最大速度法。通过理论分析确定反应过程的不同步骤，进而分别建立微分方程（数学模型）。由于反应过程中的每一个步骤均为一个独立微分方程，因此在其他相关物理参数都已知的条件下，可分别给出每个独立微分方程的系数，来比较不同步骤的速度，进而确定出反应速度最慢的环节，即为反应过程的控制环节。

通过模拟试验测定不同反应过程的时间与反应率的关系，可以确定出微分方程的相关系数，但单一模型不能在整个反应过程中将计算结果与试验结果较好地吻合，即任何一个单一步骤建立的微分方程（数学模型）都不能适合整个反应过程。为了使模型计算结果与试验结果尽可能地在较宽的范围内吻合，在处理试验数据时常用 n 指数法（或混合模型法），即反应速率与浓度（或分压）的 n 次方成正比。在采用转换率（或失重率、还原率）后，没有对浓度量纲的限制，n 往往是分数而不是整数。这相当于放弃了微分方程（数学模型）的物理意义，不能得到微分方程的系数，得到的是不同转换率（或失重率、还原率）的表观活化能。再由表观活化能的大小，根据以往的研究经验来定性确定反应过程的控制步骤和过渡区，从而达到确定反应过程控制步骤的主要目的。可见，冶金物理化学的冶金过程动力学主要研究反应过程的速度及机理，以便求出不同步骤中最慢的过程，为提高反应速度、缩短反应时间提供理论依据，冶金物理化学研究反应过程动力学的重点是研究反应过程中限制反应速度的控制步骤。

　　严格来讲，冶金物理化学对反应过程动力学的研究是半定量的，因为准稳态方法和虚设的最大速度方法没有给出不同控制步骤之间准确的转换时间点，即没有给出反应前期或反应后期的准确区域；同样，由于 n 指数法（或混合模型法）基于表观活化能的大小而根据经验来定性确定不同步骤的控制环节和过渡区，因此也无法给出不同控制环节之间准确的转换时间点，得不到反应过程不同环节的初始条件。从这点上看，不能满足冶金反应工程学中求解微分方程（数学模型）的定解条件中的初始条件要求。因此，冶金物理化学研究反应过程动力学的方法，不适合于冶金反应工程学对反应过程的研究[1]。

　　为给求解冶金过程数学模型方程的定解条件提供必要的反应动力学参数（反应速率常数和扩散系数，不同控制环节的初始条件，即时间的转换点等），提出了分段尝试法这一研究冶金反应过程动力学的新方法。以"三传一反"为理论基础，采用分段尝试的方法确定反应过程的动力学机理，并确定扩散系数和反应速率常数及不同控制环节的转换点。新方法是为适应冶金反应工程学的自身需要而建立的，与传统冶金物理化学在研究思路和处理试验数据上完全不同，研究目的和结果也不尽相同，是完全独立的研究反应过程动力学的新方法[1]。

7.1.2　冶金反应工程学研究反应过程动力学的分段尝试法

　　在采用分段尝试法研究冶金反应过程时，质量传输控制步骤采用菲克第一定律或第二定律在不同的边界条件下的模型，化学反应控制步骤采用一级反应模型。要充分利用冶金物理化学研究宏观反应过程动力学已经建立的不同过程的一级化学反应的相关数学模型。

　　对于整个反应过程不同的步骤，分别采用不同的模型，分段对试验结果进行拟合，确定出反应过程控制环节的化学反应和扩散传质的具体模型，进而给出不同控制环节的转换时间点，由相应控制步骤的模型可以得到化学反应控制过程的反应速率常数和活化能，或扩散传质控制过程的扩散系数和活化能，进而得到随温度变化的反应过程动力学参数的关系式，即达到获得冶金反应工程学求解数学模型所需相关动力学参数的目的[1-3]。

　　与冶金物理化学的混合模型稳态处理方法不同，分段尝试法不要求在整个反应过程中各个反应步骤的速度近似相等，它只要求不同控制环节的转换点上产物浓度相同，转换点既是一个控制环节的终点，也是另外一个控制环节的起点，即不同步骤的初始条件。

　　在分段尝试法中，扩散是以菲克定律为准的，而化学反应则以界面上的一级反应为基准，所以得到的扩散系数和化学反应速度参数有明确的物理意义，即达到为确定冶金反应工程学中求解方程的定解条件提供必要数据的目的。给出的扩散系数和反应速率常数与时间的关系及不同控制环节的转换时间点，为冶金反应工程学中建模时考虑温度变化对物性的影响和定量考虑反应过程机理提供了必要的基础。

　　分段尝试法对于非等温和非稳态的情况也能适用。如在原煤的干馏（焦油析出）过程动力学研究中，考虑到原煤试样是在高温反应炉达到要求温度后，快速将原煤试样加入，同时保持一定的升温速度将原煤试样快速升温达到要求的温度，原煤从室温升至要求温度的过程是非等温的，之后的干馏过程（焦油析出）则是等温过程。采用分段尝试法在保证控制环节的转换点产物浓度相同的条件下，得到了反应初期的非等温过程控制方程、中期的化学反应控制方程和后期的内扩散控制方程，以及相应的参数和转换的时间点[4]。分段尝试法已成功应用于煤在非等温条件下裂解的反应过程动力学研究，得到了不同控制环节转换的时间点及相应参数与温度的关系[5]。

需要指出的是，由于分段尝试法研究的最主要目的是确定反应过程的扩散系数和反应速率常数，所以采用分段尝试法进行尝试所用的模型必须是由"三传一反"基本公式所导出的模型，其中化学反应的级数为1，而不能采用经验公式，即反应级数为1的公式在不同的形状参数条件下的模型，表7-1给出了一级化学反应在不同条件下的固相反应模型的微分和积分表达式，表中的 α 为转化率[2-3]。

表 7-1　常见的固相反应模型的微分和积分表达式[2]

函数名称	反应模型	微分形式 $f(\alpha)$	积分形式 $G(\alpha)$
Mampel 单行法则，一级	随机成核和随后生长，假设每个颗粒上只有一个核心，A_1，F_1，S 形 α-t 曲线，$n=1$，$m=1$	$(1-\alpha)$	$-\ln(1-\alpha)$
收缩球状（体积）	相边界反应，球形对称，R_3，减速形 α-t 曲线，$n=1/3$	$3(1-\alpha)^{\frac{2}{3}}$	$1-(1-\alpha)^{\frac{1}{3}}$
	$n=3$（三维）	$(1-\alpha)^{\frac{2}{3}}$	$3[1-(1-\alpha)^{\frac{1}{3}}]$
收缩圆柱体（面积）	相边界反应，圆柱形对称，R_2，减速形 α-t 曲线，$n=1/2$	$2(1-\alpha)^{\frac{1}{2}}$	$1-(1-\alpha)^{\frac{1}{2}}$
	$n=2$（二维）	$(1-\alpha)^{\frac{1}{2}}$	$2[1-(1-\alpha)^{\frac{1}{2}}]$

对煤在高温下的干馏过程、CO 还原球团矿过程和煤的热解过程分别用冶金物理化学的 n 指数法（或混合模型法）和冶金反应工程中采用的分段尝试法进行了反应过程动力学的研究，并对两种方法及其结果进行了对比。

7.2　两种反应过程动力学方法研究煤干馏过程

7.2.1　煤干馏过程中焦油析出的研究

COREX 熔融还原炼铁技术是一种直接用煤和矿生产热铁水的新工艺，它采用块矿或球团矿和非炼焦煤，以及附加一些低质量的焦炭，是世界上唯一已实现工业化生产的熔融还原炼铁技术。由于 COREX 炼铁用块煤代替了部分焦炭，即块煤要在熔融气化炉内成焦。块煤进入高温的熔融气化炉内进行干馏过程中会析出水分、挥发分和焦油，其中焦油的产生会影响块煤成焦过程及成焦的质量。为了防止块煤干馏析出的焦油在煤气除尘系统中冷凝黏结，在熔融气化炉上部需要额外喷入氧气，将产生的焦油全部转换成气体。块煤中焦油析出过程对煤气的成分和熔融气化炉内预还原含铁物质的进一步还原也有影响[6-7]。

焦油是煤在干馏过程中的一个重要产物，其析出是一个连续的过程。焦油的产出速率可以间接地反映出煤的裂解速率，通过分析高温下焦油的产出规律，有助于更深入地了解块煤在高温下的裂解机理，进而为研究块煤的劣化机理提供必要的理论基础[8-9]。

通过试验得到块煤在不同温度下的焦油析出率 α 与时间 t 的关系，分别采用冶金物理化学中的 n 指数法（或混合模型法）和冶金反应工程学的分段尝试法对块煤焦油析出过程动力学进行研究，进而比较两种研究方法的差别。

7.2.2 煤干馏过程的试验设备、过程和结果

表 7-2 为试验用块煤的分析结果[2]。

表 7-2   试验用块煤的工业分析   （%）

F_{Cd}	A_d	V_d	$S_{t,d}$	M_{ad}	$G_{R,I}$
60.35	7.71	31.94	0.46	2.84	55

图 7-1 为试验中焦油收集过程的示意图。将预先制成粒径为 15 mm 左右的块煤颗粒放入自制的不锈钢高温反应器内，采用高纯 N_2 将反应器内的空气排尽，待高温炉的温度升至预设温度并达到稳定以后，将反应器放入炉膛内，并利用连在反应器上的冷凝装置收集焦油，用电子天平和计算机动态记录焦油产率的变化。

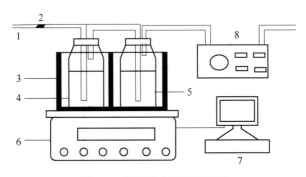

图 7-1   焦油收集装置示意图

1—连接反应器的煤气管；2—玻璃纤维过滤材料；3—绝热箱；4—盛有二氯甲烷吸收液的吸收瓶，
浸于冰-水混合物浴中（温度为 273 K）；5—盛有二氯甲烷吸收液的吸收瓶，浸于丙酮-干冰
混合物浴中（温度保持于约 198 K）；6—电子天平；7—计算机；8—气体分析仪

分别改变预设的恒定温度为 873 K、973 K、1073 K、1173 K、1273 K，重复以上试验步骤。试验得到了块煤在上述温度下焦油析出率 α 与时间 t 的关系，见图 7-2。

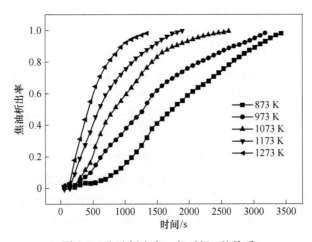

图 7-2   焦油析出率 α 与时间 t 的关系

由图 7-2 可见，由于块煤试样是在不同恒定温度条件下加入的，块煤自身存在较大的导热热阻，从室温加热到试验的环境温度需要一定时间，加入时恒定温度设定得越低，试样进入后达到开始恒定温度的时间越短。块煤从室外达到每个不同恒定温度都有一段非等温过程，在这个过程中焦油仍然会不断析出[10]。

7.2.3 采用 n 指数法（或混合模型法）的研究结果

为了提高反应机理模型与试验点的吻合程度，冶金物理化学研究反应过程动力学常用 n 指数法（或混合模型法），其在煤热解和干馏过程中的应用很普遍[10]。

在块煤干馏过程的试验中，W 为任一时刻 t 时块煤由于液化析出焦油的失重量，W_0 为块煤由于液化析出焦油过程的总失重量，则定义块煤的焦油析出转化率 $\alpha = W/W_0$，α 也可表示成某一时刻焦油的产率 H 与总的焦油产率 H_0 的比值，即 $\alpha = H/H_0$。根据等温动力学基本方程[11]，有：

$$\frac{\mathrm{d}\alpha}{\mathrm{d}t} = k \cdot f(\alpha) \tag{7-1}$$

式中，α 为焦油析出转化率；t 为时间，min；k 为焦油析出速率常数，取值为 $1/t$，min^{-1}；$f(\alpha)$ 为控制焦油析出的机理函数，设 $f(\alpha)$ 为 $f(\alpha) = (1-\alpha)^n$ 的形式。

假定某一温度 T 时仅有一个反应发生，其速率常数为 k，活化能为 E，将 $f(\alpha) = (1-\alpha)^n$ 代入式（7-1）并积分得：

当 $n = 1$ 时，
$$-\ln(1-\alpha) = k \cdot t + C \tag{7-2}$$

以 t 为横坐标，$-\ln(1-\alpha)$ 为纵坐标作图；

当 $n \neq 1$ 时，
$$\frac{(1-\alpha)^{1-n}}{n-1} = k \cdot t + C \tag{7-3}$$

以 t 为横坐标，$\dfrac{(1-\alpha)^{1-n}}{n-1}$ 为纵坐标作图。

将不同时刻 t 的焦油析出转化率 α 的数据，由计算机相关软件进行计算，取相关系数 r 最大、拟合度最好的直线，可得到不同温度的反应级数 n 和速率常数 k，结果见表 7-3。

表 7-3 块煤在不同温度下的焦油析出参数

温度/K	873	973	1073	1173	1273
速率常数 k/min^{-1}	0.0618	0.1015	0.1403	0.2014	0.2625
反应级数 n	0.5	0.8	0.8	0.8	1.0
相关系数 r	0.9947	0.9952	0.9975	0.9932	0.9962

由表 7-3 可见，块煤在不同温度下焦油析出过程的反应级数按温度区间分成了三段，其级数分别为 0.5、0.8 和 1.0。即该过程分成了三个不同反应级数的过程，在不同的温度阶段由三个不同级数的反应来控制。

需要指出的是，在试验开始时块煤试样是从室温直接加入到预设的恒定温度的，块煤试样在该阶段是非等温过程，如图 7-2 中开始的一段时间，预定温度越高，非等温过程的升温速率越大。由于式（7-1）是等温方程，在采用混合模型法处理试验数据时，通常不用考虑非等温的升温过程，进行计算时可将这段数据删除。

根据阿累尼乌斯公式，假定在温度变化不大的范围内，A_0 和 E_a 为常数，表示 $\ln k$ 与 $1/T$ 关系的阿累尼乌斯图中的直线斜率为 $-E_a/R$，截距为 $\ln A_0$，即可求出指前因子 A_0 和表观活化能 E_a[11]。得出 A 煤焦油析出反应的表观活化能 E_a 为 31.93 kJ/mol，指前因子 A_0 为 5.029 $\min^{-1}$。

考虑到块煤裂解是极其复杂的化学反应，温度改变会使块煤化学性质发生变化，因而焦油析出的表观活化能很可能不同。当温度变化范围较大时，采用以下理论修正的积分式[12]：

$$\frac{\mathrm{d}\ln k}{\mathrm{d}t} = \frac{m}{T} + \frac{E_0}{RT^2} = \frac{E_0 + mRT}{RT^2} \qquad (7\text{-}4)$$

式中，E_0 相当于 273 K 时的表观活化能，$E_a = E_0 + mRT$；m 为与温度无关的参数。

对式（7-4）进行不定积分可得：

$$\ln k = m\ln T - \frac{E_0}{RT} + \ln B \qquad (7\text{-}5)$$

式中，B 为不定积分参数。

由三个不同预定温度可以得到块煤焦油析出动力学方程，设 $T_1 = 873$ K、$T_2 = 1073$ K、$T_3 = 1273$ K，将 T_1、T_2 和 k_1、k_2 分别代入式（7-5）并相减，可得：

$$\ln\frac{k_1}{k_2} = m\ln\frac{T_1}{T_2} + \frac{E_0}{R}\left(\frac{1}{T_2} - \frac{1}{T_1}\right) \qquad (7\text{-}6)$$

再将 T_1、T_3 和 k_1、k_3 分别代入式（7-5）并相减，可得：

$$\ln\frac{k_1}{k_3} = m\ln\frac{T_1}{T_3} + \frac{E_0}{R}\left(\frac{1}{T_3} - \frac{1}{T_1}\right) \qquad (7\text{-}7)$$

将式（7-6）和式（7-7）分别代入相应数值，可得 E_0（14383.84 J/mol）和 m（2.1843），进而得到块煤焦油析出速率常数与温度的关系：

$$\ln k = 2.1843\ln T - \frac{14383.84}{8.314T} - 13.29 \qquad (7\text{-}8)$$

块煤焦油析出过程的表观活化能为：

$$E_a = E_0 + mRT = 14383.84 + 18.16T \qquad (7\text{-}9)$$

由式（7-9）可以计算出块煤在不同温度下的表观活化能，见表7-4。

表 7-4　块煤焦油析出过程不同温度下的表观活化能

温度/K	873	973	1073	1173	1273
活化能/kJ·mol^{-1}	31.00	33.95	36.89	39.83	42.77

由表7-4可见，按混合模型反应过程的表观活化能虽呈线性增加，但不同温度区间的 n 指数是不同的，所以通过反应指数可以确定不同控制环节所对应的温度区间。

7.2.4　分段尝试法中的反应过程动力学模型

由冶金传输原理质量传输和化学反应的基本公式出发，将煤的热解过程分为三个步骤，认为焦油析出前期是一个非等温的收缩核模型，中期与后期分别为等温下的热解反应和分子扩散控速。

当块煤达到恒定温度且恒温一段时间之后，其表面的液化反应已基本完成，但内部仍有焦油析出，内部析出的焦油要经过扩散到达块煤表面后析出。根据以上特点，焦油析出前期采用非等温的收缩核模型，反应中期与后期分别采用等温下的热解反应控速模型和分子扩散控速模型。

7.2.4.1　前期非等温的收缩核模型

若假设块煤本身的导热系数 λ 为常数，则块煤内部到表面温度呈线性分布，即升温速率 β 恒定[13-14]。其中升温速率 $\beta = \dfrac{T_f - T_0}{t}$，$T_f$ 为试验温度，T_0 为焦油析出的初始温度，t 为块煤从焦油析出温度加热到试验温度所用的时间，k 为焦油析出速率常数。

块煤焦油析出的前期非等温模型 Coats-Redfern 见式（7-10）[15]。

$$\ln\left[G(\alpha)/T^2 \right] = \ln\left(\frac{AR}{\beta E} \right) - \frac{E}{RT} \tag{7-10}$$

式中，$G(\alpha)$ 为控制焦油析出的机理函数的积分形式，$G(\alpha) = 3\left[1 - (1-\alpha)^{1/3} \right]$，其中 α 为 t 时刻焦油析出的转化率，其值等于 $\dfrac{H_t}{H_0}$，H_t 为 t 时刻焦油的析出量，t 为反应时间，min，H_0 为反应总的焦油析出量；A 为指前因子；E 为活化能，kJ/mol；R 为摩尔气体常数；T 为热力学温度，K。

7.2.4.2　中期等温下的热解反应控速模型

块煤达到恒定温度后，其热解反应可近似看作等温下的一级反应[16]。

假设块煤颗粒为球状，热解过程中颗粒的大小不变，则热解反应可看作是多颗粒的一级球状化学反应，可以得到块煤热解中期的等温热解反应的模型，见式（7-11）。

$$1 - (1-\alpha)^{-\frac{2}{3}} = \frac{k_{rea}}{2\rho R_0} t \tag{7-11}$$

式中，α 为转化率，依据颗粒半径与转化率的关系，$\alpha = (R_0^3 - r^3)/R_0^3$，其中 R_0 为颗粒初始半径，m（在本试验中 $R_0 = 1.5 \times 10^{-3}$ m），r 为某一转化率下的半径，m；ρ 为煤的密度，kg/m³；k_{rea} 为反应速率常数，kg/(m²·s)；t 为反应时间，min。

7.2.4.3　后期分子扩散模型

反应后期块煤表面部分的液化反应已经基本完成，在块煤的表面和内部焦油析出的量不同，从内部析出的焦油多，焦油分子在内部的扩散就可能成为限制性环节。由于反Jander 扩散方程是建立在产物层厚度逐渐向反应核外增加的球体模型上的，因此后期的分子扩散模型见式（7-11）[15]。

$$\left[(1+\alpha)^{1/3} - 1 \right]^2 = \frac{2Dc_0}{\rho R_0^2} t \tag{7-12}$$

式中，α 为球体中的转化率，$\alpha = \dfrac{(R_0 + x)^3 - R_0^3}{R_0^3}$，其中 x 为焦油分子的迁移距离，m；c_0 为焦油初始浓度，g/m³（为 $p^{\ominus} = nRT$）；D 为扩散系数，m²/s；ρ 为煤的密度，kg/m³（在本试验中 $\rho = 1.28 \times 10^3$ kg/m³）。

7.2.5　采用分段尝试法研究的结果

采用式（7-10）、式（7-11）和式（7-12）前期、中期和后期三个阶段的相关模型，由计算机程序对试验的数据进行尝试拟合，结果分别如图 7-3 ~ 图 7-5 所示。

　　由图 7-3 ~ 图 7-5 可见，焦油析出前期、中期和后期分别采用非等温收缩核模型、一级热解反应模型和分子扩散模型，与试验点拟合都呈现出良好的线性相关性。验证了块煤中焦油析出过程的三个步骤的模型与实际的情况是吻合的。

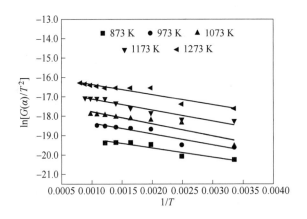

图 7-3　前期非等温模型的拟合结果

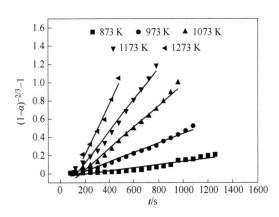

图 7-4　中期热解一级反应的拟合结果

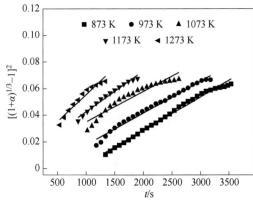

图 7-5　后期焦油分子扩散的拟合结果

　　根据模型拟合的结果，分别给出了块煤焦油析出三个阶段的不同温度下的动力学相关参数，其结果分别如表 7-5 ~ 表 7-7 所示。

表 7-5　前期非等温模型焦油析出相关动力学参数

温度/K	始末时间 t/s	相关系数 r_1	斜率	截距	速率常数 k_{rea}/kg·(m²·s)⁻¹
873	0 ~ 80	0.887	−3196.5	−18.35	2.97×10^{-5}
973	0 ~ 100	0.889	−3213.3	−17.86	4.40×10^{-5}
1073	0 ~ 120	0.916	−3579.4	−17.28	6.05×10^{-5}
1173	0 ~ 140	0.918	−3425.5	−16.76	7.90×10^{-5}
1273	0 ~ 100	0.874	−3314.1	−15.88	9.87×10^{-5}

表7-6　中期热解一级反应模型焦油析出相关动力学参数

温度/K	始末时间 t/s	相关系数 r_1	斜率	速率常数 $k_{rea}/kg \cdot (m^2 \cdot s)^{-1}$
873	80~1280	0.976	1.73×10^{-4}	6.64×10^{-3}
973	100~1120	0.982	5.14×10^{-4}	1.97×10^{-2}
1073	120~980	0.985	1.16×10^{-3}	4.45×10^{-2}
1173	140~780	0.984	1.73×10^{-3}	6.64×10^{-2}
1273	100~520	0.971	2.76×10^{-3}	1.06×10^{-1}

表7-7　后期焦油分子扩散模型焦油析出相关动力学参数

温度/K	结束时间 t/s	相关系数 r_1	斜率	扩散系数 $k_{rea}/kg \cdot (m^2 \cdot s)^{-1}$
873	1280~2580	0.991	2.51×10^{-6}	2.59×10^{-8}
973	1120~2160	0.984	2.53×10^{-6}	2.91×10^{-8}
1073	980~2080	0.906	2.72×10^{-6}	3.47×10^{-7}
1173	780~1520	0.979	3.08×10^{-5}	4.27×10^{-7}
1273	520~1260	0.941	4.08×10^{-5}	6.14×10^{-7}

由表7-5~表7-7可见，随着温度升高，前期非等温时间段呈现增加后降低的趋势，等温速度常数依次递增，且在同一个数量级，采用分段尝试法可以对该过程进行定量的描述；中期热解反应随着温度的升高，反应的时间变短，斜率明显增加，即反应速度加快，反应速率呈现在数量级上的变化；在后期，焦油分子扩散随着温度的升高，扩散的时间变短，在1000 K以上，分子扩散系数增加了一个数量级。温度升高会加快化学反应和分子扩散，但对化学反应的影响会更大些。

表7-5~表7-7给出了每个阶段的拟合精度，在达到三个模型拟合总的精度最高的情况下，确定出了不同控速环节之间的转变点。

表7-8对比了块煤析出的三个步骤的表观活化能和指前因子。

表7-8　块煤焦油析出不同阶段的表观活化能和指前因子

前期活化能/kJ·mol^{-1}	指前因子	中期活化能/kJ·mol^{-1}	指前因子	后期活化能/kJ·mol^{-1}	指前因子
27.82	1.37×10^{-3}	63.41	2.58×10^{-1}	84.04	2.15×10^{-3}

块煤焦油析出前期的表观活化能和指前因子是按不同恒定温度下的平均值计算出的；中期和后期的表观活化能是分别按阿累尼乌斯公式和扩散系数与温度的关系式计算出的[17]。通过比较表7-8中不同阶段的结果可发现，非等温阶段的表观活化能在28 kJ/mol左右，要明显小于等温阶段的中期一级化学反应的表观活化能（在63 kJ/mol左右），而反应后期扩散的表观活化能最大在84 kJ/mol左右。前期和后期的指前因子在同一个数量级，而中期的化学反应的指前因子要比其他两期高两个数量级。

7.2.6　对比两种不同方法研究的结果

采用冶金物理化学中的 n 指数法研究块煤中焦油析出过程的反应动力学，通过对 n 指数的选择，可以得到三个不同的反应级数，反应级数分别由0.5增加到0.8，后达到1.0。

求得的表观活化能随着温度的增加而呈线性增加，从 31.00 kJ/mol 最后增加到 42.77 kJ/mol。由于在 n 为 1.0 时的活化能最大，因此该阶段为块煤中焦油析出过程的控制环节。

需要指出的是，采用 n 指数法要求试样在等温下，但块煤是从室温加入到高温炉中的，会引起高温炉内的温度有所下降，而块煤则要有一个非等温的升温过程，使高温炉内的温度和试样达到原设定温度。这段数据不适合用于等温过程的混合模型法，通常在冶金物理化学动力学的研究中是不考虑非等温过程的变化的，非等温过程的数据需要删除。为了能够与分段尝试法对比，本研究中的 n 指数法考虑了非等温升温过程。

采用冶金反应工程学研究块煤焦油析出反应过程动力学的分段尝试法，可以确定三个步骤的反应机理，分别为非等温收缩核、一级热解反应和分子扩散的反 Jander 模型。定量地得到不同温度下反应过程控制环节的转变时间点，不同温度时，不同步骤的始末时间不同，对应的还原程度也各不相同。三个步骤表观活化能差异明显，其值与通常认为的化学反应和扩散的值基本对应[17]。同时定量地给出了三个步骤不同温度条件下的反应动力学参数与温度的关系式。

7.3 两种反应过程动力学方法研究 CO 还原烧结矿

高炉含铁炉料在炉内上部的还原行为，对于高炉生产率和燃料消耗有着重要的影响。改善含铁炉料的还原性能，可提高其在高炉内间接还原的比例，进而实现节能降耗。

影响烧结矿还原性的因素有很多，如化学成分、碱度、孔隙率，以及矿物组成等[18-19]。已有研究表明，随着烧结矿碱度的提高，烧结矿还原性得到改善。烧结矿的还原开始于与微气孔接触的部分，微气孔比例较多的烧结矿具有更好的还原性[20-21]。在实验室条件下，烧结矿的动力学性能已有较多的研究，但对生产中烧结矿的相应研究则较少[22-23]。

7.3.1 试验设备和试验结果

表 7-9 为试验用烧结矿的化学成分、碱度和转鼓强度[3]。

表 7-9 烧结矿的化学成分（质量分数）、碱度（R）和转鼓强度

化学成分/%						R	转鼓强度/%
TFe	FeO	SiO$_2$	Al$_2$O$_3$	CaO	MgO		
57.58	6.90	4.76	1.76	9.61	1.95	2.02	81.92

试验设备采用德国 CAHN 仪器公司的热重分析仪，天平精度为 1.0 μg，加热炉最高设计温度为 1998 K。烧结矿试样为边长 12 mm 的正立方体，放在铁铬铝丝制成的吊篮中，将试样用铁铬铝丝悬挂于石英弹簧秤上，在高纯氩气保护下升温，达到反应温度后改通流量为 0.45 L/min 的全 CO 还原瓶装气体。同时连续自动记录还原失氧引起的质量变化，当试样质量恒定后停止试验，在高纯氩气保护下降至室温[3]。

图 7-6 和图 7-7 分别为 1173 ~ 1373 K、全 CO 气氛下的还原度曲线和不同还原度的还原速率图。

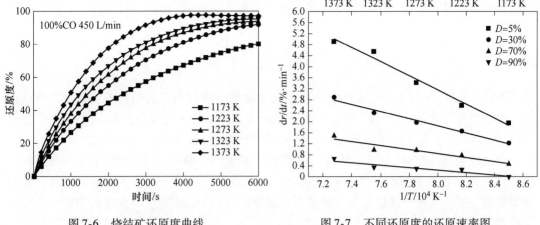

图 7-6 烧结矿还原度曲线　　　　图 7-7 不同还原度的还原速率图

由图 7-6 可见，随着温度的升高，其反应速率增加，烧结矿的还原度增加，接近烧结矿全部被还原的时间变短。在不同还原温度下，随着还原度的升高，反应速率逐步下降，见图 7-7。

7.3.2　采用 n 指数法（或混合模型法）研究结果

CO 还原铁氧化物的过程是典型的气、固非催化反应。采用冶金物理化学的原理研究气、固非催化反应过程动力学的模型主要有：（1）整体反应模型：Ishida 和 Wen 提出当固体颗粒为孔隙率较高的多孔物质，且化学反应速率相对较小时，反应流体可扩散到固体颗粒的中心，此时反应在整个颗粒内连续发生[24]。（2）缩核未反应核模型：其特征是反应只在固体颗粒内部产物与未反应固相的界面上进行，反应表面由表及里不断向固体颗粒中心收缩，未反应核逐渐缩小[25]。（3）微粒模型：假定固体颗粒由无数个大小均匀一致的球形微粒构成，每个微粒按照缩核反应模型进行反应；反应后固体颗粒的孔隙率与微粒大小均不变[26-27]。（4）破裂芯模型：假定固体反应物的原始状态是致密无孔的，在气体反应物的作用下逐渐破裂为易穿孔的细粒[28]。通过上述不同的研究方法，可以确定出在反应过程中达到不同还原度（失重率）时的活化能，根据活化能值的大小来确定反应的控制环节。如果得到的活化能介于两个控制环节值之间，则可认为是控制环节的过渡阶段，会给出一个混合控制环节。

采用 n 指数法（或混合模型法）对烧结矿的还原过程进行研究。利用阿累尼乌斯公式计算反应过程的表观活化能（E_a），判断反应过程限制性环节是冶金物理化学研究反应过程动力学的常用方法之一。

阿累尼乌斯（Arrhenius）公式为：

$$k = A\exp\left(\frac{E_a}{RT}\right) \tag{7-13}$$

假设烧结矿还原反应是 n 级化学反应，其反应速率公式为：

$$\frac{\mathrm{d}r}{\mathrm{d}t} = k \cdot p^n \tag{7-14}$$

式（7-13）和式（7-14）联立可得：

$$\ln\frac{\mathrm{d}r}{\mathrm{d}t} = -\frac{E_a}{R} \cdot \frac{1}{T} + \ln(A \cdot p^n) \tag{7-15}$$

由上式可计算出化学反应表观活化能 E_a：

$$E_a = -R \left[\frac{\partial \left(\ln \dfrac{dr}{dt} \right)}{\partial \left(\dfrac{1}{T} \right)} \right]_p \tag{7-16}$$

式（7-13）~式（7-16）中，k 为化学反应速率常数，单位与反应级数有关；A 为指前因子，单位与速率常数相同；E_a 为反应表观活化能，J/mol；T 为温度，K；r 为还原度，%；t 为时间，min；p 为还原气体分压，kPa；R 为气体常数；n 为化学反应级数。

由试验数据绘制 $\ln(dr/dt)$ 和 $1/T$ 关系图，根据图中曲线的斜率可计算还原反应的表观活化能 E_a。图 7-8 所示为烧结矿还原反应的阿累尼乌斯图。随着还原度的提高，还原速率逐渐变缓；在同一还原度下，还原反应速率的对数 $\ln(dr/dt)$ 与温度的倒数 $1/T$ 之间呈线性下降关系。

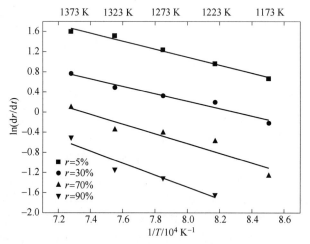

图 7-8   烧结矿还原反应 Arrhenius 图

表 7-10 是根据图 7-8 中各条曲线斜率计算得到的反应过程中不同阶段的表观活化能。表 7-11 是国外学者根据已有的工作总结出的反应活化能值与反应速率控制环节之间的对应关系[29]。

表 7-10   烧结矿还原反应表观活化能

还原度 r/%	反应表观活化能 E_a/kJ·mol^{-1}	还原度 r/%	反应表观活化能 E_a/kJ·mol^{-1}
5	65.45	70	68.54
30	55.80	90	88.20

表 7-11   反应表观活化能与反应速率控制环节之间的对应关系

反应表观活化能 E_a/kJ·mol^{-1}	可能的控制环节
8 ~ 16	气体内扩散
29 ~ 42	气体内扩散与界面化学反应混合
60 ~ 67	界面化学反应
>90	固相扩散

由表 7-11 中的结果对表 7-10 的数据进行分析可见，在反应的初期，烧结矿还原反应的限制性环节均为界面化学反应；在反应的中期，烧结矿还原反应的限制性环节均为界面化学反应；至反应末期，还原反应受固相扩散控制。

7.3.3 分段尝试法采用的相关数学模型

7.3.3.1 化学反应模型

烧结矿还原初期，由于气流较大、温度较高，外扩散一般不会成为限制性环节[3]，此时产物层的形成时间也较短，内扩散一般不会成为限制性环节；到了反应后期，由于未反应核的缩小和产物层的增加，气体在固相内的扩散可能会成为限制性环节。本书根据方形颗粒烧结矿的还原特点分别建立了前期的界面化学反应模型和后期考虑了体积变化的固相内扩散模型[30]。

根据铁氧化物逐级还原的原理，如果能够将 FeO 还原为 Fe，则还原后的气体可以容易地将其他高价铁氧化物还原成低价铁氧化物，一级界面化学反应可只考虑 FeO 还原为 Fe 的反应。在 Fe_2O_3 整个还原过程中，当计算平衡常数和气相平衡浓度时，可以只考虑 FeO 还原为铁的反应。

$$FeO + CO \Longrightarrow Fe + CO_2 \quad \Delta G^{\ominus} = -13160 + 17.21T \quad (7\text{-}17)$$

当界面反应控速时，FeO 的消耗速率等于化学反应速率[5]，对于立方体颗粒，有：

$$-\frac{3l^2\rho}{bM_{FeO}}\frac{dl}{dt} = 6l^2 k_{rea} c_{CO} \quad (7\text{-}18)$$

式中，ρ 为颗粒的密度，kg/m^3；l 为 FeO 颗粒在某一反应时刻的立方体边长；k_{rea} 为反应速率常数，m/s；b 为 FeO 的反应计量数；M_{FeO} 为 FeO 的摩尔质量，g/mol；t 为反应时间，s；c_{CO} 为 CO 的浓度，mol/m^3，可由 $\Delta G^{\ominus} = -RT\ln K^{\ominus}$，再根据 $K^{\ominus} = p_{CO_2}/p_{CO}$，$p_{CO_2} + p_{CO} = 1$，得出不同温度下的 p_{CO}，然后由 $pc = RT$，得出 c_{CO}。

由转化率 F_1 与立方体边长的关系 $F_1 = \dfrac{l_0^3 - l^3}{l_0^3}$，将式（7-18）分离变量并积分后可得：

$$t = \frac{\rho l_0}{2k_{rea}bM_{FeO}c_{CO}}\left[1 - (1 - F_1)^{\frac{1}{3}}\right] \quad (7\text{-}19)$$

式中，F_1 为化学反应控制的还原率；l_0 为 FeO 颗粒的初始边长，m。

通过对时间 t 与函数 $1 - (1 - F_1)^{1/3}$ 作图可得直线斜率 $K_1 = \dfrac{2k_{rea}bM_{FeO}c_{CO}}{\rho l_0}$，代入相关的参数，可求得界面化学反应速率常数 $k_{rea} = \dfrac{\rho l_0 K_1}{2bM_{FeO}c_{CO}}$。

7.3.3.2 气体分子扩散模型

对于烧结矿立方体颗粒，还原反应仅发生在 CO 气相与 FeO 固相的交界面上。因此，固相 FeO 消耗速率 $v_{FeO} = \dfrac{\rho \cdot 3l^2}{M_{FeO}b} \cdot \dfrac{dx}{dt}$；气相 CO 分子扩散速率 $v_{CO} = D \cdot 6l^2 \left(\dfrac{dc}{dl}\right)_{l = l_0 - x}$。

当扩散控速时，FeO 的消耗速率等于分子扩散速率[31]，对于立方体颗粒，下式成立：

$$\frac{\rho \cdot 3l^2 n dx}{M_{FeO} \cdot dt} = D \cdot 6l^2 \left(\frac{dc}{dl}\right)_{l = l_0 - x}$$

即：

$$\frac{\mathrm{d}x}{\mathrm{d}t} = \frac{2DM_{FeO}}{\rho n}\left(\frac{\mathrm{d}c}{\mathrm{d}l}\right)_{l=l_0-x} \tag{7-20}$$

代入初始和边界条件 $l=l_0$，$c=c_0$；$l=l_0-x$，$c=0$ 可得：

$$\frac{\mathrm{d}x}{\mathrm{d}t} = \frac{2Dc_0M_{FeO}}{\rho n}\frac{l_0}{x(l_0-x)} \tag{7-21}$$

如设反应后体积增加部分与反应前体积比为 V，l_0 不是一个常数，而是与反应过程有关的函数 l_x，则式（7-21）变为：

$$\frac{\mathrm{d}x}{\mathrm{d}t} = \frac{2Dc_0M_{FeO}}{\rho n}\frac{l_x}{x(l_x-x)} \tag{7-22}$$

$$l_x = \left[l_0^3 + (l_0^3 - l^3)V\right]^{\frac{1}{3}} \tag{7-23}$$

由 $F_2 = \dfrac{l_0^3 - l^3}{l_0^3}$，可得：

$$l = l_0(1-F_2)^{\frac{1}{3}} \tag{7-24}$$

将式（7-23）微分得：

$$\mathrm{d}l = \frac{1}{3}l_0(1-F_2)^{-\frac{2}{3}}\mathrm{d}F_2 \tag{7-25}$$

将式（7-23）~ 式（7-25）代入式（7-22）可得：

$$\left[\frac{V(1-F_2)^{\frac{1}{3}}}{(1+VF_2)^{\frac{2}{3}}} - \frac{V(1-F_2)^{\frac{2}{3}}}{1+VF_2} + \frac{1}{(1-F_2)^{\frac{1}{3}}} - \frac{1}{(1+VF_2)^{\frac{1}{3}}}\right]\mathrm{d}F_2 = 2\beta D\mathrm{d}t \tag{7-26}$$

式中，F_2 为固相扩散控制的还原率，%；V 为反应后体积增加部分与反应前体积比，对于该反应 V 取 0.038；$\beta = 3c_0/\varepsilon l_0^2$，其中 $\varepsilon = rb/M$；ρ 为产物的密度，kg/m^3；M 为产物的分子量，g/mol；β 为生成一个分子的产物所需要扩散物质的分子数目；c_0 为扩散物质 CO 在立方体表面 l_0 处的浓度，mol/m^3；t 为时间，s；l_0 为立方体初始边长，m；D 为扩散物质在立方体中的扩散系数，m^2/s。

当 $t=0$ 时，$F_2=0$，将式（7-26）左边用二项式展开后积分，当 $0 \leqslant F_2 < 1$ 时，可得其解为：

$$y(F_2) = \left(\frac{V-1}{V}\right)^{\frac{1}{3}}\left[3(1-VF_2)^{\frac{1}{3}} + \sum_{n=1}^{\infty}\frac{\frac{1}{3}\left(\frac{1}{3}-1\right)\cdots\left(\frac{1}{3}-n+1\right)}{\left(n+\frac{1}{3}\right)n!(-1)^n(1-V)^n}(1-VF_2)^{n+\frac{1}{3}}\right] -$$

$$\frac{3}{2}(1-F_2)^{\frac{2}{3}} - \left(\frac{V-1}{V}\right)^{\frac{2}{3}}\left[\ln(1-VF_2) + \sum_{n=1}^{\infty}\frac{\frac{2}{3}\left(\frac{2}{3}-1\right)\cdots\left(\frac{2}{3}-n+1\right)}{nn!(-1)^n(1-V)^n}(1-VF_2)^n\right] +$$

$$\frac{3}{2V}(1-VF_2)^{\frac{2}{3}} \tag{7-27}$$

式（7-27）给出的是关于 F_2 的函数关系式，分别取 $i=1$，2，3，4，其在 $V=0.038$ 时得出的结果相差不大，仅 $y(F_2)$ 值略有增加，表明该级数是收敛的。将式（7-26）右边积分，与式（7-27）联立可得：

$$y(F_2) = 2\beta Dt + B_0 \tag{7-28}$$

式中，$\beta = \dfrac{3c_0}{\varepsilon l_0^2}$，其中 $\varepsilon = \dfrac{\rho n}{M_{FeO}}$；$B_0$ 为常数，代入相关数据，可求得扩散系数：

$$D = \frac{\rho n K l_0^2}{6 M_{FeO} c_0} \qquad (7\text{-}29)$$

式中，K 为由方程（7-28）拟合得到的直线斜率，$K = 2\beta D$。

7.3.3.3　反应过程的表观活化能

对表示界面反应速率常数和温度的关系的阿累尼乌斯公式 $\dfrac{\mathrm{d}\ln k_{rea}}{\mathrm{d}T} = \dfrac{E_a}{RT^2}$ 积分，可得：

$$\ln k_{rea} = \ln A - \frac{E_a}{RT} \qquad (7\text{-}30)$$

式中，E_a 为界面表观反应活化能；A 为指前因子。

在一定温度范围内，A 和 E_a 为常数，将不同温度下的 $\ln k_{rea}$ 和 $1/T$ 代入式（7-30）中，作图可得一条直线，由直线斜率和截距可分别求得界面控速阶段的表观活化能和指前因子。

对固相内分子扩散的扩散系数和温度的经验关系式 $D = D_0 \exp\left(-\dfrac{E_D}{RT}\right)$ 积分，可得：

$$\ln D = \ln D_0 - \frac{E_D}{RT} \qquad (7\text{-}31)$$

式中，E_D 为扩散激活能（表观活化能）；D_0 为频率因子，与 D 的单位同为 $\mathrm{m^2/s}$。

将不同温度下的 $\ln D$ 与 $1/T$ 代入式（7-31）并作图，由直线斜率和截距可分别求得扩散激活能（表观活化能）E_D 和频率因子 D_0。

7.3.4　分段控制模型的拟合结果

采用计算机程序将式（7-19）和式（7-28）进行拟合计算，在用式（7-28）计算时选取 $i = 10$，给出每个阶段的拟合精度，在达到两个模型拟合总的精度最高的情况下，确定出了不同控速环节之间的转变点。

图 7-9 和图 7-10 分别给出了分段界面化学反应控制方程的 $1 - (1 - F_1)^{1/3}$ 与时间 t 的关系图和固体内扩散控制方程的 $y(F_2)$ 与时间 t 的关系图。

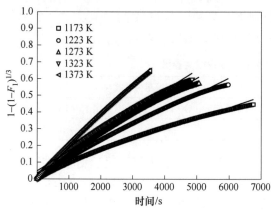

图 7-9　用界面化学反应模型拟合的结果

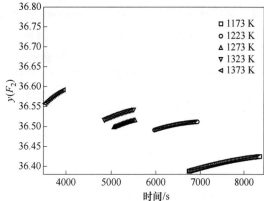

图 7-10　用分子扩散模型拟合的结果

由图 7-9 和图 7-10 可见，试验点与模型计算结果吻合得非常好，说明烧结矿还原前期和后期的控速环节分别为界面反应控速和固相内扩散控速，同时也验证了所建立模型的合理性。

将 $\rho_{FeO} = 5.7 \times 10^3$ kg/m^3，$l_0 = 12 \times 10^{-3}$ m，$b = 1$，$M_{FeO} = 72$ 代入式（7-9），可以得到 CO 还原立方体烧结矿过程中界面化学反应为控制步骤的参数，结果见表 7-12。

表 7-12　CO 还原烧结矿过程中界面化学反应为控制步骤的参数

反应温度 T/K	反应开始时间/s	反应结束时间/s	比例/%	F_1/%	斜率 t_f	k_{rea}/m·s^{-1}	相关系数 r
1173	8367	6757	80.67	0.68	6.5×10^{-5}	4.51×10^{-6}	0.974
1223	6958	5970	85.80	0.81	9.5×10^{-5}	6.33×10^{-6}	0.983
1273	5825	5061	86.88	0.85	1.14×10^{-4}	7.69×10^{-6}	0.979
1323	5516	4848	87.90	0.86	1.21×10^{-4}	9.10×10^{-6}	0.982
1373	3978	3547	89.20	0.93	1.80×10^{-4}	1.32×10^{-5}	0.974

同理，将相关参数代入式（7-28），得到气体在固相内扩散为控制步骤的参数，见表 7-13。

表 7-13　烧结矿还原反应固相内扩散控速的相关参数

反应温度 T/K	扩散开始时间/s	扩散结束时间/s	比例/%	F_2/%	斜率 B	D/m^2·s^{-1}	相关系数 r
1173	6757	8367	19.33	0.32	1.95×10^{-5}	8.43×10^{-9}	0.985
1223	5970	6958	14.20	0.19	2.11×10^{-5}	1.11×10^{-8}	0.982
1273	5061	5825	13.12	0.15	2.94×10^{-5}	1.48×10^{-8}	0.983
1323	4848	5516	12.10	0.14	3.83×10^{-5}	1.98×10^{-8}	0.974
1373	3548	3978	10.80	0.07	5.31×10^{-5}	2.90×10^{-8}	0.944

由表 7-12 和表 7-13 中的数据可见，不同温度下的控速环节转变时间不同，随着温度的升高，由化学反应控制的时间比例增加，而由分子扩散控制的时间比例减少。还原度随着转换点的变化也是相同的，如温度为 1173 K 时还原度在不同控制环节的转换点为68%；温度为 1373 K 时还原度在不同控制环节的转换点为 93%。

根据求解活化能的公式，分别将 $1/T$ 和表 7-12 中的 k_{rea} 代入式（7-30）并作图，可求得界面反应阶段的表观活化能和指前因子；分别将 $1/T$ 和表 7-13 中的 D 代入式（7-31）并作图，可求得扩散控速阶段的扩散激活能和频率因子，结果见表 7-14。

表 7-14　不同控速阶段的反应过程相关参数

界面化学反应		固相内扩散	
反应活化能 E_a/kJ·mol^{-1}	指前因子 A/m·s^{-1}	扩散激活能 E_D/kJ·mol^{-1}	频率因子 D_0/m^2·s^{-1}
67.13	4.42×10^{-3}	86.27	4.95×10^{-5}

国外研究者认为，表观活化能小于 60~67 kJ/mol 时，控制步骤为化学反应；表观活化能大于 90 kJ/mol 时，控制步骤为气体在固相中扩散[18]，表 7-14 中结果与此基本吻合。将表 7-14 中不同阶段的动力学参数分别代入式（7-30）和式（7-31）中，可分别得到界面反应的速率常数和扩散系数与温度的关系式，见式（7-32）和式（7-33）。

$$\ln k_{\text{rea}} = -\frac{8074}{T} - 5.42 \tag{7-32}$$

$$\ln D = -\frac{10376}{T} - 11.39 \tag{7-33}$$

7.3.5 烧结矿还原过程中的微观结构变化

图 7-11 所示为烧结矿在 1273 K 下,不同还原阶段的微观形貌照片。

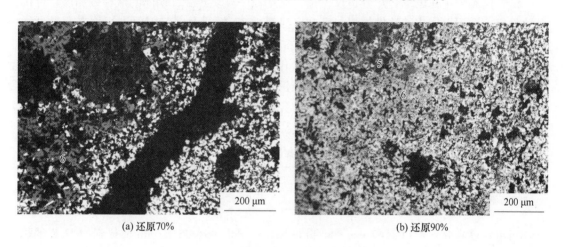

(a) 还原70%   (b) 还原90%

图 7-11 烧结矿还原不同阶段微观形貌

由图 7-11(a) 可见,在还原反应的中前期,反应界面较为清晰,此时还原气体可迅速扩散至反应界面发生界面化学反应;至反应末期,如图 7-11(b) 所示,反应界面已经非常模糊,这是由于被还原的金属铁形核长大,形成致密金属铁层,阻碍还原气体的扩散,此时还原反应的限制性环节为固相扩散。因此,通过对还原过程微观结构进行观察,验证了前述由阿累尼乌斯图、界面化学反应公式及固相反应动力学公式推断的烧结矿还原过程的限制性环节及所建立模型的合理性。

图 7-11 所示的当还原度分别为 70% 和 90% 时所对应两种控制环节的微观形貌与表 7-11 和表 7-12 中在该温度下不同控制环节的转换点在还原度为 85% 时是完全吻合的。

7.3.6 对比两种不同方法研究的结果

采用冶金物理化学中的 n 指数法研究 CO 还原立方体烧结矿反应动力学,发现还原度为 5%、30% 和 70% 时的表观活化能分别为 65.45 kJ/mol、55.80 kJ/mol 和 68.54 kJ/mol,其平均值为 63.26 kJ/mol;还原度达到 90% 时的表观活化能为 88.20 kJ/mol。根据已有研究结果,可以半定量地确定反应过程前期约在还原度小于 90% 是界面化学反应过程控制,后期约在还原度大于 90% 是体积变化的固相内扩散过程控制。

采用冶金反应工程学的分段尝试法,对 CO 还原立方体烧结矿反应过程的前期和后期分别采用界面化学反应模型和体积变化的固相内扩散模型,定量地得到不同温度下反应过程在前期和后期控制过程的转变时间点,以及相关反应过程的化学反应速率常数和扩散系数等动力学参数。进而由它们与温度的关系式分别给出前期和后期反应过程的反应活化能和扩散激活能，其值与采用 n 指数法分别得到的不同控制过程的活化能值非常接近。

7.4　煤热解试验的反应过程动力学

7.4.1　煤热解的试验和结果

　　试验仪器采用德国综合热分析仪，按照设定程序自动升温，期间的试验数据由计算机自动采集。采用程序化的软件控温，可在室温至 1673 K 的温度范围内进行固态微量试样的热重试验。热分析仪采用同步热分析技术，可对一个试样同时开展 TG、DTG 和 DTA 数据记录与试验分析，并且具有部分模型的拟合计算功能。试验容器为 Al_2O_3 小坩埚，主要用来盛放待测的样品，每次试验后的坩埚经清洗烘干后可重复使用。表 7-15 给出了兴隆庄原煤的元素分析。兴隆庄原煤的氧元素的含量较高，大于 10%，硫含量小于 0.5%，可以在 COREX 中使用。

表 7-15	煤的元素分析				（%）
煤种	C	H	N	O	S
兴隆庄原煤	72.89	4.87	0.96	10.27	0.46

　　对将粒度在 0.074~0.147 mm 的兴隆庄原煤以升温速率 25 K/min 加热到 1173 K 的热解试验中所得的数据进行筛选处理，将其制图后可得失重过程曲线（TG 曲线与 DTG 曲线），如图 7-12 所示。

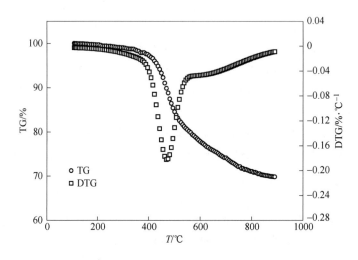

图 7-12　兴隆庄原煤热解过程曲线

　　根据煤样失重速率，可将兴隆庄原煤在 378~1173 K 范围内热解过程的 TG 曲线和 DTG 曲线分为三个阶段：

　　第一阶段：378~668 K，即低温阶段。TG 曲线上出现较小的坡度，DTG 曲线略有下降，整体失重速率保持在较低的水平。在此阶段，即煤开始热解阶段，由于温度较低，只有煤中吸附气体（CO_2、N_2、O_2 等）脱除及部分弱键的解聚过程，所以失重量少。

第二阶段：668～791 K，即中温阶段。TG 曲线出现第一个较大的坡度，DTG 曲线也出现明显的失重峰。在这个温度区间内，发生了一次热解，主要发生解聚和分解反应，挥发出大量的碳氢化合物，焦油基本上都在这一阶段生成（焦油主要是成分复杂的芳香化合物），在试验过程中可以明显闻到刺鼻的气味。这一阶段也是煤形成半焦的最主要阶段。温度在 743 K 左右时，TG 曲线上出现了一个较大的坡，相应 DTG 曲线出现了一个较大的失重峰，热解反应速率达到最大。

第三阶段：791～1273 K，即高温阶段。TG 曲线下降较为缓慢，DTG 曲线逐渐上升，失重速率逐渐减小。在这个温度区间内，以缩聚反应为主，主要发生的是由半焦生成焦炭的过程，焦油析出量不大，会分解出少量的碳氢化合物，但主要是其体积收缩成焦过程。此外，还伴有一次热解产物的二次分解过程，以及气体反应产物的挥发过程。

在试验中可以采用不同的升温速率，得到的结果与图 7-12 基本相似。

7.4.2 采用 n 指数法（或混合模型法）研究结果

为了提高反应机理模型与试验点的吻合程度，在冶金物理化学研究冶金反应动力学时常采用 n 指数法（或混合模型法）。混合模型法的实质是 n 指数法的不同表达形式，混合模型法用 $G(\alpha)$ 代替 n 指数法中的 p^n，都是通过失重函数（转化率）与反应温度的关系确定活化能，如对于煤在高温下的裂解采用的动力学反应公式为：

$$\frac{\mathrm{d}\alpha}{\mathrm{d}t} = kG(\alpha) = A\exp\left(-\frac{E_a}{RT}\right)G(\alpha) \tag{7-34}$$

式中，k 为反应速率常数，单位与反应的级数有关；$G(\alpha)$ 为固体反应的机理函数的倒数积分；A 为指前因子，单位与速率常数相同；E_a 为反应表观活化能，J/mol；T 为温度，K；α 为转化率；t 为时间，min；R 为气体常数。

对式（7-34）积分可得：

$$\ln\frac{\beta}{T^2} = \ln\frac{AR}{E_a G(\alpha)} - \frac{E_a}{RT} \tag{7-35}$$

式中，β 为升温速率，K/min。

试验分别测定了三种不同升温速率下（8 K/min、25 K/min 和 35 K/min）的失重率，并根据试验数据绘制了 $\ln(\beta/T^2)$ 与 $1/T$ 的关系图，根据图中曲线的斜率可计算还原反应的表观活化能 E_a。兴隆庄原煤热解反应不同阶段的表观活化能值如表 7-16 所示[18]。

表 7-16 兴隆庄原煤热解反应表观活化能

转化率 α/%	反应表观活化能 E_a/kJ·mol^{-1}	转化率 α/%	反应表观活化能 E_a/kJ·mol^{-1}
5.0	22.96	50.0	60.45
10.0	42.99	66.7	72.51
16.7	51.53	70.0	77.86
30.0	57.62	83.3	72.43
33.3	65.95	90.0	68.48

根据国内外统计的反应活化能值与反应速率控制环节之间的对应关系，对于表 7-16 中活化能的数据，可将兴隆庄原煤的热解反应分成活化能分别为 20 ~ 50 kJ/mol、50 ~ 60 kJ/mol 和大于 60 kJ/mol 三个阶段。

各阶段的限制性环节分别是反应初期为界面化学反应控制；反应中期为内扩散控制；反应末期也为内扩散控制，但两个内扩散有一定的区别[32]。

7.4.3 分段尝试法采用的相关数学模型

根据图 7-12 曲线可知，在第一阶段，煤的热解反应初期主要是吸附气体的脱除及部分弱键的解聚过程，气体生成量较少，固体产物层较薄，扩散易于进行，故采用界面化学反应控速模型；在第二阶段，随着温度升高，COREX 用煤的热解失重速率明显加大，气体生成量急增，控速环节为扩散控速，故采用生成物固体体积不变的内扩散控速模型；在第三阶段，主要是半焦生成焦炭过程，考虑到此过程有体积收缩现象，故采用生成物固体体积收缩的内扩散控速模型[33-34]。

（1）界面化学反应控速模型。图 7-13 所示为界面化学反应控速模型示意图。

模型假设：

1）煤热解的气-固反应的化学反应公式为 A(s)—aG(g) + bS(s)，为了简便公式推导，a 和 b 都选为 1。

2）固体反应物颗粒 A 为球体且致密；反应只发生在气-固界面上，且为一级界面化学反应。

3）由于在试验过程中，不断地通入高纯氮气（99.999%）进行保护，形成强制对流效应明显，气体 G 在固体生成物的外表面浓度与无穷远处相同，不存在浓度梯度。

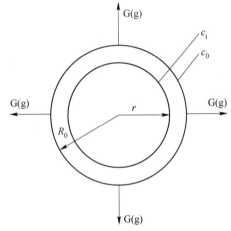

图 7-13 界面化学反应控速模型示意图

4）固体受热均匀，未反应核均匀收缩，不存在边角效应，热解反应生成物的形状规则并依附在未反应核表面。

考虑到煤在低温区的反应较为缓慢，产物层较薄，且多为吸附气体脱除过程等特点，故界面化学反应控速阶段不考虑试样反应前后体积变化的情况，从而可得：

物质 A 的消耗速率：

$$v_A = -\frac{dn_A}{dt} = -\frac{4\pi r^2 \rho_A}{M_A}\frac{dr}{dt} \tag{7-36}$$

界面化学反应速率：

$$v_C = -\frac{dn_A}{dt} = 4\pi r^2 k_{rea} \tag{7-37}$$

当界面反应控速时，物质 A 的消耗速率等于界面化学反应速率：

$$v_A = v_C = -\frac{4\pi r^2 \rho_A}{M_A}\frac{dr}{dt} = 4\pi r^2 k_{rea} \tag{7-38}$$

式中，n_A 为物质 A 的物质的量，mol；M_A 为物质 A 的相对分子质量；ρ_A 为 A 物质的密度，g/m^3；r 为未反应物质 A 的半径，m。

将式（7-38）化简后，可得：

$$\frac{M_A}{\rho_A}k_{rea}dt = -dr \tag{7-39}$$

将式（7-39）转化为积分式可得：

$$\int_{t_0}^{t_f}\frac{M_A}{\rho_A}k_{rea}dt = -\int_{R_0}^{r}dr \tag{7-40}$$

定义转化率 α 为反应物 A 消耗的质量与原始质量之比，即：

$$\alpha = \frac{\frac{4}{3}\pi R_0^3\rho_A - \frac{4}{3}\pi r^3\rho_A}{\frac{4}{3}\pi R_0^3\rho_A} = \frac{R_0^3 - r^3}{R_0^3} \tag{7-41}$$

式中，R_0 为反应物 A 的初始半径，m。

经整理后原积分式（7-41）可变为：

$$\int_{t_0}^{t_f}\frac{M_A}{\rho_A R_0}k_{rea}dt = 1 - (1-\alpha)^{\frac{1}{3}} \tag{7-42}$$

将升温速率关系式 $dT = \beta dt$，阿累尼乌斯公式 $k_{rea} = Ae^{-\frac{E_a}{RT}}$ 代入式（7-42）可得：

$$\frac{\rho_A R_0}{M_A}[1-(1-\alpha)^{1/3}] = \int_{T_0}^{T_f}\frac{Ae^{-\frac{E_a}{RT}}}{\beta}dT = \Lambda(T) \tag{7-43}$$

式（7-43）等号右边可得近似解为 $\Lambda(T) \approx \frac{\rho_A R_0}{M_A}\frac{ART^2}{E_a}\left(1-\frac{2RT}{E_a}\right)\exp\left(-\frac{E_a}{RT}\right)$；从而，式（7-43）经化简取对数后可得：

$$\ln\frac{\left[1-(1-\alpha)^{1/3}\right]}{T^2} = \ln\left(\frac{M_A}{\rho_A R_0}\frac{AR}{\beta E_{a1}}\right) - \frac{E_{a1}}{RT} \tag{7-44}$$

式中，β 为升温速率，K/s；k_{rea} 为界面化学反应速率常数，m/s；A 为指前因子，m/s；E_{a1} 为反应活化能，J/mol；R 为气体常数，$J/(K \cdot mol)$；T 为反应温度，K。

对于正确的模型，对应的 $\ln[y_1(\alpha)/T^2]$ 与 $1/T$ 应为线性关系。因此，可用按式（7-44）中给出的线性关系式拟合后所得的相关系数 r 值的大小，来评价模型选择的正确与否，r 值越接近 1，表明拟合效果越好，模型越适合。而后，根据拟合所得直线的斜率 K_1 和截距 b_1，可求得相应的动力学参数活化能 $E_{a1} = -RK_1$ 和指前因子 $A = \frac{\rho_A R_0}{M_A}\frac{E_{a1}\beta e^{b_1}}{R}$。通过活化能和指前因子可以计算出界面化学反应速率常数 k_{rea}。

（2）生成物固体体积不变的内扩散控速模型。在煤热解的第二阶段，随着温度的升高，分解反应不断地进行，生成物逐渐积累，未反应核逐渐缩小。在这个阶段，煤的热解失重速率明显加大，气体生成量急增，一时难以排除，故气体生成物在固体生成物中的内扩散变为控速环节。由于这个区间温度较低，煤的热解并没有结焦过程，因此不考虑生成物固体体积的变化，故采用生成物固体体积不变的内扩散控速模型，其模型示意图如图 7-14 所示。

根据图 7-14 的模型可知，物质 A 的消耗速率为下式：

$$v_A = -\frac{\mathrm{d}n_A}{\mathrm{d}t} = -\frac{4\pi r^2 \rho_A}{M_A}\frac{\mathrm{d}r}{\mathrm{d}t} \qquad (7\text{-}36)$$

气体 G 的扩散速率：

$$v_{D_1} = 4\pi r^2 D_1 \frac{\mathrm{d}c}{\mathrm{d}r} \qquad (7\text{-}45)$$

因为气体的内扩散为控速环节，故物质 A 的消耗速率 v_A 和生成物气体 G 的扩散速率 v_{D_1} 满足关系式 $v_{D_1} = a v_A$：

$$-\frac{4\pi r^2 \rho_A}{M_A}\frac{\mathrm{d}r}{\mathrm{d}t} = 4\pi r^2 D_1 \frac{\mathrm{d}c}{\mathrm{d}r} \qquad (7\text{-}46)$$

将式（7-46）积分可得：

$$\int_r^{R_0} -\,\mathrm{d}r = \int_{c_i}^{c_0} D_1 \frac{M_A}{\rho_A}\frac{\mathrm{d}t}{\mathrm{d}r}\mathrm{d}c \qquad (7\text{-}47)$$

将式（7-47）积分整理可得：

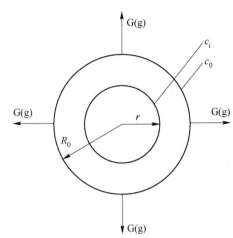

图 7-14　生成物固体体积不变的内扩散控速模型示意图

$$\frac{D_1 M_A (c_i - c_0)}{\rho_A}\mathrm{d}t = \frac{r(r - R_0)}{R_0}\mathrm{d}r \qquad (7\text{-}48)$$

式中，c_i、c_0 分别为反应界面处和固体外表面处气体 G 物质的浓度，mol/m^3；D_1 为热解过程第二阶段的有效扩散系数，m^2/s；a 为化学反应生成气体的化学计量数。

将式（7-48）积分可得：

$$\int_0^t -\frac{D_1 M_A (c_i - c_0)}{\rho_A}\mathrm{d}t = \int_r^{R_0} \frac{r(r - R_0)}{R_0}\mathrm{d}r \qquad (7\text{-}49)$$

$$\int_0^t \frac{6 D_1 M_A (c_i - c_0)}{\rho_A R_0^2}\mathrm{d}t = 1 - 3(1 - \alpha)^{2/3} + 2(1 - \alpha) \qquad (7\text{-}50)$$

式中，$\alpha = 1 - \left(\dfrac{r}{R_0}\right)^3$，为反应消耗反应物 A 的量与其原始量之比，即转化率。

将 $D_1 = D_{01}\mathrm{e}^{-\frac{E_{a2}}{RT}}$ 和升温速率 $\mathrm{d}T = \beta\mathrm{d}t$ 代入式（7-50）可得：

$$1 - 3(1 - \alpha)^{2/3} + 2(1 - \alpha) = \int_{T_1}^{T_2}\left(\frac{6 D_{01} M_A}{\rho_A R_0^2} \cdot \frac{\mathrm{e}^{-\frac{E_{a2}}{RT}}}{\beta}\right)\mathrm{d}t \qquad (7\text{-}51)$$

同理，可将式（7-51）积分为：

$$\ln\frac{1 - 3(1 - \alpha)^{2/3} + 2(1 - \alpha)}{T^2} = \ln\left(\frac{6 D_{01} M_A}{\rho_A R_0^2} \cdot \frac{R}{\beta E_{a2}}\right) - \frac{E_{a2}}{RT} \qquad (7\text{-}52)$$

同理，由式（7-52）中 $\ln\dfrac{1 - 3(1 - \alpha)^{2/3} + 2(1 - \alpha)}{T^2}$ 与 $1/T$ 的线性关系，并根据拟合所得直线的斜率 K_2 和截距 b_2，可求得用煤热解过程第二阶段的动力学参数扩散活化能（$E_{a2} = -RK_2$）和频率因子（$D_{01} = \dfrac{\rho_A R_0^2}{6 D_{01} M_A}\dfrac{E_{a2}\beta\mathrm{e}^{b_2}}{R}$），由活化能和频率因子计算出扩散系数 D_1。

（3）生成物固体体积收缩的内扩散控速模型。在煤热解过程的第三阶段，随着温度的升高，失重速率逐渐减小，固体生成物增加，产物层变厚并伴有体积收缩现象。此过程主要是煤的结焦过程，以缩聚反应为主，并伴有少量气体生成过程。考虑到此过程有体积收缩现象，故采用生成物固体体积收缩的内扩散控速模型，其模型示意图如图7-15所示。

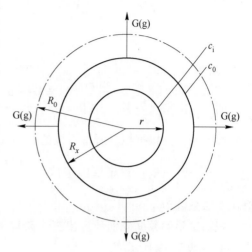

图7-15　生成物固体体积收缩的内扩散控速模型示意图

物质 A 的消耗速率：

$$v_A = -\frac{dn_A}{dt} = -\frac{4\pi r^2 \rho_A}{M_A}\frac{dr}{dt} \qquad (7\text{-}36)$$

气体 G 的扩散速率：

$$v_{D_2} = 4\pi r^2 D_2 \frac{dc}{dr} \qquad (7\text{-}53)$$

因为气体的内扩散为控速环节，故物质 A 的消耗速率 v_A 和生成物气体 G 的扩散速率 v_{D_2} 满足关系式 $v_{D_2} = v_A$。

$$-\frac{4\pi r^2 \rho_A}{M_A}\frac{dr}{dt} = 4\pi r^2 D_2 \frac{dc}{dr} \qquad (7\text{-}54)$$

式中，D_2 为热解过程第三阶段的有效扩散系数，m^2/s。

将式（7-54）在浓度和半径的区间积分，而后再在时间和半径的区间积分，可得：

$$\int_0^t \frac{D_2 M_A (c_i - c_0)}{\rho_A}dt = \frac{R_x^2}{6}\left[1 - 3\left(\frac{r}{R_x}\right)^2 + 2\left(\frac{r}{R_x}\right)^3\right] \qquad (7\text{-}55)$$

V 为固体反应物与生成物固体体积之比，$V = \dfrac{R_x^3 - r^3}{R_0^3 - r^3}$，其中 R_x 为某时刻体积改变后的半径，m。

因此，根据模型可得 $\alpha = \dfrac{R_0^3 - r^3}{R_0^3}, R_x = R_0(1 + V\alpha - \alpha)^{1/3}, \dfrac{r}{R_x} = \left(\dfrac{1 - \alpha}{1 + V\alpha - \alpha}\right)^{1/3}$，将其代入式（7-55）可给出：

$$\int_0^t \frac{6D_2 M_A (c_i - c_0)}{\rho_A R_0^2}dt = (1 + V\alpha - \alpha)^{2/3}\left[1 - 3\left(\frac{1 - \alpha}{1 + V\alpha - \alpha}\right)^{2/3} + 2\left(\frac{1 - \alpha}{1 + V\alpha - \alpha}\right)\right]$$

$$(7\text{-}56)$$

将 $D_2 = D_{02}e^{-\frac{E_{a3}}{RT}}$ 和 $dT = \beta dt$ 代入式（7-40）可得：

$$(1 + V\alpha - \alpha)^{2/3}\left[1 - 3\left(\frac{1 - \alpha}{1 + V\alpha - \alpha}\right)^{2/3} + 2\left(\frac{1 - \alpha}{1 + V\alpha - \alpha}\right)\right] = \int_{T_1}^{T_2}\left(\frac{6M_A(c_i - c_0)}{\rho_A R_0^2} \cdot \frac{D_{02}e^{-\frac{E_{a3}}{RT}}}{\beta}dt\right)$$

$$(7\text{-}57)$$

同理，可将式（7-57）积分得：

$$\ln \frac{(1 + V\alpha - \alpha)^{2/3} \left[1 - 3\left(\dfrac{1 - \alpha}{1 + V\alpha - \alpha} \right)^{2/3} + 2\left(\dfrac{1 - \alpha}{1 + V\alpha - \alpha} \right) \right]}{T^2} = \ln \frac{\rho_A R_0^2}{6 M_A (c_i - c_0)} \cdot \frac{D_{02} R}{\beta E_{a3}} - \frac{E_{a3}}{RT}$$

$$(7\text{-}58)$$

同理，由式（7-42）中 $\ln \dfrac{(1 + V\alpha - \alpha)^{2/3} \left[1 - 3\left(\dfrac{1 - \alpha}{1 + V\alpha - \alpha} \right)^{2/3} + 2\left(\dfrac{1 - \alpha}{1 + V\alpha - \alpha} \right) \right]}{T^2}$ 与 $1/T$

的线性关系，并根据拟合所得直线的斜率 K_3 和截距 b_3，可求得相应的动力学参数扩散活

化能（$E_{a3} = -RK_3$）和频率因子 $\left[D_{02} = \dfrac{6 M_A (c_i - c_0)}{\rho_A R_0^2} \dfrac{E_{a3} \beta e^{b_3}}{R} \right]$，再由活化能和频率因子计

算出扩散系数 D_2。

根据试验的数据分别计算出三个阶段的不同升温速率下的动力学参数，结果分别如

表 7-17 ~ 表 7-19 所示[35]。

在表中参数计算时，$R_0 = 1.11 \times 10^{-4}$ m，$\rho_A = 1.28 \times 10^3$ kg/m³，$c_i = 1$ mol/m³，$M_A = 106$，$c_0 = 0$ mol/m³。

表 7-17　第一阶段界面化学反应模型热解动力学参数

升温速率 β /K·min⁻¹	温度区间 T /K	时间区间 t /min	反应活化能 E_{a1} /J·mol⁻¹	指前因子 A /m·s⁻¹	相关系数 r_1	化学反应速率常数 k_{rea}/m·s⁻¹
5	377 ~ 657	0 ~ 76	1.55×10^4	2.38×10^{-4}	0.9902	$k_1 = 2.38 \times 10^{-4} \exp(-1.87 \times 10^3/T)$
25	377 ~ 668	0 ~ 19	1.87×10^4	22.41×10^{-4}	0.9953	$k_1 = 2.24 \times 10^{-3} \exp(-2.24 \times 10^3/T)$
35	377 ~ 673	0 ~ 8	1.98×10^4	43.72×10^{-4}	0.9967	$k_1 = 4.88 \times 10^{-3} \exp(-2.38 \times 10^3/T)$

表 7-18　第二阶段生成物固体体积不变的内扩散模型热解动力学参数

升温速率 β /K·min⁻¹	温度区间 T /K	时间区间 t /min	扩散活化能 E_{a2} /J·mol⁻¹	频率因子 D_1 /m²·s⁻¹	相关系数 r_2	有效扩散系数 D_1/m²·s⁻¹
5	657 ~ 768	76 ~ 99	1.59×10^5	0.68×10^3	0.9981	$D_1 = 0.68 \times 10^3 \exp(-1.91 \times 10^4/T)$
25	668 ~ 791	19 ~ 21	1.72×10^5	20.58×10^3	0.9982	$D_1 = 2.06 \times 10^4 \exp(-2.07 \times 10^4/T)$
35	673 ~ 795	8 ~ 12	1.75×10^5	50.33×10^3	0.9940	$D_1 = 5.67 \times 10^4 \exp(-2.10 \times 10^4/T)$

表 7-19　第三阶段生成物固体体积收缩的内扩散模型热解动力学参数

升温速率 β /K·min⁻¹	温度区间 T /K	时间区间 t /min	扩散活化能 E_{a3} /J·mol⁻¹	频率因子 D_2 /m²·s⁻¹	相关系数 r_3	有效扩散系数 D_2/m²·s⁻¹
5	768 ~ 1173	99 ~ 180	2.36×10^4	4.01×10^{-8}	0.9968	$D_2 = 4.01 \times 10^{-8} \exp(-2.84 \times 10^3/T)$
25	791 ~ 1173	21 ~ 36	2.41×10^4	8.27×10^{-8}	0.9914	$D_2 = 8.27 \times 10^{-8} \exp(-2.89 \times 10^3/T)$
35	795 ~ 1173	12 ~ 21	2.46×10^4	13.79×10^{-8}	0.9974	$D_2 = 1.32 \times 10^{-7} \exp(-2.96 \times 10^3/T)$

综上所述，通过对兴隆庄原煤非等温下的热解反应过程分段建立的界面化学反应控速模型、生成物固体体积不变的内扩散控速模型及生成物固体体积收缩的内扩散控速模型，可以得到反应过程中对不同控制环节进行求解的相关动力学参数。

7.4.4　对比两种不同方法研究的结果

在兴隆庄原煤温度为 378 ~ 1173 K，升温速率为 8 K/min、25 K/min 和 35 K/min 条件下，热解过程的 TG 曲线和 DTG 曲线分为三个阶段。采用 n 指数法（或混合模型法）进行研究，得到三个阶段的活化能分别为 20 ~ 50 kJ/mol、50 ~ 60 kJ/mol 和大于 60 kJ/mol。各阶段的限制性环节分别为：反应初期为界面化学反应控制；反应中期为内扩散控制；反应末期也为内扩散控制，但两个内扩散有一定的区别。

采用冶金反应工程学研究反应过程动力学的分段尝试法，确定出三个阶段的反应机理分别为非等温收缩核化学反应、一级热解反应和分子扩散的反 Jander 模型的扩散过程。定量地得到不同温度下反应过程控制环节的转变时间点。在不同升温速度条件下，不同阶段的始末时间是不同的，对应的还原程度也不同。升温速度越快，整个反应过程的时间越短。同时定量地得到三个阶段不同温度条件下反应动力学参数与温度的关系式。三个阶段表观活化能的数量级相差不大，但反应过程不同阶段指前因子相差非常明显，其值与通常认为的化学反应和扩散的值基本对应[36]。

7.5　本　章　小　结

冶金反应工程学的任务是研究动量传输、热量传输、质量传输和反应过程动力学（"三传一反"）对整个反应过程的影响，通过对"三传一反"的基本微分方程（数学模型）进行求解，确定冶金过程中不同工艺的状态，为进行数学模拟和人工智能控制奠定基础。为此，提出了用分段尝试法作为冶金反应工程学研究反应过程动力学的新思路。以"三传一反"为理论基础，采用分段尝试的方法确定整个反应过程动力学的机理，给出扩散系数和反应速率常数，以及不同控制环节的转换点。该方法是为冶金反应工程学的自身需要而建立的，与传统冶金物理化学研究反应过程动力学的思路和方法不同，得到的结果也不同。

为了突显冶金反应工程学的分段尝试法与冶金物理化学的 n 指数法（或混合模型法）在研究反应过程动力学中的区别，分别针对煤在等温条件下（包括由室温快速升温到某一温度）焦油析出、等温条件下 CO 还原立方体球团矿和非等温条件下兴隆庄原煤热解反应等过程，对比两种不同方法研究反应过程动力学的结果，发现：

n 指数法通过对比不同阶段表观活化能的变化，依据扩散和化学反应的表观活化能差异来判断反应过程的控制环节，由于表观活化能的变化是连续的，所以以 n 指数法确定的反应过程的控制环节是定性的或半定量的，即不能给出不同控制环节之间准确的转换点。

采用分段尝试法研究反应过程动力学，能给出整个反应过程动力学的机理，准确地获得冶金反应过程中的传输系数和反应速率常数及其与温度的关系，以及不同模型控制环节的转换时间点，即相关动力学参数，为冶金反应工程学的模拟计算提供必要的参数。

对于煤在等温条件下（包括由室温快速升温到某一温度）的这类反应过程，采用分段尝试法可以研究不同步骤的相关动力学参数，而 n 指数法（或混合模型法）则无法胜任这一工作。采用分段尝试法研究反应过程动力学，能获得与实际情况有更加吻合的结果，为深入研究化学反应、分子扩散等不同过程对相关动力学参数的影响奠定基础。

思 考 题

1. 为冶金反应工程学研究反应过程动力学而建立的分段尝试法的研究目的和方法是什么？

2. 通过本章采用 n 指数法（或混合模型法）得到的不同反应过程的结果来深入理解“由于冶金物理化学研究反应过程动力学，不着重研究反应的机理，而着眼研究整个多相反应的过程中控制速度的环节[37-38]”这段话的意义。

3. 通过对比本章分别由冶金物理化学和冶金反应工程学研究反应过程动力学的 n 指数法（或混合模型法）和分段尝试法得到的不同反应过程的结果，讨论两种方法在研究目的、思路和方法的区别。

4. 为什么说分段尝试法研究反应过程动力学在与反应过程的实际情况的吻合程度上有较大的普适性[37-38]？

参 考 文 献

[1] 吴铿，折媛，朱利，等．对建立冶金反应工程学科体系的思考［J］．钢铁研究学报，2014，26（12）：1-9.

[2] 刘起航，吴铿，王洪远，等．COREX 用煤焦油析出动力学研究［J］．煤炭学报，2012，37（10）：1749-1752.

[3] 潘文．低品质铁矿资源在首钢烧结中的应用［D］．北京：北京科技大学，2013.

[4] Du R, Wu K, Xu D A, et al. A modified Arrhenius equation to predict the reaction rate constant of Anyuan pulverized-coal pyrolysis at different heating rates［J］. Fuel Processing Technology, 2016, 148: 295-301.

[5] 胡荣祖，高胜利，赵凤起，等．热分析动力学［M］．北京：科学出版社，2008.

[6] She Y, Liu Q H, Wu K, et al. A prediction model for the high-temperature performance of lump coal used in COREX［C］//TMS Annual Meeting, 2015: 437-444.

[7] 吴铿，杨天钧，周渝生，等．熔融还原竖炉—铁浴流程操作模型的应用［J］．北京科技大学学报，1990，12（3）：212-220.

[8] 朱晓苏，王雨，杜淑凤，等．重质液化油延迟焦化工艺及产品的研究［J］．煤炭学报，2000，25（S1）：193-195.

[9] Russell N V, Beeley T J, Man C K, et al. Development of TG measurements of intrinsic char combustion reactivity for industrial and research purposes［J］. Fuel Processing Technology, 1998 (57): 113-130.

[10] 李军．煤及其模型化合物快速热解过程中 HCN 和 NH_3 逸出规律的研究［J］．高校化学工程学报，2011，25（1）：55-60.

[11] 刘剑，王继仁，孙宝铮．煤的活化能理论研究［J］．煤炭学报，1999，24（3）：316-320.

[12] 白效言，曲思建，王利斌，等．低温热解煤焦油粗酚精馏的初步研究与模拟计算［J］．煤炭学报，2011，36（4）：659-663.

[13] 许慎启．快速热解温度下的淮南煤焦与水蒸汽气化反应的研究［J］．高校化学工程学报，2008，22（6）：947-953.

[14] 吴铿．冶金传输原理［M］．2 版．北京：冶金工业出版社，2016.

[15] 安亭．超级铝热剂 Al/CuO 前驱体的制备、表征、热分解机理及非等温分解反应动力学［J］．物理化学学报，2011，27（2）：281-288.

[16] 徐蓉．神华煤液化残渣的加氢反应动力学［J］．化工学报，2009，60（11）：2749-2754.

[17] 吴铿，刘起航，湛文龙，等．分段法研究焦油析出动力学过程的探索［J］．中国高校化工学报，2014，28（5）：33-39.

[18] 潘文，吴铿，王洪远，等．配加南非粉对首钢烧结矿产质量影响的研究［J］．烧结球团，2011，36（4）：1-4.

[19] 张欣，温治，楼国锋，等．高温烧结矿气-固换热过程数值模拟及参数分析［J］．北京科技大学学报，2011，33（3）：339-345.

[20] 王常秋，侯恩俭，吴铿，等．东烧厂提高烧结料层厚度的试验研究［J］．钢铁，2010，45（4）：10-12，30.

[21] 王常秋，吴铿，侯恩俭，等．鞍钢东烧厂厚料层烧结配碳和配矿研究［J］．钢铁研究学报，2010，22（6）：14-17.

[22] 于淑娟，王常秋，李荣波，等．低硅细赤铁精矿生产高碱度烧结矿的研究及生产实践［J］．钢铁，2006，41（7）：7-11.

[23] 刘建华，周土平，张家芸，等．气固反应动力学预测软件系统的开发［J］．北京科技大学学报，1999，21（2）：157-160.

[24] Ishida M，Wen C Y．Comparison of kinetic and diffusional models for solid-gas reactions［J］．AIChE J，1968，14（2）：311-317.

[25] Smith J M．Chemical Reaction Engineering［M］．3rd ed．New York：McGraw-Hill，1981：14-19.

[26] Levenspiel O．Chemical and Catalytic Reaction Engineering［M］．3rd ed．New York：John Wiley & Sons，1999：25-27.

[27] Szekely J，Evans J W．A structural model for gas-solid reactions with a moving boundary-Ⅱ：The effect of grain size，porosity and temperature on the reaction of porous pellets［J］．Chem．Eng．Sci.，1971，26（11）：1901-1913.

[28] Park J Y，Lenvenspiel O．The cracking core model for the reaction of solid particles［J］．Chem．Eng．Sci.，1975，30（10）：1207-1214.

[29] Nasr M I，Omar A A，Khedr M H，et al．Effect of nickel oxide doping on the kinetics and mechanism of iron oxide reduction［J］．ISIJ Int.，1995，35（9）：1043-1049.

[30] 张长瑞，杨以文，张光．扩散控制的固相反应动力学模型［J］．物理化学学报，1988，4（5）：539-544.

[31] 薛庆国，蓝荣宗，王静松，等．基于氧气高炉的烧结矿还原动力学分析［J］．重庆大学学报，2012，35（11）：67-74.

[32] 赵勇，吴铿，潘文，等．分段法研究烧结矿还原的动力学过程［J］．东北大学学报（自然科学版），2013，34（9）：1282-1287.

[33] Ishida M，Wen C Y．Comparison of kinetic and diffusional models for solid-gas reactions［J］．AIChE J，1968，14（2）：311-317.

[34] Levenspiel O．Chemical and Catalytic Reaction Engineering［M］．New York：John Wiley & Sons，1999：25-27.

[35] Du R L，Wu K，Zhang L，et al．Thermal behavior and kinetic study on the pyrolysis of Shenfu coal by sectioning method［J］．Journal of Thermal Analysis and Calorimetry，2016，125：959-966.

[36] Du R L，Wu K，Yuan X，et al．Study of the pyrolysis kinetics of Datong coal using a sectioning method［J］．Journal of the Southern African Institute of Mining and Metallurgy，2016，116：201-208.

[37] 吴铿，王宁，湛文龙，等．冶金反应过程动力学的分段尝试法［J］．辽宁科技大学学报，2016，39（1）：7-10.

[38] 吴铿．冶金反应工程学（基础篇）［R］．北京科技大学讲义（内部资料）．北京：北京科技大学，2015，1.

8 采用分段尝试法研究半焦高温反应过程动力学

本章提要：

为了深入了解半焦高温反应特性，采用分段尝试法分别研究了半焦与 CO_2 气化和半焦与煤混合物燃烧过程的气固反应过程动力学，具体内容是采用控制反应过程模型机理函数的微分式和积分式。通过对反应过程不同控制阶段的动力学模型进行数据拟合，发现试验数据与模型吻合较好，相关系数大部分高于 0.9900，最低值为 0.9800。确定了反应过程的相关动力学参数、不同控制环节的转换温度、化学反应速度常数和有效扩散系数。

对于半焦与 CO_2 气化反应过程，讨论了活化能与指前因子的关系式，确定了不同升温速率下活化能的补偿效应。半焦与煤混合物的燃烧结果显示，随着混合燃料中半焦含量的增加，其可燃性指数和燃烧特性指数都下降，燃烧前期活化能说明半焦的添加会降低混合燃料的燃烧性能。对比不同半焦含量的混合燃料的燃烧特性参数和动力学参数，发现半焦的质量分数应小于 15%。

8.1 分段尝试法研究半焦与 CO_2 气化反应的机理模型

8.1.1 半焦与 CO_2 气化反应过程的相关模型

半焦作为煤热解的一种副产品，其气化过程动力学研究作为研究煤气化过程的基础性工作，对指导煤的气化动力学过程与有效资源利用具有重大实际意义。对于半焦与 CO_2 的气化动力学过程研究，已有不少研究和报道[1-3]，大部分都采用单一模型。不论是煤焦还是半焦、焦炭等，其与 CO_2 气化反应过程的反应式都为 $C + CO_2 = 2CO$，标准反应吉布斯自由能变化 $\Delta G^{\ominus} = 166550 - 171T$，J/mol。半焦与 CO_2 的气化反应符合气-固非均相反应模型，该反应模型包括以下五个步骤：反应气体通过气体边界层的外扩散；反应气体通过产物层的内扩散；气体与反应物在界面上的化学反应；生成气体通过产物层的内扩散；生成气体通过气体边界层的外扩散。限制该反应过程的控制环节是某一个过程的反应速率最小的步骤。气固反应过程的前期为化学反应工程控制，后期为扩散过程控制。

国内外学者对气固反应建立了大量模型，达到的目的和结果也不尽相同。不同的模型都被前人用来描述半焦气化的动力学过程，其中，广泛被研究者使用的模型有体积反应模型（volumetric reaction model，VRM）、收缩未反应芯模型（shrinking unreacted core model，SUCM）、随机孔模型（random pore model，RPM）、修正的体积反应模型（modified volumetric reaction model，MVRM）等。

表 8-1 给出了基于一级化学反应导出的不同形状和维数的气固反应动力学模型及相应的积分和微分形式的机理函数。

表8-1 基于一级化学反应的气固反应动力学模型和机理函数

序号	反应模型	积分形式 $F(\alpha)$	微分形式 $f(\alpha)$
D1	一维扩散	α^2	$1/2\alpha$
D2	二维扩散（柱对称）	$\alpha + (1-\alpha)\ln(1-\alpha)$	$[-\ln(1-\alpha)]^{-1}$
D3	三维扩散（柱对称）	$1 - 2\alpha/3 - (1-\alpha)^{2/3}$	$(3/2)\{[(1-\alpha)]^{-1/3} - 1\}^{-1}$
D4	三维扩散（球对称）	$[1-(1-\alpha)^{1/3}]^2$	$(3/2)(1-\alpha)^{2/3}[1-(1-\alpha)^{2/3}]^{-1}$
A1	随机核化长大 ($n=1$)	$-\ln(1-\alpha)$	$1-\alpha$
R1	收缩核模型（柱对称）	$1-(1-\alpha)^{1/2}$	$2(1-\alpha)^{1/2}$
R2	收缩核模型（球对称）	$3[1-(1-\alpha)^{1/3}]$	$(1-\alpha)^{2/3}$
Z1	随机孔模型	—	$(1-\alpha)[1-\psi\ln(1-\alpha)]^{1/2}$

对于表8-1中不同的理论模型，其模型成立所假定的条件不同，对反应过程中所描述的侧重点也各不相同。体积反应模型假设反应发生在整个颗粒体积的内部，某点的反应速率由该点的温度、气固成分等决定[4]。收缩核模型认为反应发生在颗粒的表面，随着反应的进一步进行，反应表面不断向内部推进，未反应核不断收缩[5]。随机孔模型最初是由 Bhatia 和 Perlmutter 建立起来的[6-7]。该模型主要考虑颗粒的孔结构及其随反应进行的变化情况。随着反应的进行，相邻孔隙之间由于孔结构不断崩塌，使得反应有效比表面积减小，反应速率在整个过程中可能会出现先升高后降低的趋势。修正体积反应模型是一个半经验模型，最初是由 Kasaoka 等建立的[8]。该模型通过引入一个参数 g 从而对同类模型的方程进行修正，其中参数 e 与 g 都是经验常数，没有任何物理及化学意义，其数值由转化率和时间的最小二乘关系决定。以上这些模型在应用于半焦或者煤焦气化时都存在一定的局限性，并不能完全表达半焦气化过程的整个反应机理。为此，本书采用分段尝试法对半焦的气化动力学过程进行建模，从理论和试验数据上描述半焦气化反应整个过程的机理。分段尝试法作为冶金反应工程学研究反应过程动力学的新方法，用来确定反应过程动力学模型、参数以及不同控制环节[9-11]。

8.1.2 半焦与 CO₂ 气化试验及反应过程的转换点

试验采用北京恒久 HCT-1 型热重分析仪，试验所用半焦为富鼎半焦。称取一定量的空气干燥半焦，其工业分析及元素分析如表8-2所示，所得的分析结果为空气干燥基数据。

表8-2 富鼎半焦的工业分析及元素分析（质量分数）　　（%）

种类	水分	挥发分	灰分	固定碳	C	H	O	N	S
胜帮半焦	6.1	5.9	3.2	84.8	89.83	0.94	1.45	1.25	0.20
富鼎半焦	5.7	4.0	4.5	85.8	91.44	0.84	0.86	1.38	0.24
双翼半焦	4.9	5.1	4.9	85.1	88.57	0.86	1.71	1.25	0.26

将粒径小于 0.074 mm 的半焦颗粒称取 10 mg 左右，然后将其放入热重分析仪的坩埚

中，并以 100 mL/min 的气体流量向反应器内通入 CO_2 气体，待坩埚的称重示数稳定后记下试样质量并开始按程序设置的升温速率（3 K/min、5 K/min 和 7 K/min）升温到设定温度（1273 K），达到终温后，停止通气。整个气化过程由计算机连续地记录半焦的失重曲线。

在半焦气化过程中，W 为任一时刻 t 时半焦的质量，W_0 为半焦的初始质量，w_V 为半焦中水分的质量分数，w_A 为半焦中灰分的质量分数，则定义半焦气化过程的转化率 $\alpha = (W_0 - W)/[W_0(1 - w_V - w_A)]$。通过试验可以得到半焦气化过程的转化率 α 和转化速率 $d\alpha/dt$ 与温度 T 的变化关系曲线。

图 8-1 和图 8-2 分别给出了在不同升温速率条件下，富鼎半焦气化过程转化率和转化速率与温度的关系曲线。

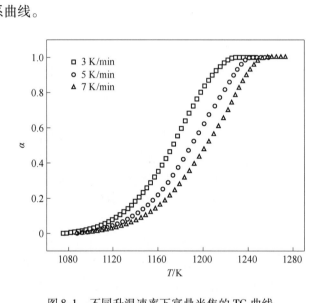

图 8-1   不同升温速率下富鼎半焦的 TG 曲线

由图 8-1 可知，随着升温速率的提高，在同一温度下半焦气化的转化率降低。这主要是由于随着升温速率的提高，气化反应在该温度点停留的反应时间变短，从而整个反应过程向高温区移动，产生热滞后现象，最终使得反应进行到终点时的温度升高，气化过程的 $\alpha - T$ 曲线表明气化速率先增加后降低。

由图 8-2 可见，随着升温速率的提高，半焦气化反应不断向高温区移动，半焦的最大气化反应速率 $(d\alpha/dt)_{max}$ 逐渐提高，且出现最大气化反应速率所对应的温度 T_{max} 逐渐升高。这种现象主要是由热滞后所引起的。此外，对于不同升温速率条件下，气化反应速率变化过程趋势为先增加后减小。随着气化反应进行到后期，反应的控速机理发生变化，由此可以将整个气化过程分成反应前期与反应后期。

在反应过程的前期，半焦气化反应速率随着反应比表面积的增加而增大[12]。在此阶段，半焦表面的固体被消耗，闭孔被打开，开孔通过孔与孔之间的贯通而扩大，反应表面积增加，从而导致气化反应速率增加。在此气化反应的初始低温阶段，化学反应速率远小于扩散传质速率，颗粒内部不存在反应气的温度梯度，扩散对气化过程的影响很小，气化过程处于化学反应控制区域[13]。在反应过程的后期，由于半焦颗粒中灰熔融的影响，颗

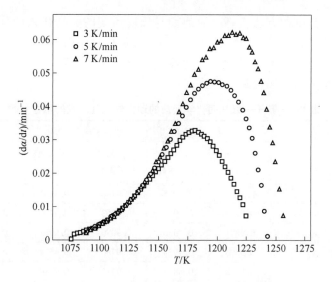

图 8-2 富鼎半焦气化过程转化速率与温度的关系曲线

粒内部反应气的浓度梯度增大，从而导致反应气扩散阻力的增加[14]。此时，扩散传质的补给已无法满足反应的消耗，颗粒内部存在较大的浓度梯度，扩散成为制约气化过程的最主要因素，此时气化过程进入扩散控制区域。在高温段下，气化反应速率受内扩散的控制更为显著。

在反应速率达到最大处作为将反应分成前期和后期的转换点，为分段尝试法确定不同的控制环节提供了依据。

8.1.3 非等温下动力学机理函数微分式的选定

基于热分析动力学，非等温下的动力学方程为：

$$\frac{\mathrm{d}\alpha}{\mathrm{d}t} = kf(\alpha) \tag{8-1}$$

$$F(\alpha) = \int_0^\alpha \frac{1}{f(\alpha)}\mathrm{d}\alpha = kt \tag{8-2}$$

将不同的机理函数微分式或积分式代入式（8-1）或式（8-2），通过线性拟合求得反应速率常数 k，根据直线的相关系数找到最合适的气化反应过程动力学模型。

对于升温速率为 $\beta = \mathrm{d}T/\mathrm{d}t$ 的非等温气化过程，将 β 代入式（8-1），从而求得非等温下的动力学方程为：

$$\frac{\mathrm{d}\alpha}{\mathrm{d}T} = \left(\frac{A}{\beta}\right)\exp\left(-\frac{E}{RT}\right)f(\alpha) \tag{8-3}$$

$$\ln\left[\frac{\mathrm{d}\alpha}{\mathrm{d}T} \cdot \frac{1}{f(\alpha)}\right] = -\frac{E}{RT} + \ln\frac{A}{\beta} \tag{8-4}$$

式中，$f(\alpha)$ 为反应机理函数的微分形式；A 为指前因子，s^{-1}；T 为温度，K；E 为活化能，J/mol。

通过将不同的机理函数微分式代入式（8-4），对其进行拟合，选取相关系数最佳的 $f(\alpha)$，即为最合适的机理函数。根据半焦气化反应特性，选取常用的半焦气化机理函数微分式，采取逐一尝试的方法，将反应前期与反应后期的数据代入微分式进行计算与拟合，选取相关系数最大的机理函数为这一阶段的控制模型函数。

富鼎半焦在不同升温速率与 CO_2 气化反应条件下采用不同机理函数对反应过程不同阶段进行拟合的相关系数如表 8-3 所示。

表 8-3　基于一级气固化学反应的动力学机理函数的拟合参数

微分形式 $f(\alpha)$	升温速率 3 K/min		升温速率 5 K/min		升温速率 7 K/min	
	反应前期相关系数	反应后期相关系数	反应前期相关系数	反应后期相关系数	反应前期相关系数	反应后期相关系数
$1/2\alpha$	0.9693	0.4935	0.9786	0.4661	0.9742	0.4899
$[-\ln(1-\alpha)]^{-1}$	0.9791	0.9074	0.9863	0.8286	0.9742	0.4899
$(3/2)[(1-\alpha)^{-1/3}-1]^{-1}$	0.9821	0.9936	0.9886	0.9981	0.9854	0.9888
$(3/2)(1-\alpha)[1-(1-\alpha)^{2/3}]^{-1}$	0.9693	0.4934	0.9786	0.4574	0.9828	0.7015
$1-\alpha$	0.9878	0.8811	0.9313	0.9680	0.9901	0.9118
$2(1-\alpha)^{1/2}$	0.9829	0.9368	0.9938	0.9394	0.9860	0.8237
$(1-\alpha)^{2/3}$	0.9804	0.9940	0.9853	0.9834	0.9869	0.9881
$(1-\alpha)[1-\psi\ln(1-\alpha)]^{1/2}$	0.9959	0.9027	0.9963	0.8559	0.9897	0.8983

由 8-3 表所示的拟合得到的相关系数可见，在气化反应前期和后期，最佳的机理函数微分式分别为 $f(\alpha)=(1-\alpha)[1-\psi\ln(1-\alpha)]^{1/2}$（随机孔模型）和 $f(\alpha)=\dfrac{3}{2}[(1-\alpha)^{-1/3}-1]^{-1}$（收缩核内扩散控速模型）。

8.1.4　随机孔机理模型的微分式

已有研究认为，由于半焦颗粒具有典型的多孔结构，随机孔模型能较好地解释在低转化率阶段的半焦与 CO_2 气化反应过程[15]。随机孔模型假设颗粒的孔结构是由不同半径的圆柱形孔所构成的，气化反应主要发生在孔隙的内表面，并假设反应速率与反应的孔隙内表面积成正比[16-17]。随机孔模型微分形式如式（8-5）所示。

$$\frac{d\alpha}{dt}=A\cdot\exp\left(\frac{-E}{RT}\right)\cdot(1-\alpha)\sqrt{1-\psi\ln(1-\alpha)} \tag{8-5}$$

式中，A 为指前因子，单位为 m/s；E 为活化能，单位为 J/mol；R 为气体常数，J/(mol·K)；ψ 为结构参数，定义如下：

$$\psi=\frac{4\pi L_0(1-\varepsilon_0)}{S_0^2} \tag{8-6}$$

式中，L_0 为每单位体积的初始孔隙总长度；S_0 为每单位体积初始反应表面积；ε_0 为初始孔隙度；ψ 为结构参数，$\psi=1.31$。

对于非等温下的程序升温情况，升温速率 $\beta=dT/dt$，代入式（8-6），并整理得到：

$$\frac{d\alpha}{dT}=\frac{A}{\beta}\cdot\exp\left(\frac{-E}{RT}\right)\cdot(1-\alpha)\sqrt{1-\psi\ln(1-\alpha)} \tag{8-7}$$

对上式进一步整理可得：

$$\ln\left[\frac{d\alpha}{dT}\cdot\frac{1}{f(\alpha)}\right]=-\frac{E}{RT}+\ln\frac{A}{\beta} \tag{8-8}$$

式（8-8）为随机孔模型在程序升温条件下的微分关系式。其中，T 为气化反应的温度，K；E 为活化能，J/mol；$f(\alpha) = (1 - \alpha) \sqrt{1 - \psi \ln(1 - \alpha)}$。

8.1.5 收缩核内扩散机理模型的微分式

在后期半焦气化反应过程中，考虑到高温段灰熔物质对半焦孔隙结构和表面积的影响，后期半焦气化反应过程主要受到扩散作用的影响。由此，气化反应后期采用收缩核的内扩散控速模型[18]。

固相产物层中气体的扩散速率为：

$$-\frac{dn_A}{dt} = 4\pi r^2 D_{ABP} \frac{dc_A}{dr} \tag{8-9}$$

对式（8-9）进行积分得：

$$-\frac{dn_A}{dt} = 4\pi D_{ABP} \frac{r_0 r}{r_0 - r} c_{Ab} \tag{8-10}$$

式中，n_A 为 CO_2 气体的质量，mol，A 特指 CO_2 气体；r_0 为半焦颗粒的初始半径，0.74×10^{-4} m；r 为半焦颗粒某一时刻的半径，m；D_{ABP} 为 CO_2 气体的有效扩散系数，$D_{ABP} = D_{AB}\varepsilon_0/\tau$，$m^2/s$，其中 τ 为曲折系数，对于圆柱形孔 $\tau = 1$，ε_0 为半焦颗粒的孔隙度，$\varepsilon_0 = 0.31$，$D_{AB} = D_0\exp(-E/RT)$，其中 D_0 为标准状态下的扩散系数，m^2/s；c_A 为固相产物层中气体的物质浓度，mol/m^3；c_{Ab} 为半焦颗粒表面的 CO_2 气体物质浓度，$c_{Ab} = p^{\ominus}/(RT)$，$mol/m^3$，其中 $p^{\ominus}$ 为标准大气压，Pa。

半焦的失重速率为：

$$-\frac{dn_B}{adt} = -\frac{4\pi r^2 \rho_B}{aM_B} \frac{dr}{dt} \tag{8-11}$$

式中，n_B 为固体的物质的量，mol，B 特指富鼎半焦；ρ_B 为半焦颗粒的密度，1.28×10^3 kg/m^3；M_B 为半焦的摩尔质量，12×10^{-3} kg/mol；a 为化学计量数，$a = 1$。

此时，CO_2 气体的内扩散过程为整个半焦气化过程的控速步骤，半焦颗粒的失重速率等于 CO_2 气体的扩散速率，且满足以下关系式：

$$-\frac{4\pi r^2 \rho_B}{aM_B} \frac{dr}{dt} = 4\pi D_{ABP} \frac{r_0 r}{r_0 - r} c_{Ab} \tag{8-12}$$

由于 $\alpha = 1 - \left(\frac{r}{r_0}\right)^3$，对其进行微分可得：

$$d\alpha = -3 \frac{r^2}{r_0^3} dr \tag{8-13}$$

由升温速率 $\beta = dT/dt$，并将式（8-13）代入式（8-12）中，经过一系列变换可以得到：

$$\frac{d\alpha}{dT} = \frac{\delta}{\beta} D_{ABP} f(\alpha) \tag{8-14}$$

将 $D_{ABP} = D_{AB} \cdot \varepsilon_P/\tau$ 代入式（8-14）中，并对式（8-14）进行变换后得：

$$\ln\left[\frac{1}{f(\alpha)} \frac{d\alpha}{dT}\right] = \ln \frac{\delta\varepsilon_P D_0}{\beta} - \frac{E}{RT} \tag{8-15}$$

式中，$f_2(\alpha) = \frac{3}{2}\left[(1 - \alpha)^{-1/3} - 1\right]^{-1}$；$\delta = \frac{2aM_B c_{Ab}}{\rho_B r_0^2}$。

8.2　分段尝试法研究半焦气化反应动力学

8.2.1　分段模型的拟合结果

在非等温下的半焦气化过程中，气化反应速率达到最大后开始下降，该点可以作为分段尝试法中确定气化反应控制环节前期和后期转换点的参考点。由随机孔机理模型和收缩核内扩散机理模型的两个微分式，即式（8-8）和式（8-15），对不同升温速率和不同种类半焦气化反应过程试验数据进行拟合，即确定微分式中温度与机理函数的关系。以转换点作为分段拟合的参考点，选择在分段尝试中两个拟合的线性相关系数之和最大的点作为气化反应过程不同控制环节的转换点。

半焦气化反应过程不同控制阶段的拟合结果分别如图 8-3 和图 8-4 所示。

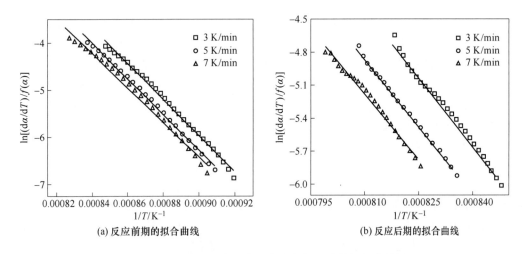

(a) 反应前期的拟合曲线　　　　　　　(b) 反应后期的拟合曲线

图 8-3　不同升温速率下富鼎半焦气化试验数据拟合结果

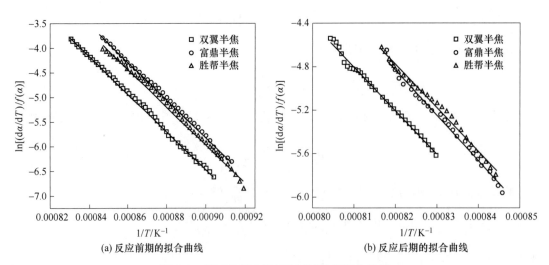

(a) 反应前期的拟合曲线　　　　　　　(b) 反应后期的拟合曲线

图 8-4　不同种类半焦气化试验数据拟合结果

　　表 8-4 和表 8-5 分别给出了富鼎半焦气在不同升温速率和不同半焦条件下拟合的结果。由拟合的结果可见，气化反应过程前期的相关系数全部都在 0.9980 以上，反应后期的相关系数最低为 0.8798，大部分在 0.9900 以上，前期的拟合效果要比后期好。不同控制环节的机理函数模型与试验数据情况吻合得很好，表明半焦气化过程前期和后期分别采用化学反应控速的随机孔模型和收缩核内扩散控速的模型是合理的。

表 8-4　不同升温速率下富鼎半焦气化曲线拟合结果参数

升温速率 /K·min⁻¹	反 应 前 期		反 应 后 期	
	拟合曲线方程	相关系数 r_1	拟合曲线方程	相关系数 r_2
3	$y = -38357x + 28.55$	0.9983	$y = -41848x + 29.49$	0.9936
5	$y = -37802x + 27.75$	0.9989	$y = -40930x + 28.28$	0.9981
7	$y = -36538x + 26.46$	0.9998	$y = -39727x + 26.99$	0.9888

表 8-5　不同种类半焦气化曲线拟合结果参数

半焦种类	反 应 前 期		反 应 后 期	
	拟合曲线方程	相关系数 r_1	拟合曲线方程	相关系数 r_2
双翼	$y = -38259x + 27.96$	0.9993	$y = -40123x + 27.69$	0.9858
富鼎	$y = -38357x + 28.55$	0.9983	$y = -41848x + 29.49$	0.9936
胜帮	$y = -38275x + 28.62$	0.9989	$y = -40176x + 28.17$	0.9798

8.2.2　气化反应过程不同阶段的动力学参数

　　由表 8-4 和表 8-5 拟合直线的斜率和截距可求得不同反应控制环节的活化能与指前因子。根据计算得到的活化能与指前因子，代入 $k_{rea} = Ae^{-E/(RT)}$ 和 $D = Ae^{-E/(RT)}$ 中，可分别得到不同条件下半焦气化过程前后两个阶段的反应速率常数和扩散系数与温度的关系。根据表 8-4 的结果进行计算，可分别给出不同升温速率下富鼎半焦气化反应过程前期和后期的相关动力学参数，见表 8-6 和表 8-7。

表 8-6　不同升温速率下富鼎半焦气化反应前期求得的动力学参数

升温速率/K·min⁻¹	温度区间 T/K	指前因子 A/m·s⁻¹	活化能 E_a/kJ·mol⁻¹	反应速率常数 k_{rea}/m·s⁻¹
3	1087.71 ~ 1180.73	1.258×10^{11}	318.90	$\ln k_{rea} = -38357/T + 25.56$
5	1100.23 ~ 1198.51	9.349×10^{10}	314.29	$\ln k_{rea} = -37802/T + 25.26$
7	1105.69 ~ 1212.57	3.635×10^{10}	303.78	$\ln k_{rea} = -36538/T + 24.32$

表 8-7　不同升温速率下富鼎半焦反应后期求得的动力学参数

升温速率/K·min⁻¹	温度区间 T/K	频率因子 D_0/m²·s⁻¹	活化能 E_a/kJ·mol⁻¹	有效扩散系数 D_{ABP}/m²·s⁻¹
3	1180.73 ~ 1222.95	2.186×10^5	347.92	$\ln D_{ABP} = -41848/T + 11.12$
5	1198.51 ~ 1238.30	1.095×10^5	340.29	$\ln D_{ABP} = -40930/T + 10.43$
7	1212.57 ~ 1251.42	0.425×10^5	330.29	$\ln D_{ABP} = -39727/T + 9.49$

根据表 8-5 的结果进行计算，可分别给出不同半焦气化反应过程前期和后期的相关动力学参数，见表 8-8 和表 8-9。

表 8-8　不同种类半焦反应前期求得的动力学参数

半焦种类	温度区间 T/K	指前因子 $A/\text{m} \cdot \text{s}^{-1}$	活化能 $E_a/\text{kJ} \cdot \text{mol}^{-1}$	反应速率常数 $k_{rea}/\text{m} \cdot \text{s}^{-1}$
双翼	1087.71 ~ 1180.73	1.881×10^{11}	310.08	$\ln k_{rea} = -37296/T + 25.96$
富鼎	1107.49 ~ 1204.91	1.253×10^{11}	318.90	$\ln k_{rea} = -38357/T + 25.55$
胜帮	1095.82 ~ 1180.84	1.344×10^{11}	310.22	$\ln k_{rea} = -37312/T + 25.62$

表 8-9　不同种类半焦反应后期求得的动力学参数

半焦种类	温度区间 T/K	频率因子 $D_0/\text{m}^2 \cdot \text{s}^{-1}$	活化能 $E_a/\text{kJ} \cdot \text{mol}^{-1}$	有效扩散系数 $D_{ABP}/\text{m}^2 \cdot \text{s}^{-1}$
双翼	1180.73 ~ 1222.95	2.060×10^6	333.58	$\ln D_{ABP} = -40123/T + 14.54$
富鼎	1204.91 ~ 1243.30	2.186×10^5	340.29	$\ln D_{ABP} = -41848/T + 10.43$
胜帮	1180.84 ~ 1224.96	5.975×10^7	334.02	$\ln D_{ABP} = -40176/T + 17.91$

8.2.3　半焦气化反应过程不同阶段动力学参数的分析

表 8-6 ~ 表 8-9 分别给出了富鼎半焦在不同升温速率条件下和不同种类半焦的气化反应前期化学反应控速和后期温度转换点、反应速度常数及有效扩散系数，为在冶金反应工程学领域对半焦气化反应过程进行模拟提供了必要的相关动力学参数。

根据阿累尼乌斯方程，化学反应速度与活化能、指前因子关系式为：

$$k_{rea} = Ae^{-\frac{E}{RT}} \tag{8-16}$$

式中，k_{rea} 为反应速率常数；T 为反应温度；E 为表观活化能；A 为指前因子；R 为气体常数。

半焦气化反应的速度快慢受反应物的浓度和速率常数这两个决定因素的影响，如果控制反应物浓度不变，则反应速率常数即为 k，由阿累尼乌斯方程可以看出，k 与反应温度、反应活化能和指前因子有关。

反应的活化能是某一反应物的本质属性，反应物进行化学反应，需要打破原有分子的形式，使反应物分子具有一定能量，才能参与化学反应，重新生成新物质分子。在反应过程中只有那些具有高于反应所需能量的分子才能进行反应。而活化能就是使分子达到有效碰撞要求的最小能量。

半焦气化表观活化能可以准确地评估半焦反应能力的强弱和反应速度与温度的相互关系[19-20]。如一种半焦表观活化能较低，则表明其反应能力较强，那么根据阿累尼乌斯方程可知其反应速率常数受温度的影响小。根据活化能数值，可判断出该半焦容易进行气化反应，而且能够在低温下较快反应完全。相反，若半焦的表观活化能较大，表现为该半焦反应能力较弱，则反应速率常数受温度影响较大，只有在较高温度下才会使气化反应速率提高。这种半焦要求气化温度较高，而且反应速率较小，需要在高温条件下经较长时间才能反应完全。

频率因子这个概念是在碰撞理论的基础上提出来的，它的物理意义也可以由这一理论来解释，温度的升高可以使分子活跃，从而增大有效碰撞频率，反应速率常数变大，使得反应速率变大。它也可反映该物质的活性，当频率因子增大时，物质的活性增强，相应反应温度降低，易于反应；反之亦然。

由表 8-6 和表 8-7 可见，在不同升温速率下，气化反应过程的前期和后期，$E_{a后期} > E_{a前期}$。这主要是由于在气化反应后期温度较高，化学反应的阻碍作用相对小于扩散的阻力，从而使得后期的扩散活化能大于化学反应的活化能。

此外，在同一温度条件下，随着升温速率的升高，化学反应速率常数 k_{rea} 或扩散系数 D_{ABP} 逐渐增大，前期与后期求得的指前因子 A 或者 D_0 逐渐减小，其 $\ln A_i$ 与 E_{ai} 的关系如图 8-5 所示，其拟合结果如表 8-10 所示。

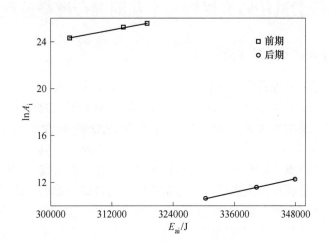

图 8-5　不同升温速率下 $\ln A_i$ 与 E_{ai} 的关系图

表 8-10　$\ln A_i$ 与 E_{ai} 的拟合关系式

反应控速阶段	$\ln A_i = aE_{ai} + b$			$E_{a平均值}/kJ \cdot mol^{-1}$
	a	b	r^2	
反应前期（化学反应）	8.34×10^{-5}	-1.02	0.9928	312.32
反应后期（分子内扩散）	9.30×10^{-5}	-20.05	0.9904	339.50

由表 8-10 以及图 8-5 可见，随着升温速率的提高，同一反应区间内的 $\ln A_i$ 随着活化能 E_{ai} 的升高而升高，这种现象称为补偿效应[21-22]，其关系式描述为 $\ln A_i = aE_{ai} + b$。产生此种现象的原因是加热速率影响其气化过程的温度区间，尤其会在热电偶与试样离得较远的情况下表现出来，从而导致指前因子 A_i 与活化能 E_{ai} 随着升温速率的增加而减小。在补偿效应关系式中补偿系数 a 与 b 的意义为 $a = 1/RT_i$，$b = \ln k_i$。由表 8-10 可知，反应前期与后期的平均活化能 E_a 分别为 312.32 kJ/mol、339.50 kJ/mol，相关系数 r^2 都在 0.9900 以上，表明此模型存在明显的补偿效应。

由表 8-8 可见，在不同半焦气化反应前期，富鼎半焦的活化能最大为 318.90 kJ/mol，双翼半焦与胜帮半焦的活化能数值较为接近，且都小于富鼎半焦。此外，双翼半焦与胜帮半焦的指前因子都大于富鼎半焦。产生这种现象的原因主要是半焦的各组成成分含量不同。对于双翼半焦与胜帮半焦，其挥发分含量都高于富鼎半焦，挥发分在较低的温度范围内挥发，导致在初始阶段双翼半焦与胜帮半焦的失重速率均高于富鼎半焦，从而相对于富鼎半焦，二者的活化能更低，指前因子更小。

在表8-9中，不同半焦气化反应后期，富鼎半焦的活化能最大，为340.29 kJ/mol。双翼半焦与胜帮半焦的活化能都小于富鼎半焦，且指前因子都大于富鼎半焦。产生这种现象的原因可能是在升温过程中，挥发分较高的双翼半焦与胜帮半焦颗粒内部由于挥发分挥发所产生的孔隙更多，导致在气化反应后期颗粒内部的气体扩散阻力更小，扩散过程的活化能更低，从而反应速率更快。

8.3 分段尝试法研究煤粉与半焦的混合燃烧过程动力学

8.3.1 半焦在高炉喷吹煤中的应用

高炉喷煤技术是高炉炼铁节能降耗的重要措施。近年来，混煤燃烧技术在世界范围内得到了广泛应用[23-24]，而随着无烟煤资源的日益减少，钢铁厂也开始尝试用半焦代替无烟煤应用于高炉喷煤中。因此，对煤粉和半焦的混合燃烧性能的研究具有重要的意义[25-26]。

对于煤粉和半焦的混合燃烧动力学已有较多的研究，将随机孔模型应用于煤焦的燃烧动力学分析，利用计算机模拟出燃烧的动力学参数；通过试验数据验证了煤燃烧的收缩核模型；运用等转化率法对半焦的燃烧进行分析，将燃烧分为前后两个阶段；利用随机孔模型、收缩核模型和体积模型对混煤燃烧过程分别进行动力学分析等[27-32]。

煤粉燃烧过程并非由单一的化学反应所控制，其后期是由扩散传质控制的。冶金反应工程学中的分段尝试法可以确定不同反应过程的相关动力学参数[33]。采用非等温热重法对煤粉和半焦进行燃烧试验，并根据燃烧曲线得出各个燃烧特性参数。另外，根据煤粉燃烧过程中不同温度区间反应机理的不同，对燃烧过程进行分段处理。由动力学基本方程推导出相关模型机理函数的积分式，对不同温度区间进行模型拟合，计算出不同控制环节的转换点，及在不同控制区间的活化能、指前因子以及反应速率常数、有效扩散系数与温度的关系式。进而根据燃烧特性参数和动力学参数得出高炉喷吹煤粉添加半焦的最佳比例[10,34-36]。

8.3.2 非等温下动力学机理函数积分式

对式（8-3）进行整理得：

$$\frac{1}{f(\alpha)}d\alpha = \frac{A}{\beta}\exp\left(-\frac{E}{RT}\right)dT \tag{8-17}$$

对式（8-17）进行积分后得：

$$F(\alpha) = \int_0^\alpha \frac{d\alpha}{f(\alpha)} = \frac{A}{\beta}\int_0^T \exp\left(-\frac{E}{RT}\right)dT \tag{8-18}$$

式中，$\int_0^T \exp\left(-\frac{E}{RT}\right)dT$ 称为温度积分，方程中的积分是不可解析求解的，在不少文献中曾讨论过它的近似求解问题[37]。采用 Frank-Kameneskii 近似式可得：

$$\int_0^T \exp\left(-\frac{E}{RT}\right)dT = \frac{RT^2}{E}\exp\left(-\frac{E}{RT}\right) \tag{8-19}$$

将式（8-19）代入式（8-18）中，整理得：

$$\ln\frac{F(\alpha)}{T^2} = \ln\left(\frac{AR}{\beta E}\right) - \frac{E}{RT} \tag{8-20}$$

式中，$F(\alpha)$ 为机理函数的积分式。对于一个能正确描述反应或者近似正确描述反应的 $F(\alpha)$ 或 $f(\alpha)$ 来说，$\ln[F(\alpha)/T^2]$ 对 $1/T$ 的作图结果应该为一条直线，其斜率为 $-E/R$，截距为 $\ln(AR/\beta E)$，选择正确的反应机理函数，将 $\ln[F(\alpha)/T^2]$ 对 $1/T$ 作图，二者呈线性关系，可以用相关系数来作为判断所选机理函数是否正确的标准，在确定了最合适的机理函数之后，就可以根据直线的斜率和截距分别求取活化能 E 和频率因子 A。

8.3.3 煤粉与半焦混合燃烧过程机理函数的积分式

煤粉及添加可燃物质的燃烧过程已经基本可以认定，在燃烧反应过程前期，由于固体产物较少，尚未形成产物层，因此以化学反应控速为主；在燃烧反应后期，因为产物层的形成，气体反应物和产物的扩散传质成为燃烧反应的控速环节。

煤粉与半焦混合燃烧反应前期为化学反应模型，通常选取收缩核反应模型。假设煤粉颗粒为球体，控速环节为一级界面化学反应，则燃烧的化学反应式为[38]：

$$A(g) + bB(s) \Longrightarrow gG(g) + 灰层 \tag{8-21}$$

式中，b、g 为化学反应系数，且有：

$$v = -\frac{dn_A}{dt} = -\frac{dn_B}{bdt} = -\frac{4\pi r_t^2 \rho_B}{bM_B}\frac{dr_t}{dt} \tag{8-22}$$

式中，v 为燃烧的化学反应速率，mol/s；n_A 和 n_B 分别为反应物 A 和 B 的质量，mol；t 为反应时间，s；r_t 为在某一反应时间 t 下反应物 B 的半径，m；M_B 为反应物 B 的摩尔质量，kg/mol；ρ_B 为反应物 B 的密度，kg/m³。

对于界面化学反应控速，球形颗粒的反应速率方程为：

$$v_B = -\frac{dn_A}{dt} = 4\pi r_t^2 k_{rea} c_{Ab} \tag{8-23}$$

式中，v_B 为反应物 B 的反应速率，mol/s；k_{rea} 为界面化学反应速率常数，m/s；c_{Ab} 为气体在气相内的浓度，mol/m³。

由式（8-22）及式（8-23）可得：

$$v = v_B = -\frac{4\pi r_t^2 \rho_B}{bM_B}\frac{dr_t}{dt} = 4\pi r_t^2 k_{rea} c_{Ab} \tag{8-24}$$

将上式简化可得：

$$-\frac{\rho_B}{bM_B c_{Ab}}dr_t = k_{rea}dt \tag{8-25}$$

将 $dT = \beta dt$ 以及 $k_{rea} = A\exp[-E_1/(RT)]$ 代入式（8-25），采用 Coats-Redfern 积分近似法推导出非等温条件下煤粉与半焦混合燃烧过程前期收缩核反应模型机理函数的积分式[38]：

$$\ln \frac{G_1(\alpha)}{T^2} = \ln \frac{\delta_1 AR}{\beta E_1} - \frac{E_1}{RT} \tag{8-26}$$

式中，T 为某一反应时间 t 下的反应温度，K；β 为升温速率，K/min；A 为反应的指前因子，m/s；E_1 为界面化学反应的活化能，J/mol；R 为气体常数，J/(mol·K)；$G_1(\alpha)$ 为收缩核化学反应模型方程，$G_1(\alpha) = 1 - (1 - \alpha)^{1/3}$；$\alpha$ 为转化率，$\alpha = (r_0^3 - r_t^3)/r_0^3$；$\delta_1 = bM_B c_{Ab}/(\rho_B r_0)$，$r_0$ 为反应物 B 的初始半径，m。

由式（8-26）中 $\ln[G_1(\alpha)/T^2]$ 和 $1/T$ 的关系，代入数据进行线性拟合，根据直线的斜率与截距，可以计算出反应的活化能 E_1 和指前因子 A，最后得出反应速率常数 k_{rea} 与温度 T 的关系式。

煤粉与半焦混合燃烧反应后期为扩散模型，通常用收缩核的内扩散模型来描述该阶段。当燃烧反应进行到一定程度之后，反应物外部形成了一个相当厚的产物层，而反应气体则需要穿过产物层与里面的可燃物质反应，生成的燃烧产物如 CO_2 等也需要通过此产物层扩散出去[39]。因此气体的扩散受到的阻碍较多，扩散成为控速环节，用收缩核的内扩散模型来描述该反应阶段，推导过程如下：

固相产物层中的内扩散速率 v_D 可以表示为：

$$v_D = -\frac{dn_A}{dt} = 4\pi r_t^2 D_{eff} \frac{dc_A}{dr_t} \tag{8-27}$$

式中，v_D 为内扩散速率，mol/s；D_{eff} 为反应物 A 的有效扩散系数，m^2/s；c_A 为反应物 A 的浓度，mol/m^3。

球形颗粒反应物 B 的反应速率方程为：

$$v_B = -\frac{dn_B}{bdt} = -\frac{4\pi r_t^2 \rho_B}{bM_B} \frac{dr_t}{dt} \tag{8-28}$$

由式（8-27）及式（8-28）可得：

$$v = v_D = v_B = 4\pi r_t^2 D_{eff} \frac{dc_A}{dr_t} = -\frac{4\pi r_t^2 \rho_B}{bM_B} \frac{dr_t}{dt} \tag{8-29}$$

由式（8-29）可得：

$$D_{eff} \frac{dc_A}{dr_t} = -\frac{\rho_B}{bM_B} \frac{dr_t}{dt} \tag{8-30}$$

将 $dT = \beta dt$ 以及 $D_{eff} = D_0 \exp[-E_2/(RT)]$ 代入式（8-30），同样，采用 Coats-Redfern 积分近似法可得非等温条件下煤粉与半焦混合燃烧过程后期内扩散反应模型机理函数的积分式：

$$\ln \frac{G_2(\alpha)}{T^2} = \ln \frac{\delta_2 D_0 R}{\beta E_2} - \frac{E_2}{RT} \tag{8-31}$$

式中，D_0 为标准状态下的扩散系数，m^2/s；E_2 为扩散活化能，J/mol；$G_2(\alpha)$ 为收缩核内扩散模型方程的机理函数，$G_2(\alpha) = 1 - 2/3\alpha - (1 - \alpha)^{2/3}$；$\delta_2 = 2bM_B c_{Ab}/(\rho_B r_0^2)$。

由式（8-31）中 $\ln[G_2(\alpha)/T^2]$ 和 $1/T$ 的关系，代入数据进行线性拟合，根据直线的斜率与截距，可以计算出扩散的活化能 E_2 和扩散系数 D_0，最后得出有效扩散系数 D_{eff} 与温度 T 的关系式。

8.4 煤粉与半焦混合的燃烧试验和动力学参数分析

8.4.1 煤粉与半焦混合的燃烧试验

试验所采用的神华烟煤、寿阳无烟煤和富鼎半焦的工业分析和元素分析如表 8-11 所示。参照高炉喷吹煤粉的要求，为了使煤粉易燃烧且防止其因高挥发分而发生爆炸，将试验所用煤/半焦的混合燃料挥发分的质量分数控制在 15% ~ 20% [36]；同时为了研究半焦代替无烟煤后混合燃料的燃烧性能变化，将混合燃料中神华烟煤的质量分数固定为 40%，逐步改变寿阳无烟煤和富鼎半焦所占的比例。各试样的质量分数如表 8-12 所示。

表 8-11 煤和半焦的工业分析和元素分析（质量分数） （%）

煤样	工 业 分 析				元 素 分 析				
	水分	灰分	挥发分	固定碳	C	H	O	N	S
神华	1.32	4.19	32.44	62.05	77.61	4.24	11.12	1.26	0.26
寿阳	0.94	10.87	10.28	77.91	81.40	2.71	2.42	1.32	0.34
富鼎	1.08	4.49	4.01	90.42	92.21	0.52	0.52	1.02	0.17

表 8-12 试样中各煤所占的比例（质量分数） （%）

煤样	1 号	2 号	3 号	4 号	5 号
神华	40	40	40	40	40
寿阳	60	45	30	15	0
富鼎	0	15	30	45	60

试验设备为北京恒久 HTG-1 型热重分析仪。采用非等温法进行燃烧试验，在坩埚中称取 10 mg 煤焦的粉状试样（0.074 ~ 0.147 mm）放入仪器中，以一定的升温速率（取 293 K/min）由室温升至 1173 K，并以 100 mL/min 的速率通入空气，由计算机自动记录样品的失重曲线（TG）和失重速率曲线（DTG），最终根据计算得到煤焦燃烧的转化率曲线和转化速率曲线。其中定义 t 为任一时刻，则反应的转化率 α 为：

$$\alpha = \frac{m_0 - m_t}{m_0 - m_f} \tag{8-32}$$

式中，m_0 为样品起始质量，kg；m_t 为某时刻的样品质量，kg；m_f 为反应结束达到稳定时的样品质量，kg。

8.4.2 试验结果分析

8.4.2.1 半焦燃烧特性分析

分别将神华煤、寿阳煤和富鼎半焦以 20 K/min 的升温速率进行热重试验，得到燃烧的转化率曲线和转化速率曲线，分别如图 8-6 和图 8-7 所示。三种试样在 373 K 左右都存在着水分蒸发引起质量减少的现象，由于水分含量较少，所以将水分蒸发过程忽略，主要针对燃烧区间进行讨论。对于神华煤来说，转化速率曲线在 673 K 左右出现尖峰的现象，主要是由于其挥发分含量较高，在较低温度情况下挥发分先发生反应且较为迅速，之后是碳的燃烧反应，所以转化速率出现尖峰；对于寿阳煤和富鼎半焦来说，两者的挥发分都较低，主要反应为碳的燃烧，所以转化速率曲线没有尖峰。

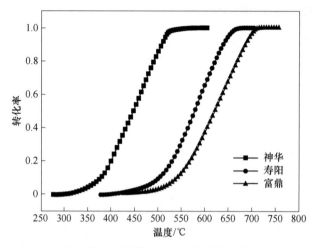

图 8-6　神华煤、寿阳煤和富鼎半焦燃烧的转化率曲线

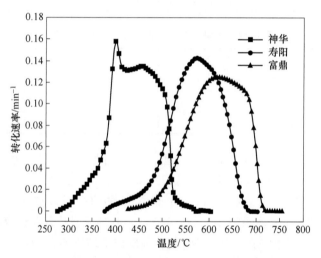

图 8-7　神华煤、寿阳煤和富鼎半焦燃烧的转化速率曲线

根据 TG-DTG 法可以得到煤的着火点温度，并通过计算得到可燃性指数 C 和燃烧特性指数 S，计算结果如表 8-13 所示[8,40]。

表 8-13　煤和半焦的燃烧特性参数

试样	T_i/K	T_1/K	T_2/K	T_f/K	W_{max}/% · min^{-1}	W_{mean}/% · min^{-1}	C/% · min^{-1} · K^{-2}	S/%^{2} · min^{-2} · K^{-3}
神华	644.0	672.8	728.2	797.9	16.3	11.7	1.18×10^{-4}	24.78×10^{-7}
寿阳	773.7	838.1	—	930.6	14.4	11.2	5.73×10^{-5}	9.68×10^{-7}
富鼎	811.6	893.5	—	972.6	12.5	11.1	4.32×10^{-5}	6.64×10^{-7}

注：T_i 为着火点温度，K；T_1、T_2 为转化速率曲线中两个峰对应的温度，K；T_f 为燃尽点温度，即转化率为 98% 时对应的温度，K；W_{max} 为燃烧的最大转化速率，%/min；W_{mean} 为燃烧过程中从 T_i 到 T_f 的平均转化速率，%/min；C 为可燃性指数，%/（min · K^2）；S 为燃烧特性指数，%^{2}/（min^2 · K^3）。

由表 8-13 可以看出，神华煤的着火点最低，且最大燃烧速率点和燃尽点都比较低，可燃性指数和燃烧特性指数均高于其他两个，说明其燃烧性能最好；寿阳煤的着火点、最大燃烧速率点和燃尽点都比富鼎半焦低，可燃性指数和燃烧特性指数均高于富鼎半焦，所以寿阳煤的燃烧性能优于富鼎半焦。

8.4.2.2 煤/半焦混合燃料的燃烧特性分析

将制取的 1 号、2 号、3 号、4 号和 5 号试样在 20 K/min 的升温速率下进行燃烧试验。图 8-8 和图 8-9 分别为五种试样燃烧的转化率曲线和转化速率曲线。

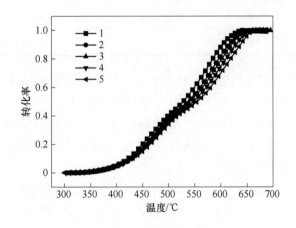

图 8-8 混合燃料燃烧的转化率曲线

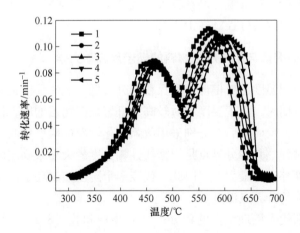

图 8-9 混合燃料燃烧的转化速率曲线

由图 8-9 可以看出，混合燃料的燃烧出现两个峰的现象，主要是因为燃烧前期和后期的反应控速环节不同，前期主要是化学反应控速，后期则以内扩散控速为主。另外，结合图 8-7 和图 8-8 可知三种煤或半焦的燃烧温度区间不同，在 773 K 之前主要是神华煤的燃烧，773 K 之后以寿阳煤和富鼎半焦的燃烧为主。随着半焦比例的增加，混合燃料的燃烧曲线略向右移动，主要是由于富鼎半焦的燃烧温度区间略高于寿阳煤。

混合燃料的燃烧特性参数也随着半焦比例的增加而变化，如表 8-14 所示。

表 8-14　混合燃料的燃烧特性

试样	T_i/K	T_1/K	T_2/K	T_f/K	W_{max}/% · min^{-1}	W_{mean}/% · min^{-1}	C/% · min^{-1} · K^{-2}	S/%^{2} · min^{-2} · K^{-3}
1 号	675.4	720.6	843.4	900.2	11.42	8.07	7.06×10^{-5}	9.07×10^{-7}
2 号	678.8	736.5	851.2	911.5	11.11	7.91	6.75×10^{-5}	8.36×10^{-7}
3 号	681.3	738.9	865.7	916.3	10.82	7.73	6.49×10^{-5}	7.80×10^{-7}
4 号	683.3	743.5	880.8	920.8	10.80	7.60	6.42×10^{-5}	7.53×10^{-7}
5 号	685.1	746.7	882.1	928.2	10.58	7.50	6.23×10^{-5}	7.13×10^{-7}

表 8-14 中，1~5 号试样的着火点从 675.4 K 逐渐递增到 685.1 K，两个峰的温度及燃尽点也都相应增加；最大燃烧速率和平均燃烧速率逐渐减少；可燃性指数由 7.06×10^{-5} %/(min·K^2) 减少到 6.23×10^{-5} %/(min·K^2)，燃烧特性指数由 9.07×10^{-7} %^{2}/(min^2·K^3) 减少到 7.13×10^{-7} %^{2}/(min^2·K^3)。可见，由半焦代替无烟煤会在一定程度上降低煤粉的燃烧性能。

由表 8-14 可知，未添加半焦的 1 号试样的可燃性指数和燃烧特性指数分别为 7.06×10^{-5} %/(min·K^2) 和 9.07×10^{-7} %^{2}/(min^2·K^3)，当半焦比例增加到 15%、30%、45%、60%时，可燃性指数分别降低 4.39%、8.07%、9.07% 和 11.76%；燃烧特性指数分别降低 7.83%、14.00%、16.98% 和 21.39%。可以看出，当半焦比例高于 15%时，可燃性指数和燃烧特性指数的降低比例都较大，混合燃料的燃烧性能变化较大，所以高炉喷吹煤粉中添加半焦的比例最好控制在 15%以内。

8.4.3　分段尝试法研究煤与半焦混合燃料的燃烧反应动力学

由于煤粉燃烧前期温度相对偏低，且煤粉灰分较低，此时反应最有可能属于化学反应控速；而燃烧进入后期时，由于温度相对较高，且燃烧产物层增厚，使得反应最有可能属于内扩散控速。因此，反应前后期分别采用收缩核化学反应模型和收缩核内扩散模型的机理函数来描述燃烧过程。其中分界点是根据线性相关度的大小来确定的，要保证前期和后期拟合的线性相关度都达到最大值。因此，代表两个阶段控制环节的两条曲线要同时进行拟合，以得到更精确的分界点温度。

将试验数据分别代入机理函数的积分式（8-26）和式（8-31）来进行线性拟合，其中取 $\rho_B = 1.28 \times 10^3$ kg/m^3，$r_0 = 1.11 \times 10^{-4}$ m，$c_{Ab} = 8.59$ mol/m^3，$b = 1$，$M_B = 2.90 \times 10^{-2}$ kg/mol。由拟合得到的直线斜率、截距可求得反应活化能与指前因子。将活化能与指前因子代入 $k_{rea} = A\exp[-E_1/(RT)]$ 和 $D_{eff} = D_0\exp[-E_2/(RT)]$ 中，可分别得到混合燃料燃烧前后两个阶段的反应速率常数和有效扩散系数与温度的关系。

将同一升温速率下不同半焦比例的混合燃料的燃烧数据按上述方法进行线性拟合。前期化学反应控速和后期扩散控速的线性拟合分别如图 8-10 和图 8-11 所示。表 8-15 和表 8-16 分别给出了前后两阶段的相关动力学参数。

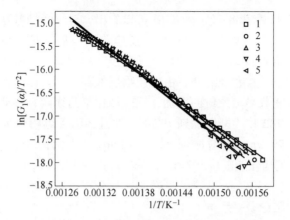

图 8-10　前期化学反应控速阶段线性拟合结果

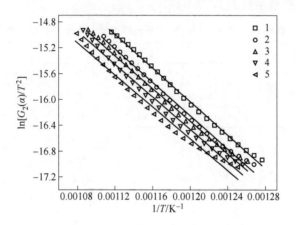

图 8-11　后期内扩散控速阶段线性拟合结果

表 8-15　燃烧前期的动力学参数

试样	温度区间 T/K	$E_1/kJ \cdot mol^{-1}$	$A/m \cdot s^{-1}$	$k_{rea}/m \cdot s^{-1}$	相关系数
1 号	618~782	76.79	61.56	$\ln k_{rea} = -9236/T + 4.12$	0.9992
2 号	623~787	80.40	100.48	$\ln k_{rea} = -9671/T + 4.61$	0.9957
3 号	633~791	86.45	183.09	$\ln k_{rea} = -10398/T + 5.21$	0.9912
4 号	634~794	91.77	365.04	$\ln k_{rea} = -11038/T + 5.90$	0.9875
5 号	636~797	92.75	419.89	$\ln k_{rea} = -11156/T + 6.04$	0.9802

表 8-16　燃烧后期的动力学参数

试样	温度区间 T/K	$E_2/kJ \cdot mol^{-1}$	$D_0/m^2 \cdot s^{-1}$	$D_{eff}/m^2 \cdot s^{-1}$	相关系数
1 号	782~898	102.62	7.34×10^{-2}	$\ln D_{eff} = -12343/T - 2.61$	0.9976
2 号	787~905	104.68	6.13×10^{-2}	$\ln D_{eff} = -12591/T - 2.79$	0.9953
3 号	791~916	104.96	3.99×10^{-2}	$\ln D_{eff} = -12625/T - 3.22$	0.9933
4 号	794~921	107.37	3.45×10^{-2}	$\ln D_{eff} = -12915/T - 3.37$	0.9887
5 号	797~928	107.94	2.23×10^{-2}	$\ln D_{eff} = -12983/T - 3.80$	0.9831

由图 8-10、图 8-11 和表 8-15、表 8-16 可以看出，对于燃烧数据的线性拟合结果的相关系数均大于 0.9800，拟合结果较为精准。反应前期与后期拟合的相关系数相差不大，这可能是燃烧后的物质明显变少，扩散控制环节控制的期间变短所致。在燃烧前期，化学反应控速时活化能较小；在燃烧后期，由于产物层的存在，气体产物的内扩散成为控速环节，活化能也较大。随着半焦比例的增加，反应转化率曲线向右移动，前后期不同控速环节的分界点温度也从 782 K 逐渐增加到 797 K。并且，随着煤粉中半焦比例的增加，燃烧前期的活化能从 76.79 kJ/mol 增加到 92.75 kJ/mol，指前因子也从 61.56 m/s 增加到 419.89 m/s；而后期的活化能则从 102.62 kJ/mol 增加到 107.94 kJ/mol，扩散系数从 7.34×10^{-2} m^2/s 降低到 2.23×10^{-2} m^2/s，说明添加半焦会在一定程度上降低煤粉的燃烧性能，这与前一节所得到的结论是一致的。

表 8-17 为各试样分别在 673 K、723 K、773 K、823 K、873 K 和 923 K 时的燃烧反应速率常数 k_{rea} 和有效扩散系数 D_{eff}。

表 8-17　混合燃料的燃烧反应速率常数和有效扩散系数

反应温度/K	项目	1 号	2 号	3 号	4 号	5 号
673	$k_{rea}/m \cdot s^{-1}$	6.75×10^{-5}	5.77×10^{-5}	3.57×10^{-5}	2.75×10^{-5}	2.65×10^{-5}
	$X/\%$	—	-14.47	-47.09	-59.24	-60.66
723	$k_{rea}/m \cdot s^{-1}$	1.74×10^{-4}	1.56×10^{-4}	1.04×10^{-4}	8.55×10^{-5}	8.35×10^{-5}
	$X/\%$	—	-10.57	-40.4	-50.95	-52.08
773	$k_{rea}/m \cdot s^{-1}$	3.98×10^{-4}	3.70×10^{-4}	2.63×10^{-4}	2.30×10^{-4}	2.27×10^{-4}
	$X/\%$	—	-7.02	-33.85	-42.37	-43.10
823	$D_{eff}/m^2 \cdot s^{-1}$	2.25×10^{-8}	1.39×10^{-8}	8.68×10^{-9}	5.28×10^{-9}	3.14×10^{-9}
	$X/\%$	—	-38.19	-61.43	-76.54	-86.05
873	$D_{eff}/m^2 \cdot s^{-1}$	5.31×10^{-8}	3.34×10^{-8}	2.09×10^{-8}	1.30×10^{-8}	7.74×10^{-9}
	$X/\%$	—	-37.11	-60.67	-75.59	-85.42
923	$D_{eff}/m^2 \cdot s^{-1}$	1.14×10^{-7}	7.30×10^{-8}	4.57×10^{-8}	2.89×10^{-8}	1.73×10^{-8}
	$X/\%$	—	-36.13	-59.98	-74.71	-84.82

表中的 X 为各试样与 1 号试样相比的反应速率常数或有效扩散系数的下降比例：

$$X = \frac{k_{reai} - k_{rea1}}{k_{rea1}} \times 100\% \tag{8-33}$$

或

$$X = \frac{D_{effi} - D_{eff1}}{D_{eff1}} \times 100\% \tag{8-34}$$

式中，k_{reai} 为 i 号混合燃料燃烧的反应速率常数（$i = 2,3,4,5$），m/s；k_{rea1} 为 1 号混合燃料燃烧的反应速率常数，m/s；D_{effi} 为 i 号混合燃料的有效扩散系数（$i = 2,3,4,5$），m^2/s；D_{eff1} 为 1 号混合燃料的有效扩散系数，m^2/s。

由表 8-17 可知，燃烧反应的温度升高，k_{rea} 和 D_{eff} 都会相应增加，反应速率和扩散速率也都会相应提高；在同一温度下，随着半焦比例的增加，k_{rea} 和 D_{eff} 都会相应降低，说明半焦添加会降低煤粉燃烧反应性能。对比 1 号未添加半焦的试样，2 号试样的 k_{rea} 和 D_{eff} 降低的比例较小，较为稳定，而 3 号、4 号、5 号试样的 k_{rea} 和 D_{eff} 变化都较大，可能不利于高炉炉况的稳定性，再结合煤粉与半焦混合燃料的燃烧特性的相关动力学参数比较的结论，认为高炉喷吹煤粉中添加半焦的质量分数最好控制在 15% 以内，既保证煤粉燃烧的稳定性，又能很好地利用半焦。但由于各种半焦的可磨性、价格等因素的影响，半焦添加的比例要根据各钢铁厂的实际情况来定。

8.5 本章小结

根据半焦气化反应的特点，将整个气化过程在气化反应速率达到最大处作为确定反应前期与后期的分界参考点。在半焦气化反应前期，反应速率随着反应比表面积所增大而提高，此阶段为化学反应控速；在半焦气化反应后期，由于灰熔融阻碍气体扩散的进行，反应速率逐渐减小，此阶段为气体扩散控速。

根据半焦颗粒的结构特点与气化机理特征，采用分段尝试法对半焦气化过程进行建模，确定了反应前期和后期的气化机理模型分别为随机孔模型和收缩核的内扩散模型，对应的机理函数的微分关系式的试验拟合效果很好，相关系数大部分都高于 0.9900，且均大于 0.9800。进而得到了相关的动力学参数，即控制环节的转换温度点和前期的化学反应速度常数与后期的有效扩散系数。在气化反应的前期与后期，活化能与指前因子随着升温速率的提高而减小，且在同一温度下，化学反应速率常数与扩散系数随着升温速率的提高而增大；在同一升温速率下，反应后期活化能大于前期的活化能。最后通过 $\ln A$ 与 E 的关系确定了试验过程存在明显的补偿效应。

随着煤粉中半焦比例的增加，煤粉的着火点、最大速率点和燃尽点均相应提高，同时可燃性指数 C 和燃烧特性指数 S 都有一定降低，说明半焦的添加在一定程度上会降低煤粉的燃烧性能。

利用分段尝试法对煤与半焦混合燃料燃烧的过程进行动力学分析，确定了燃烧前期和后期的控速模型分别为缩核反应模型和缩核内扩散模型，并分别推导出两个模型机理函数的积分式。计算出混合燃料燃烧过程在不同控制环节的转换温度、活化能和指前因子，进而确定了反应速率常数 k_{rea} 和有效扩散系数 D_{eff} 与温度 T 的关系式。结果表明，半焦比例增加使得混合燃料燃烧前后阶段的活化能都增加，且 k_{rea} 和 D_{eff} 都降低，进一步说明添加半焦会使煤粉的燃烧性能降低。

通过对比在煤粉中添加不同比例半焦（15%、30%、45%、60%）的混合燃料的燃烧特性参数和动力学参数，发现当半焦添加的比例大于 15% 时，混合燃料的燃烧性能会发生较大改变，因此半焦添加比例应该小于 15%。

思 考 题

1. 试推导出基于一级化学反应导出的不同形状和维数的气固反应动力学模型及相应的积分形式和微分形式的机理函数。
2. 分析在分段尝试法中采用积分形式和微分形式的机理函数确定反应过程的动力学参数的异同点。
3. 分别分析煤粉添加半焦后燃烧反应的化学反应常数（k_{rea}）和有效扩散系数（D_{eff}）受温度和添加量的影响，以及半焦添加量对燃烧反应过程的影响。

参 考 文 献

［1］ 解立平，王俊，马文超，等. 污水污泥半焦 CO_2 气化反应特性的研究［J］. 华中科技大学学报
（自然科学版），2013，41（9）：81-84，101.

［2］ Meng X M, Jong W D, Fu N J, et al. DDGS chars gasification with CO_2: A kinetic study using TG
analysis［J］. Biomass Convers Biorefinery, 2011, 1（4）: 217-227.

［3］ Tangsathitkulchai C, Junpirom S, Katesa J. Comparison of kinetic models for CO_2 gasification of coconut-
shell chars: carbonization temperature effects on char reactivity and porous properties of produced activated
carbons［J］. Eng. J., 2013, 17（1）: 13-28.

［4］ 何芳，闫建文，王丽红，等. 生物质燃烧过程颗粒模型现状分析［J］. 火灾科学，2011，20（4）：
193-199.

［5］ 胡荣祖，高胜利，赵凤起，等. 热分析动力学［M］. 北京：科学出版社，2008.

［6］ 帅超，宾谊沅，胡松，等. 煤焦水蒸气气化动力学模型及参数敏感性研究［J］. 燃料化学学报，
2013，41（5）：558-564.

［7］ Bhatia S K, Perlmutter D D. A random pore model for fluid-solid reactions: Ⅱ. Diffusion and transport
effects［J］. AIChE. J., 1981, 27（2）: 247-254.

［8］ 张黎，吴铿，杜瑞岭，等. 分段尝试法研究半焦/CO_2 气化反应过程动力学［J］. 工程科学学报，
2016，38（11）：1539-1545.

［9］ 折媛，湛文龙，邹冲，等. 改进分段尝试法研究焦炭气化反应动力学［J］. 钢铁，2022，57（4）：
12-24.

［10］ 潘文，吴铿，赵霞，等. 首钢烧结矿还原动力学研究［J］. 北京科技大学学报，2013，35（1）：
35-40.

［11］ Du R L, Wu K, Xu D A, et al. A modified Arrhenius equation to predict the reaction rate constant of
Anyuan pulverized-coal pyrolysis at different heating rates［J］. Fuel. Process Technol., 2016, 148:
295-301.

［12］ 李绍锋，吴诗勇. 高温下神府煤焦/CO_2 气化反应动力学［J］. 煤炭学报，2010，35（4）：670-
675.

［13］ Zhu L, Zhan W L, Su Y B, et al. Investigation on the reaction kinetics of sinter reduction process in the
thermal reserve zone of blast furnace by the modified sectioning method［J］. Metals, 2022, 12: 1-12.

［14］ 朱子彬，马智华，林石英，等. 高温下煤焦气化反应特性（Ⅰ）灰分熔融对煤焦气化反应的影响
［J］. 化工学报，1994，45（2）：147-154.

［15］ Struis R P W J, Scala C V, Stucki S, et al. Gasification reactivity of charcoal with CO_2: Part Ⅰ.
Conversion and structural phenomena［J］. Chem. Eng. Sci., 2002, 57（17）: 3581-3592.

［16］ Wang G W, Zhang J L, Shao J G, et al. Characterisation and model fitting kinetic analysis of coal/
biomass co-combustion［J］. Thermochim. Acta., 2014, 591: 68-74.

［17］ Mandapati R N, Daggupati S, Mahajani S M, et al. Experiments and kinetic modeling for CO_2 gasification
of Indian coal chars in the context of underground coal gasification［J］. Ind. Eng. Chem. Res., 2012,
51（46）: 15041-15052.

［18］ 李鹏，毕学工，张慧轩，等. 武钢球团矿还原反应动力学［J］. 钢铁研究学报，2015，27（11）：8-13.

［19］ 顾乐民. 固相反应中扩散动力学方程的新探讨［J］. 化学学报，1991（2）：135-141.

［20］ 陈镜泓. 热分析及其应用［M］. 北京：科学出版社，1985.

［21］ 余润国，陈彦，林诚，等. 高变质无烟煤催化气化动力学及补偿效应［J］. 燃烧科学与技术，

2012, 18 (1): 85-89.

[22] 陈鸿伟, 吴亮, 索新良, 等. 浑源煤焦 CO_2 气化反应的影响因素及动力学特性分析 [J]. 动力工程学报, 2012, 32 (3): 255-260.

[23] Nomura S, Callcott T G. Maximum Rates of Pulverized Coal Injection in Ironmaking Blast Furnaces [J]. ISIJ International, 2011, 51 (7): 1033-1043.

[24] Haykiri-Acma H, Yaman S, Kuçukbayrak S, et al. Investigation of the Combustion Characteristics of Zonguldak Bituminous Coal Using DTA and DTG [J]. Energy Sources Part A Recovery Utilization & Environmental Effects, 2006, 28 (2): 135-147.

[25] 杨双平, 蔡文淼, 郑化安, 等. 高炉喷吹半焦及其性能分析 [J]. 过程工程学报, 2014, 14 (5): 896-900.

[26] 刘建忠, 刘明强, 赵卫东, 等. 褐煤半焦燃烧特性的热重试验研究 [J]. 热力发电, 2013, 42 (11): 86-92.

[27] Qian W, Xie Q, Huang Y Y, et al. Combustion characteristics of semi-cokes derived from pyrolysis of low rank bituminous coal [J]. International Journal of Mining Science & Technology, 2012, 22 (5): 645-650.

[28] Sennoune M, Salvador S, Quintard M. Toward the Control of the Smoldering Front in the Reaction-Trailing Mode in Oil Shale Semi-coke Porous Media [J]. Energy Fuels, 2012, 26 (6): 3357-3367.

[29] 费华, 胡松, 向军, 等. 随机孔模型研究煤焦 O_2/CO_2 燃烧动力学特征 [J]. 化工学报, 2011, 62 (1): 199-205.

[30] Sadhukhan A K, Gupta P, Saha R K. Analysis of the dynamics of coal char combustion with ignition and extinction phenomena: Shrinking core model [J]. International Journal of Chemical Kinetics, 2008, 40 (9): 569-582.

[31] Seo D K, Park S S, Hwang J, et al. Study of the pyrolysis of biomass using thermo-gravimetric analysis (TGA) and concentration measurements of the evolved species [J]. Journal of Analytical & Applied Pyrolysis, 2010, 89 (1): 66-73.

[32] 景旭亮, 王志青, 张乾, 等. 流化床气化炉半焦细粉的燃烧特性及其动力学研究 [J]. 燃料化学学报. 2014, 42 (1): 13-19.

[33] 杜瑞岭, 吴铿, 刘启航, 等. 分段法研究兴隆庄煤热解反应过程动力学 [J]. 哈尔滨工业大学学报, 2016, 48 (4): 172-176.

[34] Goldfarb J L, D'Amico A, Culin C, et al. Oxidation kinetics of oil shale semi-cokes: Reactivity as a function of pyrolysis temperature and shale origin [J]. Energy Fuels, 2013, 27 (2): 666-672.

[35] Vyazovkin S, Burnham A K, Criado J M, et al. ICTAC Kinetics Committee recommendations for performing kinetic computations on thermal analysis data [J]. Thermochimica Acta, 2011, 520 (1/2): 1-19.

[36] 张海滨, 吴铿, 周翔, 等. 煤粉特性及配煤的研究 [J]. 中国冶金, 2008, 18 (8): 1-3, 9.

[37] 张黎, 吴铿, 杜瑞岭, 等. 分段尝试法研究半焦/CO_2 气化反应过程动力学 [J]. 工程科学学报, 2016, 38 (11): 1539-1545.

[38] 巢昌耀, 吴铿, 杜瑞岭, 等. 煤粉与半焦的混合燃烧特性及动力学分析 [J]. 工程科学学报, 2016, 38 (11): 1532-1538.

[39] 张保生, 刘建忠, 周俊虎, 等. 一种基于多重扫描速率法求解煤燃烧反应参数的新方法 [J]. 中国电机工程学报, 2009, 29 (32): 45-50.

[40] Li X G, Lv Y, Ma B G, et al. Thermogravimetric investigation on co-combustion characteristics of tobacco residue and high-ash anthracite coal [J]. Bioresource Technology, 2011, 102 (20): 9783-9787.

9 不可逆过程热力学及传输现象之间的耦合

本章提要：

动量传输在于存在速度梯度，热量传输在于存在温度梯度，质量传输在于存在浓度梯度，而化学反应在于存在化学位梯度（浓度梯度），这些梯度会作为驱动力，导致物理量不均匀分布逐渐消失。传输现象是由于体系偏离平衡状态而存在热力学"驱动势"，在"势"的驱动下，过程自发进行，最终趋向平衡态。不可逆过程热力学研究由非平衡态向平衡态的转变，传输现象属于非平衡态热力学的研究范畴，其研究要考虑时间的影响，也属于广义动力学问题。

采用不可逆过程热力学原理可以对"三传一反"不同过程中产生的"耦合"现象，即"干涉效应"进行定量的研究。

9.1 近平衡态体系、线性不可逆过程热力学

9.1.1 唯象定律

在不可逆过程热力学理论出现之前，就已经有了某些具体的关于不可逆过程的理论，主要包括以下定律[1-3]：

傅里叶（Fourier）定律：

$$J_q = -\lambda \nabla T \tag{9-1}$$

式中，J_q 为热流，即单位时间通过垂直于传热方向的单位面积的热量；∇T 为温度梯度；λ 为热导率。

菲克（Fick）定律：

$$J_w = -D \nabla w \tag{9-2}$$

式中，J_w 为物质流，即单位时间通过垂直于传质方向的单位面积的质量；∇w 为质量分数梯度；D 为扩散系数。

欧姆（Ohm）定律：

$$J_e = \Lambda E = \Lambda \nabla \varphi \tag{9-3}$$

式中，J_e 为电流，即单位时间通过垂直于电流方向的单位面积的电量；Λ 为电导率；E 为电场强度；$\nabla \varphi$ 为电势强度。

牛顿（Newton）黏滞定律：

$$J_f = \eta \frac{dv}{dz} \tag{9-4}$$

式中，J_f 为切应力，即在垂直于速度变化的方向上单位面积的内摩擦力；η 为动力黏度

（或切变黏度）；$\dfrac{\mathrm{d}v}{\mathrm{d}z}$为液体的流动速度在 z 方向的变化率。

化学反应定律：

$$J_c = lA \tag{9-5}$$

式中，J_c 为化学反应速率，即单位时间、单位体积（多相反应为单位界面面积）反应物组元 i 消耗的质量除以 v_i（v_i 与组元 i 的相对分子质量 M_i 之比正比于化学反应方程式的计量系数）或产物组元 k 产生的质量除以 v_k（v_k 与组元 k 的相对分子质量 M_k 之比正比于化学反应方程式的计量系数），反应物的 v_i 取负号，产物的 v_k 取正号；A 为化学亲和力，数值等于化学反应吉布斯自由能变化，即 ΔG；l 为化学反应的速率常数。

上述定律是人们通过实验室建立起来的描述具体不可逆现象的定律，所以称为唯象定律。另外，还发现了一些干涉现象：热传导和电传导的相互干涉，帕尔贴（Paltier）效应（电势差引起温差和温差电动势）；扩散和热传导的相互干涉，索瑞（Soret）效应（热扩散）和杜伏（Dufour）效应（由浓度引起温差）。

为了描述这些干涉现象，在唯象定律公式中加入一些修正项。

例如，在菲克定律的基础上加上热扩散：

$$J_w = -D\nabla c - k\nabla T \tag{9-6}$$

式中，k 为热扩散系数。

在傅里叶定律的基础上加上杜伏效应：

$$J_q = -\lambda\nabla T - b\nabla c \tag{9-7}$$

式中，b 为浓度热导率。

式（9-6）和式（9-7）表示的唯象方程组是当体系同时发生质量传输和热量传输时，对质量传输与热量传输之间相互作用所造成的附加传输流密度的进一步考虑。由前面给出的唯象方程，可以发现它们都是某种流和某种推动力之间的线性关系。其中的共同规律以及是否可以将这些唯象定律建立在更一般的理论基础之上，需要进行深入讨论。

9.1.2　熵增速率

体系的熵变可以写作[4-6]：

$$\mathrm{d}S = \mathrm{d}_e S + \mathrm{d}_i S \tag{9-8}$$

$\mathrm{d}_e S$ 是体系和环境相互作用引起的体系熵变，一般来说没有确定的符号，而 $\mathrm{d}_i S$ 则是体系内部发生不可逆过程引起的熵变，不会小于零，即：

$$\mathrm{d}_e S \leqslant 0 \tag{9-9}$$

及

$$\mathrm{d}_i S \geqslant 0 \tag{9-10}$$

式（9-10）中的大于号对应于体系发生不可逆过程，等号对应于体系内部没有不可逆过程发生。对于孤立体系，由于：

$$\mathrm{d}_e S = 0 \tag{9-11}$$

所以有：

$$\mathrm{d}S = \mathrm{d}_i S \geqslant 0 \tag{9-12}$$

对于封闭体系：

$$\mathrm{d}_e S = \frac{\delta Q}{T} \tag{9-13}$$

$$dS = \frac{\delta Q}{T} + d_i S \geqslant \frac{\delta Q}{T} \tag{9-14}$$

对于开放体系 $d_e S$，还应包含与物质传递相联系的量：

$$d_e S = \frac{\delta Q}{T} + s_m dn \tag{9-15}$$

式中，s_m 为摩尔熵；n 为物质的量。所以：

$$dS = \frac{\delta Q}{T} + s_m dn + d_i S \geqslant \frac{\delta Q}{T} + s_m dn \tag{9-16}$$

在研究体系内部发生的变化过程是否可逆时，可将体系与环境之间的物质和能量交换看作是可逆的。这样式（9-10）、式（9-12）和式（9-13）中等号对应于可逆过程，非等号对应于不可逆过程。这样可得出体系是否处于平衡状态，是否发生不可逆变化，可以用物理量 $d_i S$ 来描述。对于孤立体系、封闭体系、开放体系均适用。也就是说，在不可逆过程中，熵变在所有情况下都是正值。基于此，热力学第二定律可以表述为："体系内由于不可逆过程而生成的熵总是正值"，$d_i S$ 可以表征所有不可逆过程的量。

当体系发生不可逆过程时，一定有表征此不可逆过程的宏观可观测量，例如传热过程的热流、温度梯度，传质过程的物质流、浓度梯度等。既然这些量和 $d_i S$ 一样都可以表征不可逆过程的量，则它们之间应有某种联系，这种联系就是根据局域平衡假设。在指定的敞开体系体积 V 内，当质量变化率通过其体积表面 Ω 时，由守恒方程和 Gibbs 方程建立起来的熵增率表达式：

$$\frac{dS}{dt} = \frac{d_e S}{dt} + \frac{d_i S}{dt} = \frac{d}{dt}\int_V S dV = \int_V \frac{\partial S}{\partial t} dV = -\int_\Omega \bar{J}_S \cdot d\bar{\Omega} + \int_V \sigma dV \tag{9-17}$$

式中，S 为单位体积的熵；$\bar{J}_S$ 为单位时间通过单位面积的熵流。

$$\sigma = \frac{d_i S}{dt} \tag{9-18}$$

式（9-17）为熵增率表达式，表示单位体积、单位时间的熵产生。有：

$$\frac{d_e S}{dt} = -\int_\Omega \bar{J}_S \cdot d\bar{\Omega} \tag{9-19}$$

$$\frac{d_i S}{dt} = \int_V \sigma dV = P \tag{9-20}$$

式中，P 也称为熵产生，严格来说是指整个体系中熵的产生速率。由式（9-17）可得：

$$\frac{\partial s}{\partial t} = -\nabla \cdot \bar{J}_S + \sigma \tag{9-21}$$

其中：

$$\bar{J}_S = \frac{1}{T}\left(\bar{J}_q - \sum_{i=1}^n \mu_i \bar{J}_i\right) \tag{9-22}$$

$$\sigma = -\frac{1}{T^2}\vec{J}_q \cdot \nabla T - \frac{1}{T}\sum_{i=1}^n \vec{J}_i \cdot \left[T\nabla\left(\frac{\mu_i}{T}\right) - \vec{F}_i\right] - \frac{1}{T}\overset{\circ}{\Pi}:(\overset{\circ}{\nabla}\vec{v})^s -$$
$$\frac{1}{T}\pi\nabla \cdot \vec{v} - \frac{1}{T}\sum_{j=1}^m J_j A_j \tag{9-23}$$

由式（9-23）可见，其中每一项都是由两个因子的乘积组成。其中的一个因子和不可逆过程的速率有关，它们是热流 $\vec{J}_q$、物质流 $\vec{J}_i$、切变黏滞张量 $\overset{\circ}{\Pi}$、体积黏滞量 π 以及

化学反应速率 J_i，这些速率因子统称为热力学通量，简称通量；另一个因子和引起相应通量的推动力有关，它们是温度梯度 ∇T、化学势梯度 $\nabla(\mu_i/T)$ 和外力场 $\vec{F}_i$、速度梯度对称张量 $(\vec{\nabla}\vec{v})^s$ 以及化学亲和力 A_j，这些和推动力有关的因子称为热力学力，简称为"力"。式（9-16）中通量和力的选择不是唯一的。如果用 J_i 代表第 i 种热力学通量，用 X_i 代表第 i 种热力学力，则式（9-23）可写作一般形式：

$$\sigma = \sum_{i=1}^{n} J_i X_i \tag{9-24}$$

即熵产生可写作广义的热力学通量和广义的热力学力的乘积之和的形式。对于开放体系，当边界条件迫使体系离开平衡态时，宏观不可逆过程开始，在不可逆过程中通量都是由力引起的，因此可以认为通量和力之间存在着下面的函数关系：

$$J_i = f(X_1, X_2, \cdots, X_n) \quad (i = 1, 2, \cdots, n) \tag{9-25}$$

9.1.3　昂色格倒易关系

以热力学平衡态为参考态，对式（9-25）做 Taylor 展开，取一次项得：

$$J_i = \sum_{k=1}^{n} L_{ik} X_k \quad (i = 1, 2, \cdots, n) \tag{9-26}$$

式中，$L_{ik} = \dfrac{\partial J_i}{\partial X_k}$。

唯象系数的大小无法用热力学方法推算，必须用试验方法确定。式（9-26）展开后，各唯象系数 L_{ik} 并非全部独立，它们之间存在一定的关系。即反映干涉效果的互唯象系数，其数值之间有一定的关系，即昂色格（Onsager）倒易关系：

$$L_{ik} = L_{ki} \quad (i, k = 1, 2, \cdots, n, i \neq k) \tag{9-27}$$

此关系可由理论导出。上式表明了耦合的对称性，即适当地选择"流"和"力"，所得到唯象方程的矩阵为对称矩阵。展开式（9-26），它是一个对称矩阵，如下所示：

$$\begin{cases} J_1 = L_{11}X_1 + L_{12}X_2 + L_{13}X_3 + \cdots + L_{1n}X_n \\ J_2 = L_{21}X_1 + L_{22}X_2 + L_{23}X_3 + \cdots + L_{2n}X_n \\ \quad\quad\quad\quad\quad\quad\quad \vdots \\ J_n = L_{n1}X_1 + L_{n2}X_2 + L_{n3}X_3 + \cdots + L_{nn}X_n \end{cases} \tag{9-28}$$

$$\begin{pmatrix} J_1 \\ J_2 \\ \vdots \\ J_n \end{pmatrix} = \begin{pmatrix} L_{11}L_{12}\cdots L_{1n} \\ L_{21}L_{22}\cdots L_{2n} \\ \vdots \\ L_{n1}L_{n2}\cdots L_{nn} \end{pmatrix} \begin{pmatrix} X_1 \\ X_2 \\ \vdots \\ X_n \end{pmatrix} = \begin{pmatrix} L_{11}X_1 + L_{12}X_2 + L_{13}X_3 + \cdots + L_{1n}X_n \\ L_{21}X_1 + L_{22}X_2 + L_{23}X_3 + \cdots + L_{2n}X_n \\ \vdots \\ L_{n1}X_1 + L_{n2}X_2 + L_{n3}X_3 + \cdots + L_{nn}X_n \end{pmatrix} \tag{9-29}$$

对于对称矩阵，有如下关系：

$$L_{12} = L_{21}, L_{23} = L_{32}, \cdots, L_{1n} = L_{n1}$$

即：

$$L_{ik} = L_{ki} \quad (k \neq i) \tag{9-30}$$

昂色格倒易关系表明，当对应于不可逆过程 i 的通量 J_i 通过干涉系数 L_{ik} 为不可逆过程 k 的推动力所影响时，通量 J_k 也会通过相同值的干涉系数 $L_{ki}(=L_{ik})$ 为过程 i 的推动力 X_i 所影响。n 个不可逆过程的耦合，有 n^2 个唯象系数，其中有 $n(n+1)$ 个是互唯象系数。

因为式（9-29）方程的数目是 $n(n-1)/2$，故独立变化的互唯象系数实际上只有 $n(n-1)/2$ 个，这为试验工作带来了便利。

由上可见，对于一个非平衡体系，根据熵增率表达式可以得出各唯象方程。这些方程都是线性的，即通量和力间呈一次关系。这些唯象方程考虑了干涉效应，将其应用于式（9-23）可得：

$$J_q = -L_{qq}\frac{\nabla T}{T^2} - \sum_{i=1}^{n} L_{qi}\frac{\nabla\mu_i - \vec{F}_i}{T} \tag{9-31}$$

$$J_i = -L_{iq}\frac{\nabla T}{T^2} - \sum_{k=1}^{n} L_{ik}\frac{\nabla\mu_i - \vec{F}_i}{T} \tag{9-32}$$

$$\overset{\circ}{\Pi} = -\frac{L}{T}(\overset{\circ}{\nabla}\vec{v})^s \tag{9-33}$$

$$\pi = -L_{vv}\frac{\nabla\cdot\vec{v}}{T} - \sum_{j=1}^{m} L_{vj}\frac{A_j}{T} \tag{9-34}$$

$$J_j = -L_{jv}\frac{\nabla\cdot\vec{v}}{T} - \sum_{h=1}^{m} L_{jh}\frac{A_h}{T} \tag{9-35}$$

得到了唯象方程，也就明晰了在一个非平衡体系中发生不可逆过程时各物理量间的关系，由此出发可以具体讨论问题。

昂色格倒易关系也称昂色格定理，其适用条件是近平衡区，而一般的传热、传质过程都是在近平衡区进行的，所以线性唯象方程可以适用。

向井利用昂色格定理分析了渣金界面的马拉高尼效应（Marangoni effect）[7]。如果原先处于静止的两相（液-气或液-液）相互接触，在相际间进行热量传输和物质传输，经过一定时间后，相边界和相邻的两区域将出现环流。这种由局部表面张力差异产生的上述界面两侧流体的脉动运动被称为界面湍流。当边界两侧有物质传输时，边界的稳定性与传质方向有关，只有当物质从高黏度相传入低黏度相时，才会出现不稳定。当一种液体的液膜受外界扰动（如温度、浓度）而使液膜局部变薄时，它会在表面张力梯度的作用下形成马拉高尼流（即液体沿最佳路线流回薄液面），进行"修复"，这种现象被称为马拉高尼效应。

马拉高尼效应实质是当液体表面上不同区域的温度或浓度互不相同时，会产生表面张力梯度，从而引起表面层内液体的运动。这种增加表面张力并恢复到原来表面张力（即表面张力的梯度变化）可以持续至被扰动而变薄的局部区域恢复到原来厚度。通常认为马拉高尼效应引起界面湍流，而界面湍流反过来影响热量传输和质量传输，结果是质量传输的效果大为强化。

当渣金两相界面某一组元的化学位不等，存在化学位差 $\Delta\mu_m$ 时，该组元将在两相间发生迁移。界面张力的饱和也引起界面面积的变化，体系的熵增率为：

$$\frac{d_iS}{dt} = \frac{dA}{Tdt}(-\Delta H_\sigma + T\Delta S_\sigma) + \frac{J_m\Delta\mu_m}{T} \tag{9-36}$$

式中，ΔH_σ 为表面焓变，$\Delta H_\sigma = \Delta\sigma - T\frac{\partial\Delta\sigma}{\partial T}$；$\Delta S_\sigma$ 为表面熵变，$\Delta S_\sigma = -\frac{\partial\sigma}{\partial T}$；$\sigma$ 为表面张力；A 为界面积；J_m 为 m 组元的流。

唯象方程可以写作：

$$J_1 = -L_{11}\frac{\mathrm{d}\mu_1}{\mathrm{d}x} - L_{12}\frac{\mathrm{d}\ln T}{\mathrm{d}x} \tag{9-37}$$

$$J_2 = -L_{21}\frac{\mathrm{d}\mu_1}{\mathrm{d}x} - L_{22}\frac{\mathrm{d}\ln T}{\mathrm{d}x} \tag{9-38}$$

式中，$J_1 = \dfrac{\mathrm{d}A}{\mathrm{d}t}$；$X_1 = -\Delta\sigma = \dfrac{\mathrm{d}\mu_1}{\mathrm{d}x}$；$J_2 = J_\mathrm{m}$；$X_2 = -\Delta\mu_\mathrm{m} = \dfrac{\mathrm{d}\ln T}{\mathrm{d}x}$；$L_{ij}$为唯象系数。

稳态时有：$J_1 = \dfrac{\mathrm{d}A}{\mathrm{d}t} = 0$，由唯象方程可得：

$$\frac{\Delta\sigma}{\Delta\mu_\mathrm{m}} = -\frac{L_{12}}{L_{11}} = \frac{\mathrm{d}\mu_1}{\mathrm{d}\ln T} \tag{9-39}$$

当温度由 T_a 变到 T_b 时，化学位由 μ_a 变为 μ_b，对式（9-39）进行积分可得：

$$\frac{L_{12}}{L_{11}} = \frac{\mu_\mathrm{b} - \mu_\mathrm{a}}{\ln T_\mathrm{a} - \ln T_\mathrm{b}} \tag{9-40}$$

令 $M = \dfrac{\mu_\mathrm{b} - \mu_\mathrm{a}}{\ln T_\mathrm{a} - \ln T_\mathrm{b}}$，$M$ 称为表面迁移系数，即增加单位界面积引起的质量迁移。则可得：

$$\frac{L_{12}}{L_{11}} = M \tag{9-41}$$

根据昂色格定理 $L_{12} = L_{21}$，可得：

$$\Delta\sigma = \frac{L_{12}}{L_{11}}\Delta\mu_\mathrm{m} = \frac{L_{21}}{L_{11}}\Delta\mu_\mathrm{m} = M\Delta\mu_\mathrm{m} \tag{9-42}$$

$$\frac{\mathrm{d}A}{\mathrm{d}t} = L_{11}(-\Delta\sigma) + L_{12}\Delta\mu_\mathrm{m} \tag{9-43}$$

$$\Delta\sigma = \frac{L_{12}}{L_{11}}\Delta\mu_\mathrm{m} - \frac{1}{L_{11}}\frac{\mathrm{d}A}{\mathrm{d}t} \tag{9-44}$$

向井利用昂色格定理，分析了表面张力和化学位耦合时的情况[7]。通过唯象方程和一些条件，给出了表面张力梯度和化学位梯度的关系式，确定了两种传输现象的耦合。虽然人们很早就发现了马拉高尼效应，但一直停留在定性描述。式（9-44）给出了定量描述马拉高尼效应的微分方程，虽然由此定量描述表面张力和化学位之间的耦合现象还需要进行许多研究，但毕竟给出了定量解决问题的途径，而且利用昂色格倒易关系减少了相应的试验工作量，这对进一步深入研究渣金界面现象是非常有意义的。

普里高津（Prigogine）对近平衡区进行了研究，证明了在力学平衡时熵增率具有某种附加的不变性质，即与所选的参考速度无关，以及在某些限制条件下处于稳定的非平衡状态的熵增率具有与一定的边界条件相适应的极小值，并且定态是稳定的，即：

$$\frac{\mathrm{d}P}{\mathrm{d}t} \leqslant 0 \tag{9-45}$$

式中的等号对应于定态，这称为最小熵产生原理或定理。它揭示了近平衡态的体系特征存在着定态，即与一定的约束相适应的最小熵增率状态，并且定态是稳定的。这是平衡移动的理查特（Le Chatelier）原理在非平衡体系的推广。热力学平衡态可以看作是一种特殊的定态，即无约束的零级定态。线性区的体系随着时间的推移将趋于定态，即使有扰动也是如此。这种状态的稳定性说明，一个体系若服从线性规律，那么即使违反近平衡这种基本特征，也不会自发形成时空有序结构；同时，假如由初始条件强加一个有序结构，那么随着时间的推移，有序结构也会被破坏，体系终究要发展到一个无序的定态。换句话说，在线性区，自发过程总是趋于破坏任何有序，增加无序。

9.2   远离平衡的体系和非线性唯象方程

9.2.1   远离平衡的体系

在9.1节中研究了近平衡体系的性质，并得到了在近平衡体系中发生不可逆过程时物理量（流和力）之间的关系，即昂色格定理。需要指出的是，这些研究结果只限于应用在近平衡体系的实际问题中。然而实际问题中存在着大量远离平衡的体系。远离平衡体系的性质不同于近平衡体系，其间会发生不可逆过程，物理量间不遵循线性关系，因此，需要研究远离平衡的体系发生不可逆过程时物理量间的关系、唯象方程的形式以及如何应用唯象方程处理问题，及远离平衡体系的性质及其发展变化的规律。

远离平衡的体系中不可逆过程的物理量间的关系需要用非线性方程来描述，所以称远离平衡体系的理论为非平衡非线性热力学。在非线性区，即体系远离平衡时，有两个热力学问题值得探讨：一是当体系远离平衡时，各物理量之间呈怎样的关系，即唯象方程应采取什么样的形式以及怎样用唯象方程处理问题；二是远离平衡态的体系具有什么特性，应如何描述。

第一个问题可以采取的办法是假设通量和力间的函数关系式，即式（9-24）的热力学通量和广义的热力学力的乘积之和的形式仍然成立，但已不是线性关系。对于式（9-25），应取泰勒（Taylor）展开的高次幂项，通量是力的非线性函数。则有：

$$J_i = \sum_{j=1}^{n} L_{ij} X_j + \sum_{j}^{n} \sum_{k}^{n} L_{ijl} X_j X_k + \cdots \tag{9-46}$$

其中：
$$L_{ik} = \left(\frac{\partial J_i}{\partial X_j} \right) \tag{9-47}$$

$$L_{ikl} = \frac{1}{2!} \left(\frac{\partial^2 J_i}{\partial X_k \partial X_l} \right) + \frac{1}{2!} \left(\frac{\partial^2 J_i}{\partial X_l \partial X_k} \right) \tag{9-48}$$

式（9-47）和式（9-48）是唯象系数的表达式，但昂色格倒易关系不成立，即唯象系数的矩阵不是对称的。

引用到式（9-23），可得远离平衡的体系的非线性唯象方程：

$$\vec{J}_q = - L_{qq} \frac{\nabla T}{T^2} - \sum_{i=1}^{n} L_{qi} \left(\frac{\nabla \mu_i - \vec{F}_i}{T} \right) - L_{qqq} \left(\frac{\nabla T}{T^2} \right)^2 - \sum_{i=1}^{n} L_{qqi} \frac{\nabla T}{T^2} \left(\frac{\nabla \mu_i - \vec{F}_i}{T} \right) -$$
$$\sum_{i=1}^{n} \sum_{k=1}^{n} L_{qik} \left(\frac{\nabla \mu_i - \vec{F}_i}{T} \right) \left(\frac{\nabla \mu_k - \vec{F}_k}{T} \right) - \cdots \tag{9-49}$$

$$\vec{J}_i = - L_{iq} \frac{\nabla T}{T^2} - \sum_{k=1}^{n} L_{qi} \left(\frac{\nabla \mu_{ki} - \vec{F}_k}{T} \right) - L_{iqq} \left(\frac{\nabla T}{T^2} \right)^2 - \sum_{k=1}^{n} L_{iqk} \frac{\nabla T}{T^2} \left(\frac{\nabla \mu_k - \vec{F}_k}{T} \right) -$$
$$\sum_{k=1}^{n} \sum_{l=1}^{n} L_{ikl} \left(\frac{\nabla \mu_k - \vec{F}_k}{T} \right) \left(\frac{\nabla \mu_l - \vec{F}_l}{T} \right) - \cdots \tag{9-50}$$

$$\mathring{\Pi} = -\frac{L_1}{T}(\mathring{\vec{\nabla} \vec{v}})^s - \frac{L_2}{T}\big[(\mathring{\vec{\nabla} \vec{v}})^s\big]^2 - \cdots \tag{9-51}$$

$$\pi = -L_{vv}\Big(\frac{\vec{\nabla} \cdot \vec{v}}{T}\Big) - \sum_{j=1}^{m} L_{vj}\frac{A_j}{T} - L_{vvv}\Big(\frac{\vec{\nabla} \cdot \vec{v}}{T}\Big)^2 - \sum_{j=1}^{m} L_{vvj}\frac{\vec{\nabla} \cdot \vec{v}}{T}\frac{A_j}{T} - \sum_{j=1}^{m}\sum_{h=1}^{m} L_{vjh}\frac{A_j A_h}{T^2} - \cdots \tag{9-52}$$

$$J_j = -L_{jv}\frac{\vec{\nabla} \cdot \vec{v}}{T} - \sum_{h=1}^{m} L_{jh}\frac{A_h}{T} - L_{jvv}\Big(\frac{\vec{\nabla} \cdot \vec{v}}{T}\Big)^2 - \sum_{h=1}^{m} L_{jvh}\frac{\vec{\nabla} \cdot \vec{v}}{T}\frac{A_h}{T} - \sum_{h=1}^{m}\sum_{r=1}^{m} L_{jhr}\frac{A_h A_r}{T^2} - \cdots \tag{9-53}$$

需要注意的是，在由熵增率表达式写唯象方程时，只有具有相同阶数的张量的力和通量才能耦合。标量是零阶张量，矢量是一阶张量，通常用的张量是二阶的，即要满足居里（Curie）定理。同时也回答了第二个问题，即远离平衡态的体系具有什么特性。

9.2.2 居里定律

9.1 节中讨论的体系中各不可逆过程之间存在干涉即耦合，是在试验的基础上建立的。在应用这些唯象方程时，首先遇到的问题就是不同力和不同流的耦合是否有条件限制？居里定理回答了该问题。事实上，不同力和不同流的空间特性可能完全不同。例如，在熵增率表示式中，有些力和流是标量，有些则是矢量。按照居里对称性原理，在一个各向同性（即当体系处于平衡状态时，在各方向上具有相同的性质）的介质中，宏观原因总比它所产生的效应具有较少的对称元素。对于非平衡态热力学而言，热力学力是过程的宏观原因，热力学通量是此宏观原因产生的效应。因此，热力学力不能比与之耦合的热力学通量具有更多的对称元素，即力不能比与之耦合的通量具有更高的对称性。耦合是相互的，对称性低的力也不能与对称性高的流耦合，所以并不是所有的不可逆过程之间都能发生耦合。普里高津提出，在各向同性介质中，不同对称性的流和力之间不能进行耦合。对称性可以考虑为流和力的张量阶次。标量是零阶张量，矢量是一阶张量，一般的张量是二阶的，还有更高阶次的张量。换句话说，在各向同性介质中，具有不同张量阶次的流和力不能进行耦合，这就是所谓的居里定理。例如，化学反应的力是标量，而热流和物质流是矢量，在各向同性介质中它们不能进行耦合；温度梯度和浓度梯度等矢量力不能与化学反应速率等标量流耦合。但需要指出，这是在化学反应远离平衡的条件下。如果是在非常接近平衡的条件下，则化学反应也可以适用于线性唯象方程。

9.3 远离平衡态的非耗散结构化学反应体系

9.3.1 均相单个化学反应体系

对于远离平衡的均相单个化学反应体系（不考虑体积黏滞性），根据居里定理，熵增率的表达式为[6,8]：

$$\sigma = -\frac{JA}{T} \tag{9-54}$$

式中，J 为化学反应速率；A 为亲和力，即产物和反应物的化学势差。

$$A = \sum_{i=1}^{n} \nu_i \mu_i \tag{9-55}$$

式中，μ_i 为组元 i 的化学势；系数 ν_i 与组元 i 的分子质量 M_i 之比正比于化学反应方程式中组元 i 的化学计量系数。反应物的 ν_i 取负号，产物的 ν_i 取正号。

为方便计，可按下式归一化：

$$\sum_{i=1}^{q} \nu_i = 1 \quad i = 1,2,\cdots,q \text{ 为反应物}, \sum_{i=q+1}^{n} \nu_i = 1 \quad i = q+1, q+2, \cdots, n \text{ 为产物} \tag{9-56}$$

根据不可逆过程热力学关于通量和力间的函数关系的假设，有：

$$J = f\left(-\frac{A}{T}\right) \tag{9-57}$$

做 Taylor 展开，有：

$$J = L_1 \frac{A}{T} + L_2 \left(\frac{A}{T}\right)^2 + L_3 \left(\frac{A}{T}\right)^3 + \cdots \tag{9-58}$$

式中，L 为唯象系数。

取一级近似则为线性热力学公式：

$$J = -L \frac{A}{T} \tag{9-59}$$

即在近平衡区，化学反应速率正比于亲和势。这似乎不符合经典热力学的说法，即自由能变化仅决定过程的方向和限度，只能回答可能性问题，不能回答速度问题。实际上，它在一定条件下也可以回答速度问题。例如，扩散传质过程，根据菲克定律，$\Delta\mu$ 是推动力，也可以决定扩散速度。在相同的扩散系数条件下，$\Delta\mu$ 越大，扩散速度越快。对于化学反应，在没克服能垒时，虽然反应物的自由能大于产物的自由能，化学反应也不一定发生，而一旦克服了能垒，反应进行了，这时化学势差就能决定反应速率。

式（9-59）仅在化学反应接近达成平衡时才适用。这不同于其他过程，比如传热、传质过程可以在离平衡点很远的范围内仍遵从线性唯象方程，仍属近平衡态。对于离平衡远的化学反应体系，则需考虑 Taylor 展开的高次项，用式（9-58）来描述。

对于均相单一化学反应体系，质量守恒方程为：

$$\rho \frac{\partial c_i}{\partial t} = \nu_i J \tag{9-60}$$

式中，ρ 为体系的密度；c_i 为反应体系中组元 i 的浓度。

将式（9-32）代入式（9-43），得：

$$\rho \frac{\partial c_i}{\partial t} = -\nu_i \left[L_1 \frac{A}{T} + L_2 \left(\frac{A}{T}\right)^2 + L_3 \left(\frac{A}{T}\right)^3 + \cdots \right] \quad (i = 1,2,\cdots,n) \tag{9-61}$$

式（9-52）就是均相单一化学反应体系中以组元 i 的浓度随时间的变化表示的化学反应速率方程。

9.3.2　均相多个化学反应体系

对于远离平衡的均相多个化学反应共存的体系，设有 n 个组元、m 个化学反应，则熵增率表达式为[6,8]：

$$\sigma = -\sum_{j=1}^{m} J_j \frac{A_j}{T} \qquad (9-62)$$

式中，J_j 为第 j 个化学反应的速率；A_j 为第 j 个化学反应的亲和力。

即 A_j 为化学势差：

$$A_j = \sum_{i=1}^{n} \nu_{ij} \mu_i \qquad (9-63)$$

系数 ν_{ij} 与组元 i 的分子质量 M_i 之比正比于第 j 个化学反应方程式中组元 i 的化学计量系数。反应物的 ν_{ij} 取负号，产物的 ν_{ij} 取正号。满足归一化条件，即式（9-56）。

通量和力间有函数关系：

$$J_j = f\left(-\frac{A_k}{T}\right) \qquad (9-64)$$

对式（9-64）做泰勒（Taylor）展开，得：

$$J_j = -\sum_{k=1}^{m} \left(L_{jk} \frac{A_k}{T} + \sum_{h=1}^{m} L_{jkh} \frac{A_k A_h}{T^2} + \cdots \right) \qquad (9-65)$$

均相多个化学反应体系的质量守恒方程为：

$$\rho \frac{\partial c_i}{\partial t} = \sum_{j=1}^{m} \nu_{ij} J_j \qquad (9-66)$$

将式（9-65）代入式（9-66），得：

$$\rho \frac{\partial c_i}{\partial t} = \sum_{j=1}^{m} -\nu_{ij} \sum_{k=1}^{m} \left(L_{jk} \frac{A_k}{T} + \sum_{h=1}^{m} L_{jkh} \frac{A_k A_h}{T^2} \right) \qquad (9-67)$$

式（9-67）就是均相多个化学反应体系以组元 i 的浓度随时间的变化表示的化学反应速率方程。式（9-67）决定组元 i 随时间变化的不是反应物的浓度，而是反应物和产物的化学势差，即化学反应吉布斯（Gibbs）自由能变化。

9.3.3 有扩散存在的化学反应体系

当体系中组元浓度分布不均匀时，在体系中每一个空间位置（x，y，z）处都存在着一个由浓度（或化学势）梯度引起的扩散流。如果体系中还同时进行着化学反应，则体系中各点处各组元的浓度将同时受扩散和化学反应的影响。如果体系中只存在一个化学反应（或只存在一个与组元 i 有关的反应），则质量守恒方程由下式所示[6,8]：

$$\rho \frac{\partial c_i}{\partial t} = \nu_i J - \nabla \cdot \vec{J}_i \qquad (9-68)$$

一般情况下，通常认为扩散过程满足菲克（Fick）定律，扩散系数为常数，忽略各组元的扩散流之间的耦合，则式（9-68）可写作：

$$\rho \frac{\partial c_i}{\partial t} = \nu_i J - L_{ii} \nabla^2 \left(\frac{\mu_i}{T} \right) \qquad (9-69)$$

将式（9-57）代入式（9-69），得：

$$\rho \frac{\partial c_i}{\partial t} = -\nu_i \left[L_1 \frac{A}{T} + L_2 \left(\frac{A}{T}\right)^2 + L_3 \left(\frac{A}{T}\right)^3 + \cdots \right] - L_{ii} \nabla^2 \left(\frac{\mu_i}{T}\right) \quad (i = 1, 2, \cdots, n) \quad (9-70)$$

在式（9-70）中，假设扩散系数为常数只是一种近似处理办法。试验表明，在许多实际体系中，扩散系数并不是常数，而是与浓度有关。而不同组分的扩散流之间原则上存在着耦合。若考虑扩散流之间的耦合作用，则方程（9-70）成为：

$$\rho \frac{\partial c_i}{\partial t} = - \nu_i \Big[L_1 \frac{A}{T} + L_2 \Big(\frac{A}{T} \Big)^2 + L_3 \Big(\frac{A}{T} \Big)^3 + \cdots \Big] - \sum_{k=1}^{n} L_{ik} \nabla^2 \Big(\frac{\mu_k}{T} \Big) \quad (i = 1, 2, \cdots, n)$$

$$(9\text{-}71)$$

如果非均相体系存在多个化学反应，则质量守恒方程为：

$$\rho \frac{\partial c_i}{\partial t} = \sum_{j=1}^{m} - \nu_{ij} J_j - \nabla \cdot \vec{J}_i \qquad (9\text{-}72)$$

$$\rho \frac{\partial c_i}{\partial t} = \sum_{j=1}^{m} - \nu_{ij} \Big(\sum_{k=1}^{m} L_{jk} \frac{A_k}{T} + \sum_{k=1}^{m} \sum_{h=1}^{m} L_{jkh} \frac{A_k A_{ih}}{T^2} + \cdots \Big) - \sum_{k=1}^{n} L_{ik} \nabla^2 \Big(\frac{\mu_k}{T} \Big) (i = 1, 2, \cdots, n)$$

$$(9\text{-}73)$$

9.3.4　非平衡体系不可逆过程稳定和失稳的判定

非平衡非线性热力学理论给出了远离平衡体系形成有序结构——耗散结构的可能性。而对于一个具体体系，应得到具体的稳定性判据、产生有序结构的条件以及有序结构的具体形式[1]。

为了简化，通常研究只包括化学反应和扩散过程的体系，其方程即为反应-扩散方程：

$$\frac{\partial \rho_i}{\partial t} = - \nabla \cdot J_i + \sum_{j=1}^{r} v_{ij} J_j \quad (i = 1, 2, \cdots, n) \qquad (9\text{-}74)$$

式中，ρ_i 为描述体系瞬时状态的宏观变量。例如，反应体系中组元的浓度，J_i 和 J_j 都可能是 $\{\rho_k\}$ 的非线性函数。因此，式（9-74）一般是非线性的偏微分方程组。按照偏微分方程组的分类方法，式（9-74）中包括一阶时间导数和二阶空间导数，属于抛物线型方程。由于该方程中有非线性项，因此对其求解很困难，只能给出近似解。

除上述的反应-扩散方程外，还必须给出体系的边界条件。这些边界条件表明了体系与外界环境之间的关系。在实际应用中主要涉及两类边界条件：

第一类边界条件是在边界面上，组元的浓度保持恒定，即：

$$\{\rho_1, \rho_2, \cdots, \rho_n\}^\Omega = 常数 \qquad (9\text{-}75)$$

这类边界条件称为固定边界条件或狄里赫利（Dirichlet）条件。

第二类边界条件是通过边界面的流保持恒定。由于流正比于浓度梯度，因此这类边界条件为：

$$\{n \cdot \nabla \rho_1, n \cdot \nabla \rho_2, \cdots, n \cdot \nabla \rho_n\}^\Omega = 常数 \qquad (9\text{-}76)$$

式中，n 为边界面的单位矢量。这类边界条件也称为冯·诺依曼（VonNeumann）条件。

如果式（9-76）中的常数为零，则体系与外界无物质流的交换，这时称为零流边界条件。

如果一个体系发生的不可逆过程可以用一组反应-扩散方程及边界条件和初始条件来描述，那么体系发展的一切宏观行为原则上就可以通过求解这组微分方程得到。但是，由于非线性偏微分方程的严格求解极为困难，因此，目前对于这类方程的分析主要通过一些近似方程来实现。微分方程的稳定性理论和分岔理论是研究这类方程解的特性的有力工具。稳定性理论可以给出体系状态失稳的条件以及体系失稳后可能出现的新状态。分岔理论在稳定性分析的基础上进一步确定在一定控制条件下分岔的数目及分岔解的具体形式。

9.4 本 章 小 结

　　本章讨论了近平衡态与远离平衡态的不可逆过程热力学的一些相关的基本概念。不可逆过程热力学研究传输过程，一方面确定传输通量和推动力之间的关系；另一方面，当两个以上的不可逆过程重叠，即发生"耦合"时，常用唯象方程来确定不同过程之间的"干涉效应"。

　　在复杂的冶金过程中，经常是动量传输、热量传输和质量传输及化学反应，即"三传一反"中两个以上的过程并存，它们之间不可避免地相互耦合，即产生相互干涉效应。另外，也存在一种传输现象诱发另一种传输现象的情况。采用不可逆过程热力学原理可以对"三传一反"中不同过程中产生的"耦合"现象，即"干涉效应"进行定量的研究[9]。

　　在近平衡条件下，根据昂色格倒易关系（唯象系数存在倒易关系），相互干涉的唯象系数的测量工作量可以减少一半。倒易关系使得两种看起来似乎并不相关的不可逆过程之间的相互影响显得更为清晰。

　　昂色格倒易关系必须满足居里定理，即只有具有相同阶数的张量的力和通量才能耦合。标量是零阶张量，矢量是一阶张量，常用的张量是二阶的。如化学反应的力是标量，而热流和物质流是矢量，在各向同性介质中它们不能进行耦合。即在远离平衡的条件下，温度梯度和浓度梯度等矢量力不能与化学反应速率等标量流耦合。但如果是在非常接近平衡的条件下，那么化学反应也可以适用于线性唯象方程。

　　对于远离平衡的体系，通量和力间的函数关系式仍然成立，但已不是线性关系，应取泰勒展开的高次幂项。由于唯象系数的矩阵是非对称的，因此昂色格倒易关系不成立。

　　在不可逆过程热力学中，化学反应式通常被认为是远离平衡的体系中，浓度随时间的变化表示的化学反应速率方程，需考虑泰勒展开的高次项。在化学反应速率方程中，决定组元 i 随时间变化的不是反应物的浓度，而是反应物和产物的化学势差，即化学反应吉布斯自由能变化。

　　当体系中组元浓度分布不均匀时，在体系中存在着一个由浓度梯度引起的扩散流，同时进行着化学反应（只存在一个化学反应，或只存在一个与组元 i 有关的反应）的质量守恒方程。

思 考 题

1. 什么是唯象定律？试给出熵产生与广义的热力学通量和广义的热力学力关系的表达式。

2. 写出昂色格（Onsager）倒易关系的表达式，并说明表达式的意义，及为什么说它只适合应用在近平衡的条件下。

3. 居里定理是如何给出不同力和不同流的耦合的限制条件的？

4. 讨论考虑体系中各点处各组元的浓度同时受扩散和化学反应的影响，且只存在一个化学反应的质量守恒方程各项的物理意义。

参 考 文 献

［1］翟玉春．非平衡态热力学［M］．北京：科学出版社，2017．

［2］德格鲁脱，梅修尔，著．非平衡态热力学［M］．陆全康，译．上海，上海科学技术出版社，1981．

［3］吴铿．冶金过程传输现象的耦合和非平衡态热力学简介—冶金反应工程学的基础理论［R］．北京科技大学讲义（内部资料）．北京：北京科技大学，2002，1．

［4］艾树涛．非平衡态热力学概论［M］．武汉：华中科技大学出版社，1971．

［5］李如生．非平衡志热力学和耗散结构［M］．北京：清华大学出版社，1971．

［6］彭少方，张昭．线性和非线性非平衡态热力学进展和应用［M］．北京：化学工业出版社，2006．

［7］向井楠宏，古河洋之，土川孝．A consideration on the interfacial tension between metal and slag with iron transfer through the interface［J］．铁と钢，1978（2）：215-224．

［8］翟玉春．非平衡态冶金热力学［J］．中国稀土学报，2000，18：26-39．

［9］吴铿，张家志，赵勇，等．冶金反应工程学中反应过程动力学的研究方法探讨［J］．有色金属科学与工程，2014，5（4）：1-6．

10 等温下分段尝试法研究反应过程动力学的完善

本章提要：

随着高炉大型化和智能化的发展，需要对烧结矿在高炉内热储备区条件下的反应特性和相关动力学参数进行深入研究。高炉内块状带含碳物质过剩，在还原气氛下，烧结矿中铁氧化物被还原与焦炭的气化反应密切相关。本章在高炉热储备区有焦炭存在的条件下，对烧结矿还原反应过程建立了前期化学反应控速模型和后期扩散传质控速模型。在模拟热储备区的等温条件试验的基础上，采用分段尝试法分别确定了烧结矿还原过程的化学反应与扩散过程的相关动力学参数（转换点及传输系数）。烧结矿还原过程前期化学反应速率常数往往比扩散传质系数高出几个数量级，且其拟合程度也都明显优于后期分子扩散。采用不可逆热力学的唯象理论，探索性地建立了在等温条件下，化学反应在近平衡区域对扩散传质的干涉方程式，对烧结矿还原后期扩散传质过程中的扩散传质系数进行了修正，给出了反应过程后期扩散传质控制的修正方程，完成了在等温条件下对分段尝试法的进一步改进。

10.1 高炉热储备区有焦炭存在的烧结矿还原模拟试验和结果

我国在未来较长时间内，炼钢生产将主要依靠高炉提供铁水，烧结矿是高炉的主要含铁炉料，其还原性相关特性直接影响生产率和燃料比。影响烧结矿还原特性因素有很多，如化学成分、碱度、孔隙率、矿物组成等[1-4]。同时，随着高炉大型化和智能化的发展，对焦炭的质量要求提高，相应地对其评价体系、预测和控制需要进一步完善[5]。

由高炉炉顶布料器装入的焦炭和烧结矿等含铁原料在其交错分布的层状带内保持颗粒状，无黏着现象，称为高炉块状带。在炉身中下部的热储备区，气体与固体炉料热交换不激烈，即两者的 ΔT 较小，而且变化不大，称为热交换的空区或热储备区（温度约为 1273 K）[6]。高炉热储备区近似于等温区域，其内部烧结矿中的铁氧化物处于还原反应过程，焦炭、CO 和 CO_2 与铁氧化物之间进行耦合反应。铁氧化物中的氧原子与焦炭中的碳原子形成 CO 和 CO_2 气体。

国内外学者采用冶金物理化学方法对高炉块状带含铁氧化物与不同成分还原气体的反应过程动力学进行了诸多研究工作；在不同气体条件下对烧结矿反应过程动力学也已有较多的研究，但对在高炉块状带，特别是热储备区近似等温区域，有焦炭和不同还原性气体成分条件下，烧结矿还原反应过程动力学的研究较少[7-9]。

采用等温对高炉热储备区烧结矿还原的反应过程动力学进行了模拟试验。试验中测定了反应过程中 CO 和 CO_2 的含量及总失重量，由于反应过程的失重量包括焦炭中的碳和铁氧化物中的氧，由气体成分的变化和物质平衡可分别确定出铁氧化物还原反应过程中焦炭中碳和铁氧化物中氧的失重量，为研究热储备区烧结矿还原反应过程动力学提供必要的基础数据。

10.1.1　高炉块状带热储备区烧结矿还原的模拟试验

10.1.1.1　试验材料与设备

随着铁氧化物在高炉块状带区域的逐级还原，还原气体中的 CO_2 会与碳原子反应形成 CO，即进行焦炭的熔损反应（碳的气化反应）。因此，为模拟高炉块状带热储备区烧结矿被还原的反应过程，试验中将焦炭和烧结矿混装放入高温炉内，在设定温度下通入 CO_2、CO 和 N_2 混合气体。模拟试验采用吊式高温炉，并连续测定和记录试验过程中烧结矿和焦炭的失重量；通入的 CO_2、CO 和 N_2 由质量流量计控制，同时，用红外气体分析仪实时测定吊式高温炉排出的气体成分（主要是 CO 和 CO_2），试验设备如图 10-1 所示。

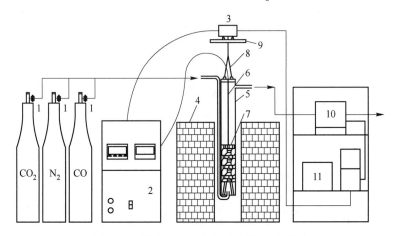

图 10-1　模拟试验设备吊式高温炉示意图

1—精密气体流量计；2—精密温度控制仪；3—电子天平；4—加热炉；5—吊式高温炉；
6—热电偶；7—试样；8—吊链；9—支架；10—气体分析仪；11—计算机

试验中使用的焦炭和烧结矿均取自国内某高炉实际现场所用原料，其成分和冶金性能分别如表 10-1 和表 10-2 所示。

表 10-1　焦炭的成分和冶金性能　　　　　　　　　（%）

焦炭	反应强度	反应性	灰分	挥发分	硫分	抗碎强度	耐磨强度	全水
A	67.7	22.6	12.8	0.88	0.75	83.3	6.5	1.3
B	60.3	29.9	13.1	1.27	0.80	78.2	7.6	9.0
C	57.9	31.9	13.2	1.08	0.79	81.8	7.5	10.0

表 10-2　烧结矿的化学成分　　　　　　　　　（%）

组成	TFe	TMn	FeO	SiO_2	TiO_2	MgO	CaO	Al_2O_3
质量分数	51.49	0.22	8.63	7.47	0.17	2.00	14.81	2.12

由表 10-1 可见，焦炭 A、B 和 C 的反应强度依次下降，反应性和灰分的质量分数依次增加，即三种焦炭的质量依次变差。

10.1.1.2　试验方案

具体试验过程为：试验前将烧结矿和焦炭试样置于干燥箱，327 K 温度下烘干 2 h；将吊式高温炉以 10 K/min 的升温速率从室温加热到 1273 K 后恒温，然后将装有按不同比例组合的焦炭和烧结矿的吊篮放入高温炉内，以 10 L/min 的流量通入高纯 N_2，待稳定后，改通入 CO_2、CO 和 N_2 的混合气体，总流量为 10 L/min，试验时间为 2 h，失重量基本保持平稳；试验结束时以 5 L/min 的流量通入高纯 N_2，冷却到室温。在试验过程中，对吊篮内试样的失重量进行连续称量和记录，同时对高温炉排出的气体用红外分析仪进行连续分析及记录。

　　由于高炉块状带热储备区温度变化不大，且按国家或行业标准进行的铁矿石还原和焦炭反应强度的试验都是在单一温度条件下进行的，因此本试验仅考虑在 1273 K 等温的情况。在设计试验方案时考虑了高炉实际生产中关注的相关参数，如焦炭质量、焦炭粒度、装料方式和气体成分等，具体方案如表 10-3 所示。表 10-3 中的第 3 组试验保持焦炭 A 的粒度不变，焦炭 B 和焦炭 C 的粒度逐步增大。

表 10-3　烧结矿中 FeO 还原在等温下反应动力学试验方案

方案编号		通入气体比例/%			粒度/mm	入炉原料质量/g				装料方式
		N_2	CO	CO_2		烧结矿	焦炭 A	焦炭 B	焦炭 C	
1	1-1	70	30	0	10 ~ 15	180	45	45	0	混装
	1-2	70	30	0	10 ~ 15	180	45	22.5	22.5	混装
	1-3	70	30	0	10 ~ 15	180	45	15	30	混装
2	2-1	60	35	5	10 ~ 15	180	45	22.5	22.5	混装
	2-2	60	30	10	10 ~ 15	180	45	22.5	22.5	混装
	2-3	60	25	15	10 ~ 15	180	45	22.5	22.5	混装
3	3-1	70	30	0	焦炭 A10 ~ 15，焦炭 B 和 C 焦炭 6 ~ 9	180	45	22.5	22.5	混装
	3-2	70	30	0	焦炭 A10 ~ 15，焦炭 B 和 C 焦炭 9 ~ 12	180	45	22.5	22.5	混装
	3-3	70	30	0	焦炭 A10 ~ 15，焦炭 B 和 C 焦炭 12 ~ 15	180	45	22.5	22.5	混装
4	4	70	30	0	10 ~ 15	180	45	22.5	22.5	层装

10.1.2　试验数据的处理与分析

10.1.2.1　试验过程总失重量和排出气体成分的变化

　　试验过程记录的总失重量中，既包含还原铁氧化物中的氧，也包含焦炭气化反应失去的碳。图 10-2 为试验过程总失重量和试验炉排出气体成分的变化曲线。

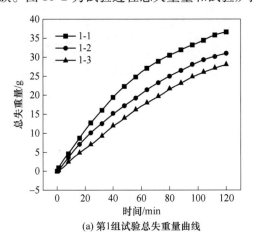

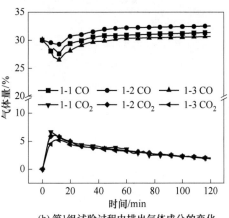

(a) 第1组试验总失重量曲线　　　　(b) 第1组试验过程中排出气体成分的变化

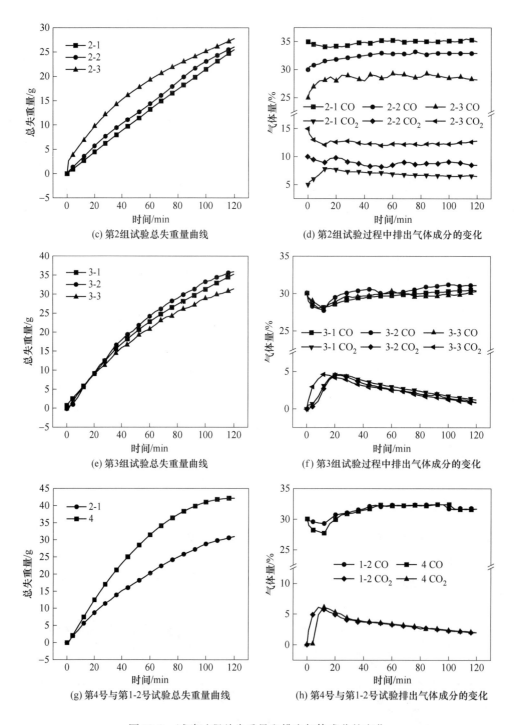

图 10-2　试验过程总失重量和排出气体成分的变化

　　由图 10-2 第 1 组试验结果可见，加入低质量焦炭比例逐步增加后，反应过程总失重量逐步下降，但气体中 CO_2 成分变化不大。试验过程中，第 1-2 号试验气体中 CO 含量最高，第 1-3 号试验最低。

第2组试验随着气体中 CO_2 成分增加，CO 成分下降，总失重量逐步增加，其原因是焦炭劣化的变量增加，这与还原后气体中 CO 含量逐步下降和 CO_2 含量逐步增加是吻合的，见图 10-2(c) 和 (d)。

第3组试验旨在比较加入低质量焦炭的粒度逐步增加（焦炭 A 不变，焦炭 B 和焦炭 C 同时增加）的影响。在图 10-2(e) 中，前 30 min 不同低质焦炭粒度变化引起失重量相差不大；在 40 min 后第 3-2 号试验失重量要高于第 3-1 号试验和第 3-3 号试验，达到 90 min 后，第 3-1 号试验和第 3-2 号试验的失重量差异变小，而第 3-3 号试验失重量始终最低。这与在图 10-2(d) 中不同试样排出 CO 量的变化基本吻合；第 3-3 号试验排出 CO_2 的量比第 3-1 号试验和第 3-2 号试验在前 20 min 要高些，在 20 min 后相差不大；在前 20 min 不同试样排出的 CO 量相差不大。

由图 10-2(g) 和 (h) 可见，层装时的总失重量要远高于混装，而还原后气体成分相差不大。

10.1.2.2 反应过程中烧结矿还原的失重率

在高炉块状带热储备区，烧结矿中铁氧化物被逐级还原，FeO 与 CO 反应形成 Fe 和 CO_2，同时由于焦炭的存在，煤气中的 CO_2 与焦炭中的碳进行气化反应生成 CO，FeO 还原的耦合反应为 $FeO + C = Fe + CO$。由反应过程中实时采集得到的 CO 和 CO_2 气体成分的连续变化，可确定出不同时刻 C 和 O 摩尔比的变化，确定碳与氧质量比例的变化。根据质量守恒定律，由碳与氧质量比例变化和总失重量变化，可分别计算出焦炭熔损反应和烧结矿还原过程中不同时刻的失重量，进而分别得到反应过程焦炭和烧结矿各自的失重率变化曲线。

图 10-3 为不同组试验在有焦炭和还原性气体同时存在时，烧结矿在反应过程中还原的失重率曲线。

由图 10-3(a) 可见，第1组试验中焦炭 A 比例不变，焦炭 B 比例逐步减少，而焦炭 C 比例相应增加，也就是低质焦炭比例逐步增加（焦炭反应强度下降，灰分含量增加），烧结矿的失重率略有下降，表明低质量焦炭比例增加对烧结矿的还原会产生一定的负面影响。高炉生产采用适当加入少量低质焦炭可以降低生产成本，但要精准控制加入量，不能对烧结矿还原产生过大影响。

第2组试验对比了通入气体中 CO_2 含量变化的影响。随着通入气体中 CO_2 含量的增加，烧结矿的转化率下降，CO_2 含量的增加对烧结矿的还原产生了不利的影响，见图 10-3(b)。

第3组试验对比了低质焦炭不同粒度的影响［图 10-3(c)］，在试验选定焦炭粒度变化的范围内，对烧结矿转化率有一定影响，但变化不是很大，这与生产中高炉对焦炭的粒度变化限制有关。

由图 10-3(d) 对比不同装料方式对烧结矿转化率的影响结果可见，层装时烧结矿的转化率明显高于混装，其原因在于层装时焦炭层的空隙度大，透气性有所改善。

对失重率的讨论只是定性地分析焦炭熔损和不同参数变化对烧结矿还原的影响，采用动力学可对反应过程进行定量分析讨论。

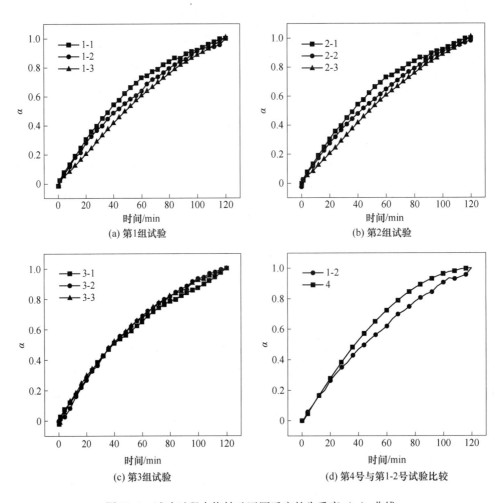

(a) 第1组试验　　　　　　　　(b) 第2组试验

(c) 第3组试验　　　　　　　(d) 第4号与第1-2号试验比较

图 10-3　试验过程中烧结矿还原反应的失重率（α）曲线

10.2　分段尝试法确定等温下烧结矿中铁氧化物还原反应动力学参数

10.2.1　烧结矿中铁氧化物还原反应动力学模型

　　烧结矿在高炉上部还原反应初期，煤气气流较大、温度较高，外扩散一般不会成为限制性环节，而此时产物层形成时间也较短，内扩散一般也不会成为限制性环节；到了反应后期，由于未反应核的缩小和产物层的增加，气体在固相内的扩散会成为限制性环节[10]。

　　高炉上部块状带热储备区烧结矿中 FeO 被原成 Fe 的耦合反应，在反应前期为化学反应过程控制，采用未反应核的动力学模型[11]，其积分形式为：

$$1-(1-\alpha)^{\frac{1}{3}}=\frac{k_{\mathrm{rea}}c_0 M}{\rho r_0}t=Kt \qquad (10-1)$$

式中，α 为反应率，为烧结矿不同时刻失重量/烧结矿总失重量；k_{rea} 为反应速率常数，m/s；

c_0 为 FeO 的物质的量浓度，mol/m^3；M 为 Fe 的摩尔质量，kg；t 为反应时间，s；r_0 为烧结矿反应核心当量半径，m；ρ 为烧结矿的密度，kg/m^3；$K = (k_{rea}c_0M)/(\rho r_0)$。

将式（10-1）中的 $1 - (1-\alpha)^{1/3}$ 与反应时间 t 进行拟合可以得到直线斜率 K，代入式（10-2）中即可计算出铁矿石中铁氧化物还原化学反应速率常数 k_{rea}。

$$k_{rea} = \frac{K\rho r_0}{c_0 M} = \frac{K\rho r_0}{(W_0/MV_0)M} = \frac{K\rho r_0}{(W_0/V_0)} \tag{10-2}$$

式中，W_0 为反应前烧结矿的质量，kg；V_0 为反应前的体积，m^3。

高炉上部块状带热储备区烧结矿中 FeO 还原反应生成 Fe 的耦合反应，在反应后期是由分子内扩散控制的[10]，其积分形式为：

$$1 - \frac{2}{3}\alpha - (1-\alpha)^{\frac{2}{3}} = K't \tag{10-3}$$

式中，$K' = \frac{2D_{ABP}(c_0 - c_i)M}{\rho r_0^2}$。

对于烧结矿中 FeO 还原反应后期，将式（10-3）中 $1 - 2\alpha/3 - (1-\alpha)^{2/3}$ 与时间 t 进行拟合可得到直线斜率 K'，进而求出反应后期分子扩散系数 D_{ABP}。

$$D_{ABP} = \frac{\rho r_0^2 K'}{2(c_0 - c_i)M} \tag{10-4}$$

10.2.2　等温下焦炭熔损反应过程分段尝试法拟合结果

通过图 10-3 中不同试验编号烧结矿失重率，用式（10-1）和式（10-3）分别对 $1 - (1-\alpha)^{1/3}$ 与 t 和 $1 - 2\alpha/3 - (1-\alpha)^{2/3}$ 与 t 用分段尝试法进行拟合，分别确定出斜率 K 和 K'。在分段拟合时，分段点取两段拟合相关系数相加值最大的点，如两段相加最大值相同，则取反应前期的相关系数值最大的点。

表 10-4 为由分段尝试法给出的在高炉上部块状带热储备区，由不同试验组烧结矿还原过程前期化学反应模型和后期内扩散模型拟合得到的线性方程和相关系数。前期化学反应控制和后期内扩散控制试验点与模型的拟合直线结果见图 10-4。

表 10-4　由前期化学反应模型和后期内扩散模型拟合得到的线性方程和相关系数

编　号		前期化学反应控速		后期内扩散控速	
		拟合曲线方程	相关系数 r_1	拟合曲线方程	相关系数 r_2
1	1-1	$y = 0.000985x + 0.0543$	0.9929	$y = 0.000778x + 0.0496$	0.9823
	1-2	$y = 0.000789x + 0.0378$	0.9894	$y = 0.000806x + 0.0576$	0.9802
	1-3	$y = 0.000650x + 0.0347$	0.9974	$y = 0.000838x + 0.0555$	0.9873
2	2-1	$y = 0.000535x + 0.0315$	0.9923	$y = 0.001410x + 0.0848$	0.9848
	2-2	$y = 0.000529x + 0.0271$	0.9921	$y = 0.000901x + 0.0588$	0.9835
	2-3	$y = 0.000508x + 0.0367$	0.9929	$y = 0.000677x + 0.0450$	0.9878
3	3-1	$y = 0.000894x + 0.0502$	0.9931	$y = 0.000803x + 0.0509$	0.9906
	3-2	$y = 0.000931x + 0.0577$	0.9936	$y = 0.000806x + 0.0459$	0.9824
	3-3	$y = 0.000943x + 0.0423$	0.9943	$y = 0.000745x + 0.0515$	0.9825
4		$y = 0.001250x + 0.0641$	0.9947	$y = 0.000834x + 0.0569$	0.9832

　　由表 10-4 可见，分段尝试法采用的前期模型与试验数据拟合的线性关系都很好，相关系数仅试验编号 1-2 为 0.9894，其他均大于 0.9900，后期模型与试验数据的拟合的相关系数比前期略低，为 0.9802～0.9909。

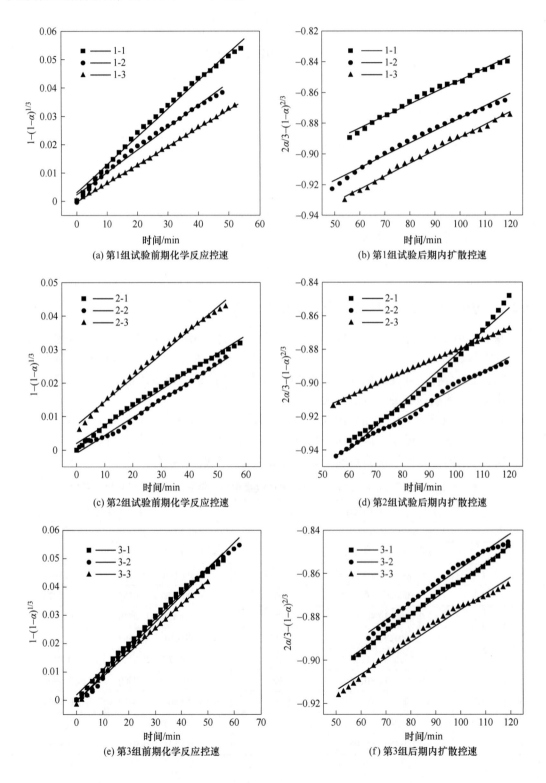

(a) 第1组试验前期化学反应控速

(b) 第1组试验后期内扩散控速

(c) 第2组试验前期化学反应控速

(d) 第2组试验后期内扩散控速

(e) 第3组前期化学反应控速

(f) 第3组后期内扩散控速

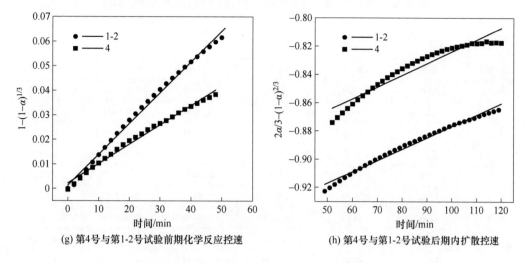

(g) 第4号与第1-2号试验前期化学反应控速　　　　(h) 第4号与第1-2号试验后期内扩散控速

图 10-4　等温下由分段尝试法拟合烧结矿中 FeO 还原反应过程结果示意图

试验结果表明，前期采用一级界面化学反应控速模型和后期采用收缩核内扩散控速模型适用于表述在高炉上部块状带热储备区烧结矿的反应过程动力学。

10.2.3 等温下烧结矿中 FeO 还原反应过程动力学参数的确定

由表 10-4 中拟合得到前期化学反应控速和后期内扩散控速的线性方程斜率，分别代入式（10-2）和式（10-4）中，可计算出不同试验组的前期化学反应速率常数和后期内扩散反应的分子扩散系数及控制环节的转化时间点等。

烧结矿还原反应过程在前期和后期的相关动力学参数分别如表 10-5 和表 10-6 所示。

表 10-5　等温下烧结矿还原过程在前期化学反应控速的相关动力学参数

编号		全部反应时间 /s	化学反应控速时间/s	化学反应控速的比例/%	F_1	斜率 t_f	反应速率常数 $k_{rea}/m \cdot s^{-1}$
1	1-1	7200	3300	45.83	0.0543	0.000985	3.81×10^{-3}
	1-2	7200	2880	40.00	0.0378	0.000789	3.05×10^{-3}
	1-3	7200	3180	44.16	0.0347	0.000650	2.51×10^{-3}
2	2-1	7200	3540	49.16	0.0315	0.000535	2.07×10^{-3}
	2-2	7200	3240	45.00	0.0271	0.000529	2.04×10^{-3}
	2-3	7200	3180	44.16	0.0253	0.000508	2.01×10^{-3}
3	3-1	7200	3360	46.66	0.0502	0.000894	3.46×10^{-3}
	3-2	7200	3720	51.66	0.0577	0.000931	3.60×10^{-3}
	3-3	7200	3000	41.66	0.0593	0.000943	3.84×10^{-3}
4		7200	3060	42.50	0.0641	0.001250	4.84×10^{-3}

表 10-6　烧结矿还原过程在后期分子扩散控速的相关动力学参数

编号		全部反应时间/s	内扩散控速时间/s	内扩散控速的比例/%	F_2	斜率 B	分子扩散系数 $D_{ABP}/m^2 \cdot s^{-1}$
1	1-1	7200	3900	54.17	0.0496	0.000778	1.73×10^{-6}
	1-2	7200	4320	60.00	0.0576	0.000806	1.82×10^{-6}
	1-3	7200	4020	55.84	0.0555	0.000838	1.89×10^{-6}
2	2-1	7200	3660	50.84	0.0848	0.001410	1.85×10^{-5}
	2-2	7200	3960	55.00	0.0588	0.000901	3.83×10^{-6}
	2-3	7200	4020	55.84	0.0450	0.000677	3.75×10^{-6}
3	3-1	7200	3840	53.34	0.0509	0.000803	1.30×10^{-6}
	3-2	7200	3480	48.34	0.0459	0.000806	1.39×10^{-6}
	3-3	7200	4200	58.34	0.0520	0.000845	1.43×10^{-6}
4		7200	4140	57.50	0.0569	0.000834	1.15×10^{-6}

　　由表 10-5 和表 10-6 中第 1 组试验可见，随着低质焦炭比例的增加，化学反应速率常数出现明显的下降趋势，表明增加低质焦炭比例，不利于烧结矿在高炉上部块状带热储备区的还原；后期分子扩散系数略有少量增加，当增加的低质焦炭量在适当的范围内时，其对烧结矿还原过程在后期扩散传质的影响不大。随着气体中 CO_2 比例的增加，烧结矿还原的化学反应速度常数略有少量下降；而分子扩散系数的下降则较大些，参见表 10-5 和表 10-6 中第 2 组试验结果。在高炉上部块状带热储备区，气体中 CO_2 含量增加，对焦炭气化反应过程影响大，而对烧结矿还原的影响则相对要小些[12]。低质焦炭粒度增加，化学反应速度和分子扩散系数都略有增加，分别见表 10-5 和表 10-6 中第 3 组试验结果，这表明提高焦炭的粒度对烧结矿在高炉上部块状带热储备区还原有利。比较表 10-5 和表 10-6 中 1-2 号和 4 号试验结果可见，层装时化学反应速度常数比混装高，而分子扩散系数低，原因可能是层装单一料层中焦炭的空隙度相对于混装要大一些，对焦炭气化反应有利，产生的 CO 的速度快些，使得烧结矿还原化学反应速度加快；而层装单一料层中烧结矿的空隙度相对于混装较小，使得烧结矿还原反应过程在后期的分子扩散系数有所下降。

　　当高炉热储备区的温度变化不大时，烧结矿还原化学反应速度常数与温度的阿累尼乌斯公式 $k_{rea} = A\exp[-E_0/(RT)]$ 中的指前因子 A 和反应活化能 E_0 的变化都很小；扩散系数与温度的阿累尼乌斯公式 $D_{AB} = D_0\exp[-E/(RT)]$ 中的标准状态扩散系数 D_0 和扩散活化能 E 也都很小[10-11]。可以认为在热储备区内的阿累尼乌斯公式中指前因子 A 和反应活化能 E_0 均为常数，可由在 1273 K 测定的烧结矿还原过程前期化学反应速度常数计算出热储备区温度波动后的其他反应速度常数。同理，也可由在 1273 K 测定的烧结矿还原过程后期传质扩散系数计算出热储备区其他温度的传质扩散系数。

　　利用表 10-5 和表 10-6 中的动力学参数可以定量讨论在等温条件下不同因素对烧结矿中 FeO 还原反应的影响，同时给出不同控制环节转换的时间点，即不同控制模型的初始条件，为冶金反应工程学模拟在高炉块状带热储备区内烧结矿还原反应过程提供了必要的参数。

　　对比表 10-5 和表 10-6 中不同控速过程的相关参数发现，表 10-5 中前期化学反应过程由模型拟合的相关系数比表 10-6 中后期分子扩散过程由模型拟合的相关系数都要高，焦炭气化反应过程前期拟合的效果明显比后期好，这是由在反应后期的近平衡区域内化学反应过程对分子扩散过程的干涉所致，因此有必要进一步研究近平衡区域内化学反应对扩散过程的干涉，以提高后期扩散传质模型的拟合度。

10.3 等温下研究烧结矿中 FeO 还原反应过程分段尝试法的改进

10.3.1 不可逆过程热力学中不同过程干涉的相关原理

在复杂非线性的冶金过程中，各种化学反应和物质传递同时发生，传输理论是从两方面发展起来的：在微观层面基于动量、能量、质量三大守恒定律，得到相应的传输（黏度、导热和传质）系数[11]；在宏观层面则基于不可逆过程热力学，确定传输通量与驱动力之间的关系。当两个以上的不可逆过程耦合进行时，需要确定出二者之间的"干涉效应"[13]。根据熵增率表达式确定唯象方程时，必须具有相同阶数的张量力和通量才能耦合，即要满足居里（Curie）定理。

烧结矿中 FeO 还原反应过程前期的控制环节为化学反应，该区域远离平衡区域，在该区域中，化学反应过程是零阶张量，而质量传输的分子扩散在该过程中是一阶张量，根据库瑞定理，不同张量之间不能产生耦合。由表 10-5 和表 10-6 可见，化学反应速度常数通常比分子扩散系数高 3 个数量级，因此不需要考虑质量传输过程对化学反应过程的干涉，但需要考虑化学反应过程对质量传输过程的影响。

烧结矿中 FeO 还原反应过程后期的控制环节为质量传输过程，该区域处于近平衡区域，在该区域内化学反应过程和扩散传质为同阶张量，因此会有干涉现象（耦合）产生，这一点与库瑞定理相符。

在近平衡区域内，化学反应干涉的影响不一定是线性的，需要通过试验来考虑如何选择化学反应高次项的影响。昂色格定理不适合化学反应与扩散过程的相互耦合，因为其耦合矩阵是非对称的[14]。

根据唯象理论，参考由热量传导对扩散传质干涉的索莱特效应方法，提出了在近平衡区域内单一化学反应对分子扩散的干涉（耦合）的方程如下：

$$J_w = \frac{\partial c_i}{\partial t} = -D_e \operatorname{grad} c - \nu_i \left[L_{1m} \frac{A_m}{T} + L_{2m} \left(\frac{A_m}{T} \right)^2 + L_{3m} \left(\frac{A_m}{T} \right)^3 + \cdots \right] \quad (10-5)$$

式中，J_w 为扩散通量；L_{1m}、L_{2m}、L_{3m} 等为考虑化学反应对扩散过程耦合的互唯象系数。自唯象系数一定是正的，而互唯象系数则可正可负，因为干涉效应可正可负[15]。

式（10-5）中第一项和第二项可通过焦炭熔损反应试验得到；第三项为焦炭反应过程后期的扩散传质项，可用分段尝试法由模型式（10-3）求出；第四项为化学反应过程对分子扩散过程的干涉，可以由反应后期的试验值与用分段尝试法由模型式（10-3）确定值之差，按要求的精度确定所需的高次项和相应的互唯象系数（化学反应扩散系数）。

10.3.2 烧结矿中 FeO 还原反应过程中化学反应对扩散过程干涉的方程

图 10-4(a)、(c)、(e) 和 (g) 中前期化学反应拟合直线与试验点吻合较好，而

图 10-4（b）、（d）、（f）和（h）中后期分子扩散拟合直线与试验点吻合则相对差些，且有些点相差得较大。表 10-4 中前期的相关系数也高于对应的后期的相关系数。假如在近平衡区域的分子扩散控速阶段，化学反应对其不产生干涉，则图 10-4（b）、（d）、（f）和（h）中后期分子扩散拟合直线与试验点吻合应该有很好的线性关系。但大部分都出现了偏差，这是由在近平衡区域内化学反应对分子扩散过程的干涉所致[16-17]。

如果令式（10-3）中的 $1 - 2\alpha/3 - (1 - \alpha)^{2/3} = f(\alpha)_{试验点}$ 和 $k't = f(\alpha)_{拟合点}$ 分别为试验值和方程拟合得到值，则式（10-5）可以写为：

$$J_{干涉} = \frac{\Delta f(\alpha)}{\Delta t} = \frac{f(\alpha)_{试验点} - f(\alpha)_{拟合点}}{\Delta t} = l_1 \frac{A}{T} + l_2 \left(\frac{A}{T} \right)^2 + l_3 \left(\frac{A}{T} \right)^3 + \cdots \qquad (10\text{-}6)$$

式中，$J_{干涉}$ 为在近平衡区域内化学反应对分子扩散干涉影响的传质通量，$1/t$，$\min^{-1}$；$\Delta f(\alpha)$ 为图 10-4（b）、（d）、（f）、（h）后期分子扩散试验点与拟合直线的差值；Δt 为单位时间，$\min$；l_i 为化学反应的扩散系数（互唯象系数），其中包括考虑了质量为单位转化率的系数，$\mathrm{mol \cdot K/(J \cdot min)}$；$A$ 为亲和力，即产物与反应物的化学势差，也就是自由能差 ΔG，$\mathrm{J/mol}$；T 为反应温度，K。

即由图 10-4（b）、（d）、（f）和（h）中分别确定出不同时刻对应的 $\Delta f(\alpha)$ 值，进而求出单位时间的变化率 $\Delta f(\alpha)/\Delta t$，与 A/T 作图，可以得出在近平衡区域内后期扩散控速阶段化学反应的扩散系数 l_i 和高次方的次数。

根据逐级反应原理和在高炉上部块状带热储备区有焦炭过剩条件下，烧结矿中铁氧化物与 CO 还原生成 CO_2，而 CO_2 与 C 反应生成 CO，其耦合反应为：

$$\mathrm{FeO(s)} + \mathrm{C} =\!=\!= \mathrm{Fe} + \mathrm{CO(g)} \qquad \Delta G^{\ominus} = 146900 - 150.2T \qquad (10\text{-}7)$$

$$\frac{A}{T} = \frac{\Delta G^{\ominus}}{T} + R\ln \frac{a_{Fe} p_{CO}}{a_{FeO} a_C} = \frac{146900}{T} - 150.2 + R\ln p_{CO} \qquad (10\text{-}8)$$

将 FeO 还原反应后期不同时间测定的 CO 的成分和试验过程反应温度为 1273 K 代入式（10-8）即可确定出 A/T。

图 10-5 所示为不同试验编号在 $\Delta f(\alpha)/\Delta t$ 与 A/T 关系图中拟合不同高次的曲线。

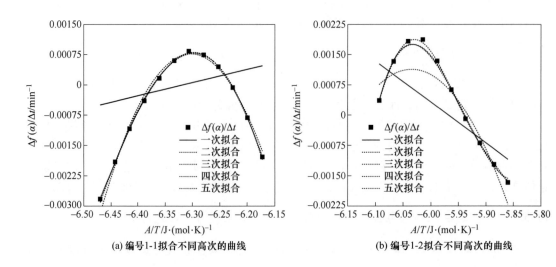

(a) 编号1-1拟合不同高次的曲线   (b) 编号1-2拟合不同高次的曲线

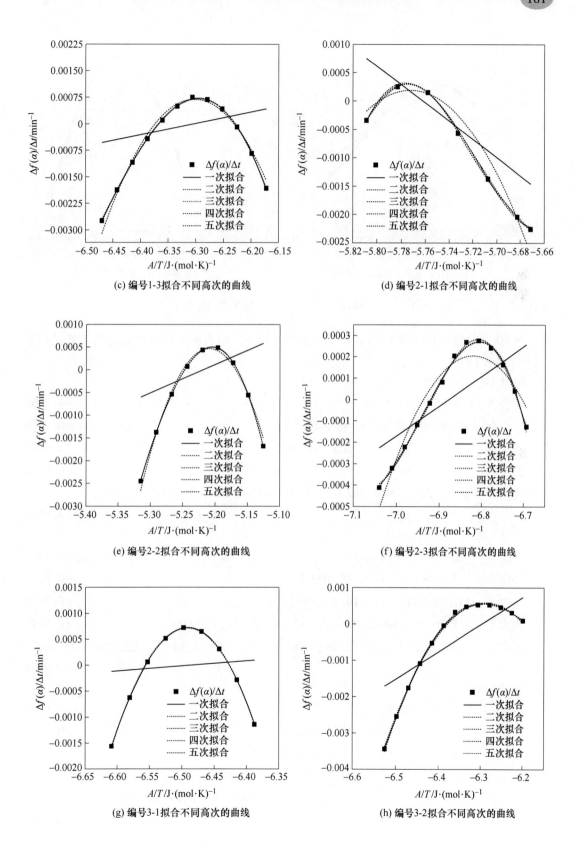

(c) 编号1-3拟合不同高次的曲线

(d) 编号2-1拟合不同高次的曲线

(e) 编号2-2拟合不同高次的曲线

(f) 编号2-3拟合不同高次的曲线

(g) 编号3-1拟合不同高次的曲线

(h) 编号3-2拟合不同高次的曲线

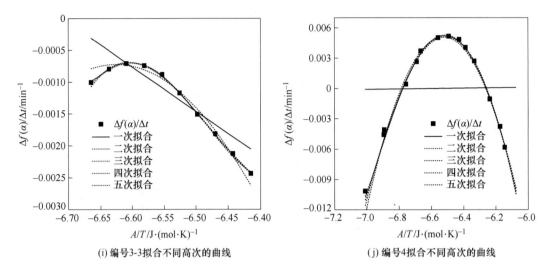

(i) 编号3-3拟合不同高次的曲线　　　　　　(j) 编号4拟合不同高次的曲线

图 10-5　不同试验编号的化学反应扩散系数拟合图

图 10-5 中编号 1-1、2-1、3-2 和 4-2 按式（10-6）拟合的不同高次的曲线关系式如下（其中 $x = A/T$）：

编号 1-1

一次方：$0.02058 + 0.00326x$　　　　　　　　　　　　　　　　$r_3 = 0.0766$

二次方：$-5.6180 - 1.7829x - 0.1414x^2$　　　　　　　　　　$r_3 = 0.9915$

三次方：$-44.04 - 20.04x - 3.0325x^2 - 0.1525x^3$　　　　　　$r_3 = 0.9985$

四次方：$1063.58 + 681.83x + 163.73x^2 + 17.45x^3 + 0.6972x^4$　　　$r_3 = 0.9996$

五次方：$25357.20 + 19907.06x + 6249.05x^2 + 980.48x^3 + 76.89x^4 + 2.4113x^5$

$r_3 = 0.9996$

编号 1-2

一次方：$-0.06035 - 0.01011x$　　　　　　　　　　　　　　　　$r_3 = 0.6965$

二次方：$-3.9809 - 1.3197x - 0.10935x^2$　　　　　　　　　　$r_3 = 0.9174$

三次方：$232.04 + 117.22x + 19.73x^2 + 1.1073x^3$　　　　　　$r_3 = 0.9972$

四次方：$-1576.70 - 1092.89x - 283.85x^2 - 32.74x^3 - 1.4150x^4$　　　$r_3 = 0.9979$

五次方：$-351112.70 - 293579.58x - 98178.19x^2 - 16414.34x^3 - 1371.98x^4 - 45.86x^5$

$r_3 = 0.9996$

编号 1-3

一次方：$0.02031 + 0.00322x$　　　　　　　　　　　　　　　　$r_3 = 0.0807$

二次方：$-5.3859 - 1.7093x - 0.1356x^2$　　　　　　　　　　$r_3 = 0.9872$

三次方：$-53.63 - 24.63x - 3.7652x^2 - 0.1915x^3$　　　　　　$r_3 = 0.9991$

四次方：$565.62 + 367.76x + 89.47x^2 + 9.6538x^3 + 0.3898x^4$　　　$r_3 = 0.9995$

五次方：$39753.62 + 31379.97x + 9905.69x^2 + 1563.10x^3 + 123.305x^4 + 3.8897x^5$

$r_3 = 0.9996$

编号 2-1

一次方：$-0.0926-0.01607x$ $r_3 = 0.5388$

二次方：$-9.3249-3.2309x-0.2798x^2$ $r_3 = 0.9556$

三次方：$588.92+309.10x+54.07x^2+3.1527x^3$ $r_3 = 0.9924$

四次方：$62032.58+42866.91x+11107.63x^2+1279.09x^3+55.23x^4$ $r_3 = 0.9969$

五次方：$-7.7017-6.7160x-2.3424x^2-408497.84x^3-35616.78x^4-1242.11x^5$

     $r_3 = 0.9996$

编号 2-2

一次方：$0.03242+0.00621x$ $r_3 = 0.1284$

二次方：$-7.5823-2.9111x-0.2794x^2$ $r_3 = 0.9919$

三次方：$-85.85-47.91x-8.9035x^2-0.5508x^3$ $r_3 = 0.9998$

四次方：$-283.38-199.39x-52.4620x^2-6.1174x^3-0.2667x^4$ $r_3 = 0.9998$

五次方：$110967.41+106362.01x+40773.85x^2+7814.37x^3+748.73x^4+28.69x^5$

     $r_3 = 0.9999$

编号 2-3

一次方：$0.00957+0.00139x$ $r_3 = 0.4415$

二次方：$-0.6917-0.2029x-0.01488x^2$ $r_3 = 0.9332$

三次方：$-21.43-9.2661x-1.3346x^2-0.06406x^3$ $r_3 = 0.9957$

四次方：$104.38+64.05x+14.68x^2+1.492x^3+0.05666x^4$ $r_3 = 0.9961$

五次方：$21591.04+15712.80x+4573.13x^2+665.377x^3+48.39x^4+1.4078x^5$

     $r_3 = 0.9986$

编号 3-1

一次方：$0.00635+9.7942x$ $r_3 = 0.0090$

二次方：$-7.1337-2.1979x-0.16928x^2$ $r_3 = 0.9994$

三次方：$-23.01-9.5325x-1.2983x^2-0.05793x^3$ $r_3 = 0.9999$

四次方：$509.47+318.33x+74.40x^2+7.7098x^3+0.2988x^4$ $r_3 = 0.9999$

五次方：$5433.71+4109.35x+1241.79x^2+187.44x^3+14.13x^4+0.4260x^5$ $r_3 = 0.9999$

编号 3-2

一次方：$0.04728+0.00751x$ $r_3 = 0.6608$

二次方：$-2.7821-0.8850x-0.07038x^2$ $r_3 = 0.9972$

三次方：$10.11+5.2150x+0.8910x^2+0.0505x^3$ $r_3 = 0.9957$

四次方：$600.46+377.14x+88.75x^2+9.2746x^3+0.3631x^4$ $r_3 = 0.9995$

五次方：$-17850.20-14145.66x-4483.32x^2-710.35x^3-56.26x^4-1.7823x^5$

     $r_3 = 0.9996$

编号 3-3

一次方：$-0.04678-0.00697$ $r_3 = 0.8369$

二次方：$-1.8884-0.5698x-0.043x^2$ $r_3 = 0.9743$

三次方：$66.23 + 30.70x + 4.7428x^2 + 0.2441x^3$　　　　　$r_3 = 0.9980$

四次方：$1357.29 + 820.53x + 185.92x^2 + 18.71x^3 + 0.7061x^4$　　　　$r_3 = 0.9987$

五次方：$-115171.04 - 88264.40x - 27054.85x^2 - 4146.02x^3 - 317.64x^4 - 9.7335x^5$

　　　　　　　　　　　　　　　　　　　　　　　　　　　　$r_3 = 0.9994$

编号 4

一次方：$0.00135 + 2.0541x$　　　　　　　　　　　　　$r_3 = 0.0025$

二次方：$-3.1658 - 0.9720x - 0.0745x^2$　　　　　　　　$r_3 = 0.9890$

三次方：$-8.0952 - 3.2416x - 0.4224x^2 - 0.01777x^3$　　　　$r_3 = 0.9922$

四次方：$64.57 + 41.34x + 9.8273x^2 + 1.0288x^3 + 0.04004x^4$　　$r_3 = 0.9932$

五次方：$-1186.04 - 917.22x - 283.89x^2 - 43.94x^3 - 3.4013x^4 - 0.1052x^5$　$r_3 = 0.9936$

由图 10-5 可见，一次关系式的误差较大，表明化学反应对扩散传质的影响不是线性的，必须考虑高次关系式。二次关系式的吻合情况有很大改善，而三次关系式及以上关系式的相关系数全部超过 0.990，因此可以采用三次关系式。这与前人用非平衡态热力学方法研究反应过程动力学采用三次关系式，既保持了足够高的精度，又使得方程不过于繁杂的做法是一致的[18-19]。

10.3.3　烧结矿中 FeO 还原反应过程中扩散传质方程的完善

由图 10-5 可见，由于试验点曲线不经过原点，采用回归公式进行拟合处理时会有常数项，考虑化学反应对扩散干涉的实质是对试验点和拟合点的修正，对式（10-6）进行引入常数项（也可以看作 A/T 的零次关系式）的修正。

$$J_{干涉} = \frac{\Delta f(\alpha)}{\Delta t} = \frac{f(\alpha)_{试验点} - f(\alpha)_{拟合点}}{\Delta t} = l_0 + l_1 \frac{A}{T} + l_2 \left(\frac{A}{T}\right)^2 + l_3 \left(\frac{A}{T}\right)^3 + \cdots \quad (10\text{-}9)$$

式中，l_0 为常数项。

表 10-7 给出了不同试验条件下，烧结矿中 FeO 还原反应后期考虑化学反应干涉时的扩散传质方程式（10-9）中的化学反应扩散系数（三次关系式）。

表 10-7　烧结矿中 FeO 在还原反应后期的扩散传质方程中的化学反应扩散系数（三次关系式）

编　号		l_0	l_1	l_2	l_3	r_3
1	1-1	-44.04	-20.04	-3.0325	-0.1525	0.9985
	1-2	232.04	117.22	19.73	1.1073	0.9972
	1-3	-53.63	-24.63	-3.7652	-0.1915	0.9991
2	2-1	588.92	309.10	54.07	3.1527	0.9924
	2-2	-85.85	-47.91	-8.9035	-0.5508	0.9998
	2-3	-21.43	-9.2661	-1.3346	-0.06406	0.9957
3	3-1	-23.01	-9.5325	-1.2983	-0.05793	0.9999
	3-2	10.11	5.2150	0.8910	0.0505	0.9957
	3-3	66.23	30.70	4.7428	0.2441	0.9980
4		-8.0952	-3.2416	-0.4224	-0.01777	0.9922

根据表 10-7 中的各项化学反应扩散系数，考虑烧结矿反应后期改进的扩散传质方程如下所示：

$$1 - \frac{2}{3}\alpha - (1-\alpha)^{\frac{2}{3}} = \left\{ k' + \left[l_0 + l_1 \frac{A}{T} + l_2 \left(\frac{A}{T}\right)^2 + l_3 \left(\frac{A}{T}\right)^3 \right] \right\} t \tag{10-10}$$

在式（10-10）中代入表 10-6 和表 10-7 中的对应数据可以定量给出不同试验改进后的扩散传质方程和对应的时间范围。如式（10-11）给出了第 1-1 号试验在铁矿石还原反应后期扩散传质过程中的相关动力学参数。

$$1 - \frac{2}{3}\alpha - (1-\alpha)^{\frac{2}{3}} = \left\{ 0.000778 + \left[-44.04 - 20.04 \frac{A}{T} - 3.0325 \left(\frac{A}{T}\right)^2 - \right. \right.$$

$$\left. \left. 0.1525 \left(\frac{A}{T}\right)^3 \right] \right\} t \quad 3300\,\text{s} \leqslant t \leqslant 7200\,\text{s} \tag{10-11}$$

同理，可以给出其他试验改进后的扩散传质方程，需要指出的是，不同扩散传质过程对应的时间区间不同。

10.4　本章小结

采用适合冶金反应工程学的分段尝试法，对在高炉块状带热储备区烧结矿中 FeO 还原反应过程动力学进行了深入研究。根据在热储备区焦炭过剩和有不同比例 CO 和 CO$_2$ 的条件下烧结矿还原反应的特点，对反应过程建立了前期化学反应控速的未反应核模型和后期扩散传质控速的内扩散收缩核模型。用分段尝试法对试验数据进行拟合，模型与试验数据吻合得较好，进而得到了在热储备区烧结矿中 FeO 还原反应过程的动力学参数。

采用分段尝试法得到的动力学参数可以定量地讨论不同条件对烧结矿中 FeO 还原反应的影响，定量给出反应过程前期和后期的动力学模型及不同控制环节的转换时间点，为在冶金反应工程学中对高炉块状带热储备区矿中 FeO 还原反应过程的模拟提供了定解条件所需的必要参数。在温度变化不大时，可认为在热储备区内的化学反应速度产生和分子扩散系数的阿累尼乌斯公式中指前因子 A 和反应活化能 E_0，以及标准状态扩散系数 D_0 和扩散活化能 E 近似为常数，可由在 1273 K 等温条件下测定的反应速度常数和分子扩散系数分别计算出热储备区温度波动后的反应速度常数。

化学反应的速率常数要比分子扩散系数高出 3 个数量级，且由模型拟合的反应前期相关系数要高于反应后期，因此有必要考虑在烧结矿还原反应过程后期（近平衡区域内）化学反应对传质扩散干涉的影响。依据不可逆过程热力学中的基本原理，提出了在近平衡条件下确定化学反应对传质干涉的方法，确定了烧结矿还原反应后期（近平衡）的化学反应扩散系数，进一步提高了反应后期质量传输控制环节的扩散传质模型参数的拟合度，改进了适合冶金反应工程学研究反应过程动力学的分段尝试法。

思　考　题

1. 为什么在反应过程中要考虑化学反应过程对质量传输过程的干涉（耦合），而可以忽略质量传输过程对化学反应过程的干涉（耦合）？

2. 为什么在等温条件下考虑化学反应对扩散的干涉，对试验点和拟合点进行修正时需要引入常数项？

参 考 文 献

[1] Park J Y, Lenvenspiel O. The cracking core model for the reaction of solid particles [J]. Chem. Eng. Sci., 1975, 30 (10): 1207-1214.

[2] 张欣，温治，楼国锋，等. 高温烧结矿气-固换热过程数值模拟及参数分析 [J]. 北京科技大学学报 [J]，2011，33 (3): 339-342.

[3] 潘文，吴铿，王洪远，等. 配加南非粉对首钢烧结矿产质量影响的研究 [J]. 烧结球团，2011，36 (4): 1-4.

[4] 朱德庆，肖永忠，春铁军，等. 低品位赤铁矿直接还原过程中铁晶粒的长大行为 [J]. 中国有色金属学报，2013，23 (11): 3242-3247.

[5] 吴铿，折媛，刘起航，等. 高炉大型化后对焦炭性质及在炉内劣化的思考 [J]. 钢铁，2017，52 (10): 1-12.

[6] Liu Q H, Wang D, Zhao X W, et al. Effect of Carbon Loss Reaction Kinetics on Coke Degradation by Piecewise Analysis [J]. Metallurgical and Materials Transactions B, 2023 (54): 2519-2529.

[7] El-Geassy A A. Gaseous reduction of MgO-doped Fe_2O_3 compacts with carbonmonoxide at 1173-1473 K [J]. ISIJ Int., 1996, 36 (11): 1328-1337.

[8] 潘文，吴铿，赵霞，等. 首钢烧结矿还原动力学研究 [J]. 北京科技大学学报，2013，35 (1): 35-40.

[9] 吴铿，折媛，朱利，等. 对建立冶金反应工程学学科体系的思考 [J]. 钢铁研究学报，2014，26 (12): 1-8.

[10] 吴铿. 冶金传输原理 [M]. 2版. 北京：冶金工业出版社，2016.

[11] 黄希祐. 钢铁冶金原理 [M]. 北京：冶金工业出版社，1990.

[12] 折媛，张文哲，湛文龙，等. 基于改进分段尝试法的高炉内热储备区焦炭熔损反应过程动力学研究 [J]. 中南大学学报（自然科学版），2021，50 (12): 4227-4237.

[13] 德格鲁脱，梅修尔. 非平衡态热力学 [M]. 上海：上海科学技术出版社，1981.

[14] 彭少方，张昭. 线性和非线性非平衡态热力学进展和应用 [M]. 北京：化学工业出版社，2006.

[15] 翟玉春. 非平衡态热力学 [M]. 北京：科学出版社，2015.

[16] 吴铿，张家志，赵勇，等. 冶金反应工程学中反应过程动力学的研究方法探究 [J]. 有色金属科学与工程，2014，5 (4): 1-6.

[17] 折媛，湛文龙，邹冲，等. 改进分段尝试法研究焦炭气化反应动力学 [J]. 钢铁，2022，57 (4): 12-24.

[18] 翟玉春，王锦霞. 渣金两相氧化锰还原不可逆过程热力学研究 [J]. 金属学报，2004，40 (2): 305-308.

[19] 翟玉春，王锦霞. 均向单一化学反应的不可逆过程动力学 [J]. 东北大学学报，2004，25 (10): 994-997.

11 非等温下分段尝试法研究反应过程动力学的完善

本章提要：

在测定不同焦炭和半焦基础理化特性的基础上，分别建立了焦炭和半焦的反应过程动力学方程。采用分段尝试法分别研究焦炭和半焦与 CO_2 的气化反应动力学，确定了在非等温条件下，焦炭和半焦前期界面化学反应控速和后期生成物体积收缩扩散传质控速的温度转换点及相关动力学参数，并讨论了影响反应动力学参数的因素，分析了产生补偿效应的原因。前期界面化学反应模型与试验数据拟合效果好于后期体积收缩扩散传质模型的拟合效果，原因是在反应后期近平衡区域内，化学反应过程对扩散传质过程产生了干涉。根据不可逆过程热力学的相关原理，建立了化学反应对扩散传质干涉的唯象方程，在确定化学反应扩散系数后，分别对焦炭和半焦气化后期扩散传质控速方程进行了修正，改进了冶金反应过程动力学的分段尝试法，为冶金反应工程学进行反应过程模拟奠定了基础。给出的反应过程后期扩散传质控制的修正方程，进一步完善了非等温条件下的分段尝试法。

11.1 非等温下焦炭气化反应试验和结果及模型

11.1.1 非等温下焦炭气化反应试验

炼铁行业作为钢铁行业重要的组成部分，其能源消耗、CO_2 排放占整个钢铁冶金流程能源消耗和排放比例分别为 70% 和 80%，肩负着整个行业在资源、能源和减少污染排放方面的艰巨任务，是钢铁企业节能减排的重点工序[1-2]。高炉炼铁所需要的能量 78% 是由碳素（焦炭和煤粉）提供的，19% 由热风、3% 由炉料化学反应热所供给。

随着国际生铁产量的不断增加，焦炭资源大幅减少，环境压力急剧增长，以碳作为能源流和物质流主要载体的高炉炼铁工艺面临着前所未有的挑战[3]。目前诸多低碳炼铁新技术（如高炉喷煤、喷吹天然气等技术）虽已被广泛应用，但这些技术只能部分代替焦炭热源、还原剂和渗碳剂的功能，不能代替焦炭作为高炉料柱骨架保证炉内透气透液性的功能。另一方面，焦炭用量减少以后，焦炭的负荷增加，进一步增大了高炉内焦炭的劣化，从而对焦炭质量提出更高的要求[4]。此外，在一些新型的炼铁工艺中，比如 COREX、氧气高炉、低温高炉等工艺，也不可避免地需要使用焦炭来保证炉内的透气透液性[5-7]。因此，焦炭对于当前和未来的炼铁工艺均具有重要的不可替代的作用[8]。面对资源的不断消耗，用于冶炼优质冶金焦的原料逐渐减少，低质冶金焦引起了冶金工作者越来越多的关注[9]。

冶金反应工程学采用"三传一反"原理对冶金反应过程进行解析，为进行工业生产放大或生产过程的控制建立了必要的基础[10-11]。分段尝试法可为解析反应过程提供必要的部分定解条件[12-13]。采用分段尝试法研究了在非等温条件下不同焦炭气化反应过程动力学，确定了反应过程在前期和后期的动力学参数及时间转化点等相关动力学参数。依据不可逆热力学的相关理论，在近平衡区域内化学反应对分子扩散的干涉，建立了近平衡区域内化学反应对扩散传质干涉的唯象方程，确定了在近平衡区域内的化学扩散系数，进一步提高了反应后期分子扩散的传质控速方程的精度，完善了分段尝试法。

试验采用三种不同质量的焦炭，分别记为 A、B、C，其工业分析、元素分析和反应特性见表 11-1。

表 11-1　焦炭的工业分析、元素分析（质量分数）和热态强度分析

焦炭	工业分析/%				元素分析/%					热态强度	
	V_{ad}	A_{ad}	M_{ad}	FC_{ad}	C	H	O	N	S	反应强度	反应性
A	0.5	13.4	1.5	84.6	84.16	0.22	0	1.26	0.96	56.93	30.77
B	0.6	12.8	1.6	85.0	83.31	0.21	0.80	1.21	1.67	65.57	23.03
C	0.5	11.9	2.4	85.2	85.10	0.28	0.35	1.18	1.19	71.20	21.12

注：M_{ad} 为水分含量，%；A_{ad} 为灰分含量，%；V_{ad} 为挥发分含量，%；FC_{ad} 为固定碳含量，%。

焦炭气化过程的质量变化及气体成分变化利用热分析-质谱联用分析测定，其中质量变化数据采用 Setsysevo 同步分析仪（法国，Setaram 公司）采集，气体成分数据采用 ThermoStar 四极杆质谱仪（德国，PfeifferVacuum 公司）采集。

试样制备方法：先将一定量的块焦试样进行破碎，并用圆孔筛进行逐级筛分，将筛分出的粒径大于 0.074 mm 的焦炭颗粒继续破碎，至全部试样粒径小于 0.074 mm 后，将试样置于型号为 101-0AS 的电热鼓风干燥箱内，在 427 K 条件下烘干 2 h，即得试验试样。

试验流程：称取（10±0.1）mg 试样，将其放入热重分析仪的坩埚中，并以 100 mL/min 的气体流量向反应器内通入高纯 CO_2 气体，待称重示数稳定后记下试样质量，按程序设置的升温速率（焦炭 C 分别为 5.0 K/min、1.0 K/min、15.0 K/min 和 20.0 K/min，焦炭 A 和 B 为 10.0 K/min），升温到质量不再变化，试验过程中气氛仍以 100 mL/min 通入，同时，采用质谱仪测定 CO_2 和 CO 气体（质荷比分别为 44 和 18 的信号），并与已标定的数据进行对照，确定两者在尾气中的百分比含量。升温终止后，停止通气，试验结束。试验全过程动态记录数据，即焦炭的失重曲线和失重速率，及反应过程的气体成分的变化，经软件处理后得到试验结果。

在焦炭气化过程中，W 为任一时刻 t 时焦炭的质量，W_0 为焦炭的初始质量，W_A 为焦炭中灰分的质量分数，W_M 为焦炭中水分的质量分数，则定义焦炭在气化反应过程中的转化率 $\alpha = (W_0 - W)/[W_0(1 - W_A - W_M)]$。

11.1.2　非等温下焦炭气化反应试验结果

图 11-1 为不同试验条件下焦炭的转化率和气体中 CO 和 CO_2 的变化。

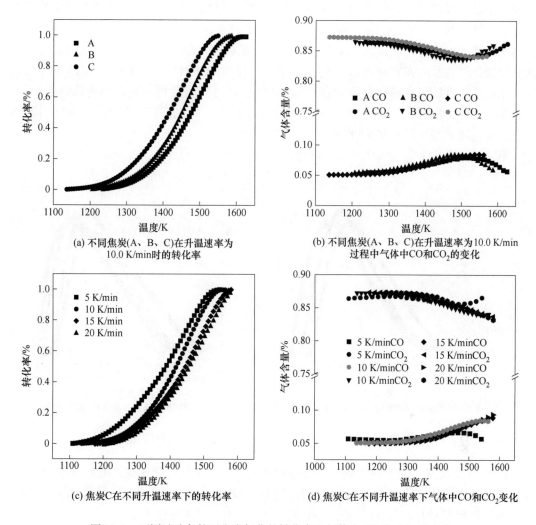

图 11-1 不同试验条件下焦炭气化的转化率和气体中 CO 和 CO_2 的变化

表 11-2 给出了不同条件下焦炭气化反应的温度和时间区间。

表 11-2 焦炭气化反应过程的温度和时间区间

焦炭	升温速率 $\beta/K \cdot min^{-1}$	反应温度区间/K	焦炭	升温速率 $\beta/K \cdot min^{-1}$	反应温度区间/K
A	10.0	1235.39 ~ 1610.16	C	10.0	1136.24 ~ 1567.86
B	10.0	1206.64 ~ 1586.61	C	15.0	1175.57 ~ 1581.10
C	5.0	1109.14 ~ 1545.39	C	20.0	1203.56 ~ 1590.68

由图 11-1(a) 可见，在相同升温速率（10 K/min）条件下，焦炭 C 气化反应开始温度比焦炭 B 低，焦炭 A 的值最低，具体见表 11-2。焦炭高温气化反应的开始温度与其挥发分和灰分及内部结构相关。三种焦炭挥发分含量相差不大，而焦炭 C 灰分含量低、固定碳含量高（表 11-1），所以其反应开始温度略低些；同理，焦炭 B 的灰分和固定碳含量居中（表 11-1），反应开始的温度也居中。不同焦炭在相同升温速率下的气化反应结束温

度与开始温度规律相同。在图 11-1（c）中，焦炭 C 气化反应的开始温度随着升温速率的增加而上升，其上升的温度与升温速率基本上呈正比关系；同样，反应的结束温度也随升温速率的增加而上升，但增加幅度要小于反应开始温度，如表 11-2 所示。这是因为升温速率加快，气化反应在相同的温度点下，停留反应时间相对变短，产生一定的热滞后现象，使得反应开始温度和反应结束温度升高，温度高时热滞后现象较之温度低时要小些。由表 11-2 可同时看出，焦炭 C 在不同升温速率条件下，气化反应开始温度区间在 100 K 左右，反应结束温度区间在 45 K 左右。

不同试验条件下焦炭气化反应的转化速率如图 11-2 所示。

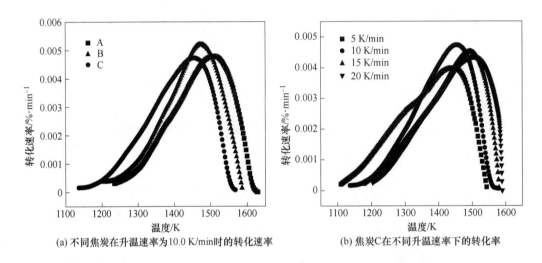

(a) 不同焦炭在升温速率为 10.0 K/min 时的转化速率　　(b) 焦炭 C 在不同升温速率下的转化率

图 11-2　不同试验条件下焦炭气化反应的转化速率曲线

由图 11-2 可见，只有在达到一定温度后焦炭才开始发生气化反应，随着温度的升高，气化反应转化速率变化过程呈现出先增加后减小的趋势，即气化反应过程中存在一个最大值，表明焦炭与 CO_2 的气化反应过程在不同阶段的控速机理发生了变化。

11.1.3　非等温下焦炭气化反应过程动力学模型

焦炭颗粒气化反应属于非均相的气固反应，在反应开始后会形成一个反应界面，随着反应的进行，在未反应部分的外层形成反应产物灰层，并逐渐变厚，反应气体需要通过形成的产物层才能与反应物进行反应，而且生成的产物必须通过形成的产物层才能扩散出去[14]。根据焦炭气化反应的特点，并结合前人的研究结果，反应前期选择了化学反应控速的未反应核模型，反应后期选择了内扩散控速的收缩核模型[15-16]。

11.1.3.1　焦炭气化反应前期化学反应动力学模型

焦炭气化反应 $C + CO_2 = 2CO$ 前期未反应核模型的一级反应动力学方程为：

$$-\frac{dc}{dt} = -\frac{d(W/M)}{dt} = k_{rea} S c_0 \tag{11-1}$$

式中，c 为焦炭不同时刻的物质的量浓度，mol/m^3；W 为焦炭在不同时刻体积质量，kg/m^3；M 为焦炭的摩尔质量，kg/mol；c_0 为焦炭的物质的量浓度，mol/m^3；k_{rea} 为反应速率常数，m/s；t 为反应时间，s；S 为反应面积，m^2。

$$c = \frac{W}{M} = \frac{4}{3} \pi r_i^3 \rho / M \tag{11-2}$$

式中，r_i 为焦炭为反应核心部分的半径，m；ρ 为焦炭的密度，kg/m^3。

将式（11-2）代入式（11-1）可得：

$$-\frac{d\left(\frac{4}{3}\pi r_i^3 \rho / M\right)}{dt} = k_{rea} S c_0 = k_{rea} 4\pi r_i^2 c_0 \tag{11-3}$$

整理式（11-3）可得：

$$-\frac{dr}{dt} = \frac{c_0 M k_{rea}}{\rho} \tag{11-4}$$

对于一级球状化学反应，转化率与球颗粒半径的表达式为：

$$\alpha = 1 - \left(\frac{r_i}{r_0}\right)^3 \tag{11-5}$$

式中，α 为反应率，为焦炭不同时刻失重量/焦炭总失重量；r_0 为焦炭颗粒的初始半径，m。

$$d\alpha = -3\frac{r_i^2}{r_0^3}dr \tag{11-6}$$

将式（11-5）和式（11-6）代入式（11-4）整理可得：

$$\frac{1}{3}(1-a)^{-\frac{2}{3}}\frac{d\alpha}{dt} = \frac{c_0 M}{\rho r_0} k_{rea} \tag{11-7}$$

将阿累尼乌斯公式 $k_{rea} = A\exp[-E_0/(RT)]$ 代入式（11-5）中，并考虑在匀速非等温条件下，升温速率为 $\beta = dT/dt$，取对数可得：

$$\ln\left[\frac{1}{3}(1-a)^{-\frac{2}{3}}\frac{d\alpha}{dT}\right] = \ln\left(\frac{c_0 M}{\rho r_0 \beta}A\right) - \frac{E_0}{R}\frac{1}{T} = \ln\left(\frac{W_0/V_0}{\rho r_0 \beta}A\right) - \frac{E_0}{R}\frac{1}{T} \tag{11-8}$$

令 $f_1(\alpha) = 1/3(1-\alpha)^{-2/3}$，根据式（11-8）中的 $\ln\left[f_1(\alpha)\frac{d\alpha}{dT}\right]$ 与 $1/T$ 的直线关系作图，可求得直线斜率 K_1 与截距 B_1，由下式分别计算指前因子 A 和反应活化能 E_0，进而给出化学反应速率常数 k_{rea}。

$$E_0 = -K_1 R; \quad A = \frac{\rho r_0 \beta \exp B_1}{c_0 M} = \frac{\rho r_0 \beta \exp B_1}{W_0/V_0} \tag{11-9}$$

式中，W_0 为反应前焦炭的质量，kg；V_0 为反应初始的体积，m^3；A 为指前因子，m/s；E_0 为反应活化能，J/mol；R 为气体常数。

11.1.3.2 焦炭气化反应后期扩散传质控速模型

焦炭气化反应进行到后期时扩散传质控速采用收缩核模型。

由焦炭颗粒气化反应的失重速率等于 CO_2 气体的扩散速率，可导出以下关系式：

$$-4\pi r_i^2 \frac{\rho}{M}\frac{dr}{dt} = 4\pi D_{ABP}\frac{r_0 r_i}{r_0 - r_i}(c_i - c_0) \tag{11-10}$$

式中，D_{ABP} 为 CO_2 有效扩散系数，$D_{ABP} = D_{AB} \cdot \varepsilon_P/\tau$，$m^2/s$，其中 D_{AB} 为扩散系数，对于圆形颗粒，$\tau = 1$，ε_P 为焦炭颗粒的孔隙率，取 0.31；c_i 为焦炭颗粒表面的 CO_2 气体浓度，特指反应后的浓度；c_0 为初始时气体中 CO_2 的浓度。

式（11-10）整理可得：

$$\left(r_i - \frac{r_i^2}{r_0} \right) \frac{dr}{dt} = -\frac{M(c_i - c_0)D_{ABP}}{\rho} = -\frac{M(c_i - c_0)D_{AB}\varepsilon_P}{\rho} \tag{11-11}$$

将式（11-5）和式（11-6）及扩散系数与温度的关系式，即阿累尼乌斯式 $D_{AB} = D_0 \exp[-E_D/(RT)]$（其中 D_0 为标准状态下的扩散系数，m^2/s；E_D 为扩散活化能，J/mol；R 为气体常数）和升温速率（$\beta = dT/dt$）代入式（11-11）可得[16]：

$$\frac{1}{3}\left[1 - (1-\alpha)^{-\frac{1}{3}}\right]\frac{d\alpha}{dT} = \frac{M(c_0 - c_i)\varepsilon_P}{\rho r_0^2 \beta}D_0 \exp\left(-\frac{E_D}{RT}\right) \tag{11-12}$$

对式（11-12）取对数可得：

$$\ln\left\{\frac{1}{3}\left[1 - (1-\alpha)^{-\frac{1}{3}}\right]\frac{d\alpha}{dT}\right\} = \ln\frac{M(c_0 - c_i)\varepsilon_P D_0}{\rho r_0^2 \beta} - \frac{E_D}{R}\frac{1}{T} \tag{11-13}$$

令 $f_2(\alpha) = \frac{1}{3}\left[1 - (1-\alpha)^{-\frac{1}{3}}\right]$，根据式（11-13）中的 $\ln\left[f_2(\alpha)\frac{da}{dT}\right]$ 与 $1/T$ 的直线关系作图，可求得直线斜率 K_2 与截距 B_2，由下式分别计算出标准状态下扩散系数 D_0 和扩散活化能 E_D。

$$E_D = -K_2 R; \quad D_0 = \frac{r_0^2 \rho \beta \exp B_2}{M(c_0 - c_i)\varepsilon_P} \tag{11-14}$$

11.2　非等温下分段尝试法拟合结果与动力学参数计算

11.2.1　试验数据与模型拟合结果

用分段尝试法将试验数据分别与前期化学反应控速模型［式（11-8）］和后期扩散传质模型［式（11-13）］进行拟合。在分段拟合中，分段点取两段拟合直线相关系数相加值最大的点，如两段相加的最大值相同，则取反应前期的相关系数值最大的点。

图11-3为采用分段尝试法时不同条件下焦炭气化反应过程拟合的直线与试验数据的对比图，其中（a）和（c）为前期化学反应控速模型的拟合结果，（b）和（d）为后期扩散传质控速模型的拟合结果。

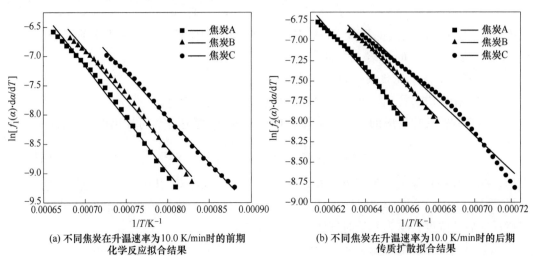

(a) 不同焦炭在升温速率为10.0 K/min时的前期
化学反应拟合结果

(b) 不同焦炭在升温速率为10.0 K/min时的后期
传质扩散拟合结果

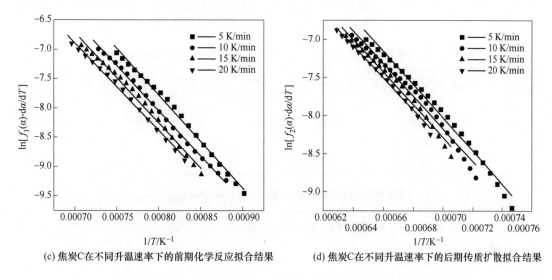

(c) 焦炭C在不同升温速率下的前期化学反应拟合结果　　(d) 焦炭C在不同升温速率下的后期传质扩散拟合结果

图 11-3　不同条件下焦炭气化反应试验数据和模型拟合结果对比图

表 11-3 和表 11-4 分别为不同焦炭在升温速率为 10.0 K/min 时和焦炭 C 在不同升温速率条件下采用分段尝试法拟合的反应前期和反应后期的线性方程参数。

表 11-3　不同焦炭在升温速率为 10.0 K/min 时分段尝试法拟合线性方程参数

焦炭	前期化学反应控速		后期内扩散控速	
	拟合线性方程	相关系数 r_1	拟合曲线方程	相关系数 r_2
A	$y = -18138x + 5.5340$	0.9936	$y = -26228x + 9.3989$	0.9886
B	$y = -16893x + 4.9457$	0.9974	$y = -23375x + 7.9245$	0.9915
C	$y = -15422x + 4.3010$	0.9975	$y = -21407x + 6.8103$	0.9838

表 11-4　焦炭 C 在不同升温速率下分段尝试法拟合线性方程参数

升温速率 /K·min^{-1}	前期化学反应控速		后期内扩散控速	
	拟合曲线方程	相关系数 r_1	拟合曲线方程	相关系数 r_2
5.0	$y = -15916x + 4.6550$	0.9941	$y = -21837x + 7.2053$	0.9898
10.0	$y = -15422x + 4.3010$	0.9975	$y = -21407x + 6.8103$	0.9838
15.0	$y = -15178x + 4.0512$	0.9905	$y = -21282x + 6.6810$	0.9858
20.0	$y = -14876x + 3.5207$	0.9950	$y = -20999x + 6.3956$	0.9855

由表 11-3 和表 11-4 可见，反应前期化学反应控速拟合线性方程的相关系数均保持在 0.990 以上，反应后期扩散传质控速拟合线性方程的相关系数为 0.9838 ~ 0.9955，均较反应前期的相关系数低。反应前期由化学反应方程拟合的结果与试验点的偏离较之反应后期要少。

11.2.2　计算的反应过程动力学参数

由表 11-3 和表 11-4 拟合的线性方程参数，将相关数据分别代入式（11-9）和式（11-14）

中，得到不同焦炭和不同升温速率下气化反应在前期化学反应过程中的动力学参数，分别见表 11-5 和表 11-7，后期扩散传质过程的动力学参数分别见表 11-6 和表 11-8。

表 11-5   不同焦炭在升温速率为 10.0 K/min 时的前期化学反应过程的动力学参数

焦炭	温度区间 T/K	转化温度 /K	指前因子 $A/m \cdot s^{-1}$	活化能 $E_0/kJ \cdot mol^{-1}$	反应速率常数 $k_{rea}/m \cdot s^{-1}$
A	1235.39 ~ 1511.32	1511.32	285470.25	150.80	$\ln k_{rea} = -18138/T + 12.56$
B	1206.64 ~ 1472.14	1472.14	166035.85	140.45	$\ln k_{rea} = -16893/T + 12.01$
C	1136.24 ~ 1385.16	1385.16	87430.07	128.21	$\ln k_{rea} = -15422/T + 11.37$

表 11-6   不同焦炭在升温速率为 10.0 K/min 时的后期扩散传质过程的动力学参数

焦炭	温度区间 T/K	转化温度 /K	标准扩散系数 $D_0/m^2 \cdot s^{-1}$	扩散活化能 $E_D/kJ \cdot mol^{-1}$	扩散系数 $D_{ABP}/m^2 \cdot s^{-1}$
A	1511.32 ~ 1630.16	1511.32	15966.02	247.0	$\ln D_{ABP} = -26228/T + 9.67$
B	1472.14 ~ 1586.61	1472.14	4454.67	194.34	$\ln D_{ABP} = -23375/T + 8.40$
C	1385.16 ~ 1567.86	1385.16	1508.99	177.97	$\ln D_{ABP} = -21407/T + 7.31$

表 11-7   不同升温速率下焦炭 C 的前期化学反应过程的动力学参数

升温速率 /K·min^{-1}	温度区间 T/K	转化温度 /K	指前因子 $A/m \cdot s^{-1}$	活化能 $E_0/kJ \cdot mol^{-1}$	反应速率常数 $k_{rea}/m \cdot s^{-1}$
5.0	1109.14 ~ 1338.96	1338.96	133178.19	132.32	$\ln k_{rea} = -15916/T + 11.79$
10.0	1136.24 ~ 1385.16	1385.16	87430.07	128.21	$\ln k_{rea} = -15422/T + 11.37$
15.0	1175.57 ~ 1417.24	1417.24	71126.97	126.19	$\ln k_{rea} = -15178/T + 11.17$
20.0	1203.56 ~ 1446.51	1446.51	43308.4	123.67	$\ln k_{rea} = -14876/T + 10.67$

表 11-8   不同升温速率焦炭 C 的后期扩散传质过程的动力学参数

升温速率 /K·min^{-1}	温度区间 T/K	转化温度 /K	标准扩散系数 $D_0/m^2 \cdot s^{-1}$	扩散活化能 $E_D/kJ \cdot mol^{-1}$	扩散系数 $D_{ABP}/m^2 \cdot s^{-1}$
5.0	1338.96 ~ 1545.39	1338.96	2314.52	181.55	$\ln D_{ABP} = -21837/T + 7.74$
10.0	1385.16 ~ 1567.86	1385.16	1508.99	177.97	$\ln D_{ABP} = -21407/T + 7.31$
15.0	1455.80 ~ 1581.10	1417.24	1284.57	176.93	$\ln D_{ABP} = -21282/T + 7.15$
20.0	1483.08 ~ 1590.68	1446.51	1030.01	174.58	$\ln D_{ABP} = -20999/T + 6.93$

由表 11-5 可见，在焦炭气化前期的化学反应控速过程中，焦炭 A 的活化能最大，焦炭 B 次之，焦炭 C 最小；指前因子和分段点温度的变化规律也相同。在气化反应后期的分子扩散控速过程中，焦炭 A 的扩散活化能最大，焦炭 B 次之，焦炭 C 最小；标准扩散系数的变化规律也相同，具体如表 11-6 所示。由表 11-5 和表 11-6 可以发现，同一焦炭气化反应过程的化学反应活化能都明显比质量传输扩散活化能小，气化反应过程随着温度的升高，前期化学反应的阻碍作用小于后期分子扩散的阻力，从而后期的扩散活化能大于前期化学反应的活化能。这与通常认为的化学反应过程的速度要比质量传输的速度快一致，

也表明采用分段尝试法将焦炭气化过程分成前期化学反应过程和后期质量传输过程是合理的[12]。

11.2.3 焦炭气化反应试验过程的热补偿效应

不同升温速率条件下，焦炭 C 在化学反应过程中的活化能和指前因子随着升温速率的增加而下降，而转化温度则随着升温速率的增加而升高，见表 11-7。表 11-8 中焦炭 C 在质量传输过程中的扩散活化能和标准扩散系数也是随着升温速率的增加而减小的。升温速率快，会使得化学反应过程和质量传输过程的活化能和扩散活化能降低，即越过的能峰降低；但化学反应速度常数和扩散系数则分别与指前因子和标准扩散系数成正比，而与活化能和扩散活化能成反比。只有分析不同温度下的反应速度常数和扩散系数才能对不同条件下焦炭的气化反应进行深入讨论。

表 11-9 为由表 11-5 ~ 表 11-8 中的公式计算得到的不同条件下的焦炭气化过程的反应速率常数和有效扩散系数，由于不同条件下反应过程的温度区间不同，因此选择了各过程中相同的温度进行比较。

表 11-9 不同条件下焦炭气化过程的反应速率常数和有效扩散系数

反应过程区域	反应温度/K	动力学参数	焦炭 A 10 K/min	焦炭 B 10 K/min	焦炭 C 5 K/min	焦炭 C 10 K/min	焦炭 C 15 K/min	焦炭 C 20 K/min
化学反应过程	1240	$k_{rea}/m \cdot s^{-1}$	1.27×10^{-1}	1.99×10^{-1}	3.54×10^{-1}	3.44×10^{-1}	3.43×10^{-1}	2.65×10^{-1}
	1280	$k_{rea}/m \cdot s^{-1}$	2.00×10^{-1}	3.05×10^{-1}	5.29×10^{-1}	5.07×10^{-1}	5.03×10^{-1}	3.86×10^{-1}
	1330	$k_{rea}/m \cdot s^{-1}$	3.40×10^{-1}	5.01×10^{-1}	8.45×10^{-1}	7.98×10^{-1}	7.85×10^{-1}	5.98×10^{-1}
质量传输过程	1515	$D_{ABP}/m^2 \cdot s^{-1}$	4.837×10^{-4}	8.858×10^{-4}	1.272×10^{-3}	1.092×10^{-3}	1.010×10^{-3}	9.773×10^{-4}
	1530	$D_{ABP}/m^2 \cdot s^{-1}$	5.732×10^{-4}	1.030×10^{-3}	1.465×10^{-3}	1.254×10^{-3}	1.159×10^{-3}	1.120×10^{-3}
	1540	$D_{ABP}/m^2 \cdot s^{-1}$	6.406×10^{-4}	1.138×10^{-3}	1.607×10^{-3}	1.373×10^{-3}	1.269×10^{-3}	1.224×10^{-3}

由表 11-9 可见，相同温度下的不同焦炭在相同升温速率下，化学反应速度常数都在同一个数量级，焦炭 A 比焦炭 B 低，焦炭 B 比焦炭 C 低；焦炭 A 的分子扩散系数比焦炭 B 的低，但两者数量级相同；焦炭 B 的分子扩散系数比焦炭 C 的要低些。在非等温相同的升温速率条件下，不同焦炭的化学反应速度和分子扩散速度的变化与表 11-1 中焦炭中的灰分含量成反比关系。此外，相同升温速率条件下，如化学反应速度常数和分子扩散系数较低，则对应的反应开始温度、转化温度和结束温度都较高。非等温条件下测定的气化反应过程动力学常数变化规律与生产现场测定的焦炭反应特性变化规律相反（在表 11-1 中，不同焦炭的反应性的高低顺序为 A、B 和 C，焦炭 C 的质量最好），其原因是两者研究的方法和目的不同，焦炭反应性的试验测定的是块状焦炭在等温条件下（1373 K，2 h）的失重量，而本试验测定的则是在非等温条件下细颗粒焦炭气化反应基本全部结束的速度，如焦炭 C 在非等温条件下气化的开始时间、转化时间和结束时间均较早。

由表 11-9 还可发现，焦炭 C 在同一温度下，随着升温速率的增加，化学反应速率常数 k_{rea} 与有效扩散系数 D_{ABP} 均逐渐变小。

图 11-4 分别给出了焦炭 C 在不同升温速率下，前期 lnA 与 E_0 和后期 lnD_0 与 E_D 的关系图。

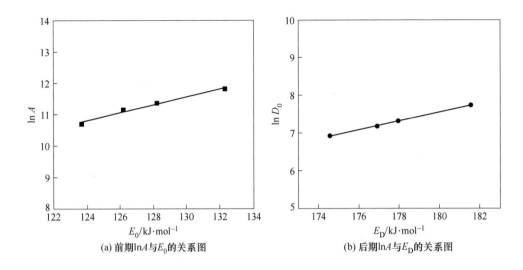

(a) 前期lnA与E_0的关系图　　　　(b) 后期lnA与E_D的关系图

图 11-4　焦炭 C 不同升温速率下 lnA 和 lnD_0 分别与 E_0 和 E_D 的关系图

由图 11-4 可见，随着升温速率的变化，同一反应区间内的指前因子 lnA 和标准扩散系数 lnD_0 分别随着化学反应活化能 E_0 和扩散活化能 E_D 的增加而增大，这种现象称为补偿效应[17-18]。产生此种现象的原因是加热速率会影响其气化过程的温度区间，尤其是在气化反应是强吸热反应，以及热电偶与试样会有一定距离等条件下，补偿效应会表现出来，从而 A 和 D_0 分别与 E 和 E_0 随着升温速率的增加而减小。

11.3　非等温下研究焦炭气化反应过程的分段尝试法的改进

11.3.1　用唯象理论对反应后期分子扩散方程参数进行修正

采用分段尝试法研究不同焦炭的气化反应过程，确定了前期化学反应为控制环节，该控制区域远离平衡，化学还原反应过程是零级张量，而分子扩散的传质过程是一阶张量，根据库瑞定理，不同张量之间不能产生耦合。由表 11-9 分段尝试法得到的动力学参数可见，前期化学反应的反应速度常数要比后期的分子扩散系数高出 2~3 个数量级，与通常认为的化学反应速率要远高于扩散传质速率是吻合的[14-15]。由于化学反应速率要比分子扩散速率高出多个数量级，分子扩散对化学反应干涉的影响可以忽略不计，因此在反应过程前期可以不计分子扩散对化学反应的干涉，这与前期化学反应控速区域模型与试验点吻合得很好完全一致。

焦炭气化反应后期分子扩散为控制环节，反应过程后期属于近平衡区域，可认为在该区域内化学反应过程和分子扩散为同阶张量，考虑化学反应过程对扩散传质过程的干涉，这并不违反库瑞定理。化学反应对扩散传质干涉的影响也不一定是线性的，需要通过试验来确定化学反应高次项的影响。在近平衡区域内，由于化学反应和分子扩散的耦合矩阵是非对称的，因此也不违反昂色格定理[20]。

根据唯象理论，参考研究传热（热传导）与传质（分子扩散）之间相互耦合的方法，如由热传导对传质干涉的索莱特效应和杜伏效应的方法，提出了在非等温条件下，近平衡区域内单一化学反应对扩散传质干涉（耦合）的方程如下：

$$J_w = \frac{\partial \alpha}{\partial t} = \beta \frac{\partial \alpha}{\partial T} = -D_e \beta \mathrm{grad}\alpha - \nu_i \left[L_{1m}\frac{A_m}{T} + L_{2m}\left(\frac{A_m}{T}\right)^2 + L_{3m}\left(\frac{A_m}{T}\right)^3 + L_{4m}\left(\frac{A_m}{T}\right)^4 + L \right]$$

$$(11\text{-}15)$$

式中，J_w 为扩散通量；L_{1m}、L_{2m}、L_{3m} 等为考虑化学反应对扩散过程耦合的互唯象系数。

式（11-15）中的第一项和第二项为试验得到结果的表达式，第三项为由分段尝试法按式（11-13）的模型求出的结果，第四项为化学反应过程对分子扩散过程的干涉，互唯象系数可由反应后期的试验数据与分段尝试法确定的适合模型的差值，按要求的精度确定所需的高次项和相应的互唯象系数。

在图11-3(a) 和(c) 中，前期化学反应拟合直线与试验点吻合得较好；而在图11-3(b) 和(d) 中，后期扩散传质拟合直线与试验点吻合得相对差些，其原因是在近平衡区域内化学反应对分子扩散过程的干涉。

令式（11-15）等号左边项 $f_2(\alpha)\frac{\partial \alpha}{\partial T} = \ln\left\{ \frac{1}{3}\left[1 - (1-\alpha)^{-\frac{1}{3}} \right]\frac{d\alpha}{dT} \right\} = \psi(\alpha)_{试验点}$ 和等号右

边项 $\ln \frac{M(c_0 - c_i)\varepsilon_P D_0}{\rho r_0^2 \beta} - \frac{E}{R}\frac{1}{T} = B_2 + K_2 \frac{1}{T} = \psi(\alpha)_{拟合点}$ 分别为试验值和模型拟合值，可以

得到确定化学反应过程对分子扩散过程干涉通量的表达式为：

$$J_{干涉} = \Delta\psi(\alpha) = \psi(\alpha)_{试验点} - \psi(\alpha)_{拟合点} = l_1\frac{A}{T} + l_2\left(\frac{A}{T}\right)^2 + l_3\left(\frac{A}{T}\right)^3 + \cdots \quad (11\text{-}16)$$

式中，$J_{干涉}$ 为在近平衡区域内化学反应对分子扩散干涉影响的传质通量，min^{-1}；$\Delta\psi(\alpha)$ 为图11-3(b) 和(d) 后期分子扩散试验点与拟合直线的差值，min^{-1}；l_i 为化学反应的扩散系数（互唯象系数），其中包括考虑了质量为单位转化率的系数，$\mathrm{mol \cdot K/(J \cdot min)}$；$A$ 为亲和力，即产物与反应物的化学势差，也就是自由能差 ΔG，$\mathrm{J/mol}$；T 为反应温度，K，在非等温过程中 $dT = \beta dt$，β 为升温速率，$\mathrm{K/min}$。

由图11-3(b) 和(d) 分别确定出不同时刻对应的 $\Delta\psi(\alpha)$ 值，与 A/T 作图，可以得出在近平衡区域的后期扩散传质控速阶段、化学反应的扩散系数 l_i 和高次的次数。

焦炭中碳的气化反应：

$$\mathrm{C(s)} + \mathrm{CO_2(g)} = 2\mathrm{CO(g)} \qquad \Delta G^{\ominus} = 172130 - 177.46T \qquad (11\text{-}17)$$

$$\frac{A}{T} = \frac{\Delta G^{\ominus}}{T} + R\ln\frac{p_{CO_2}^2}{a_C p_{CO}} = \frac{172130}{T} - 177.46 + R\ln\frac{p_{CO_2}^2}{p_{CO}} \qquad (11\text{-}18)$$

将反应后期不同时间测定的 CO 和 CO_2 的成分和试验过程对应的反应温度代入式（11-16）中，即可确定出 A/T。

图11-5(a) 和（b）分别给出了焦炭 A 和焦炭 C 在升温速率为 10.0 K/min 时 $\Delta\psi(\alpha)$ 与 A/T 关系图中拟合不同高次的曲线。

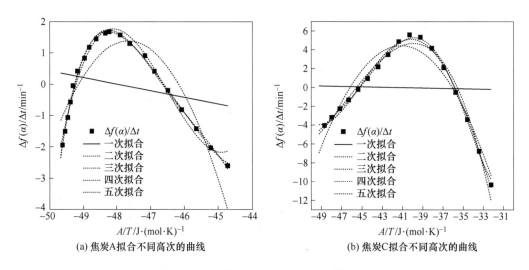

(a) 焦炭A拟合不同高次的曲线   (b) 焦炭C拟合不同高次的曲线

图 11-5   不同高次的耦合曲线拟合结果

图 11-5 中焦炭 A 和焦炭 C 按式（11-16）拟合的不同高次的关系式如下（其中 $x = A/T$）：

焦炭 A 10 K/min：

一次方： $-10.08 - 0.2102x$ $r_3 = 0.0548$

二次方： $-1414.81 - 59.43x - 0.6236x^2$ $r_3 = 0.8057$

三次方： $24039.92 + 1554.58x + 33.46x^2 + 0.2399x^3$ $r_3 = 0.9793$

四次方： $-240644.82 - 20848.85x - 677.33x^2 - 9.7791x^3 - 0.05294x^4$ $r_3 = 0.9927$

五次方： $2.7642 \times 10^6 + 297242.29x + 12787.39x^2 + 275.10x^3 + 2.9599x^4 + 0.01274x^5$

$r_3 = 0.9941$

焦炭 C 10 K/min：

一次方： $-0.8602 - 0.02073x$ $r_3 = 0.0006$

二次方： $-289.42 - 14.2884x - 0.1737x^2$ $r_3 = 0.9250$

三次方： $-958.67 - 64.21x - 1.4039x^2 - 0.01001x^3$ $r_3 = 0.9816$

四次方： $1905.05 + 221.41x + 9.2094x^2 + 0.1641x^3 + 0.00106x^4$ $r_3 = 0.9934$

五次方： $18268.65 + 2264.65x + 110.74x^2 + 2.6741x^3 + 0.03193x^4 + 1.5111 \times 10^{-4}x^5$

$r_3 = 0.9977$

由图 11-5 可见，一次方关系式的误差较大，表明化学反应对分子扩散的传质过程的影响不是线性的，必须考虑高次方关系式。二次方关系式的吻合情况有很大的改善，三次方关系式回归的曲线与试验点吻合得较好，四次方关系式吻合得非常好，相关系数高达 0.987。从图 11-5(a) 可以看出，采用五次方关系式虽然相关系数可进一步提高，但曲线局部有波动。综合分析后决定采用四次方关系式，这与前人用非平衡态热力学方法研究反应过程动力学，采用合适关系式的方法相近[20]。需要指出的是，在考虑干涉影响后，曲线拟合后的相关系数达到 0.987 以上，是在图 11-3(b) 和（d）中回归直线相关系数

0.9955～0.9838 的基础上，进一步地提高了模型方程与试验数据的吻合程度。

11.3.2 非等温下焦炭气化反应过程中扩散传质方程的完善

由图 11-5 可见，由于试验点不经过原点，采用回归公式进行拟合处理时会有常数项，考虑化学反应对扩散干涉的实质是对试验点和拟合点的修正，对式（11-16）进行引入常数项的修正。

$$J_{干涉} = \Delta\psi(\alpha) = \psi(\alpha)_{试验点} - \psi(\alpha)_{拟合点} = l_0 + l_1\frac{A}{T} + l_2\left(\frac{A}{T}\right)^2 + l_3\left(\frac{A}{T}\right)^3 + l_4\left(\frac{A}{T}\right)^4 + \cdots$$

$$(11\text{-}19)$$

式中，l_0 为常数项。

表 11-10 给出了不同试验条件下，焦炭气化反应后期考虑化学反应干涉时的扩散传质方程式（11-19）中的化学反应扩散系数（四次关系式）。

表 11-10　焦炭气化反应后期的扩散传质方程中的化学反应扩散系数（四次方关系式）

焦炭	升温速率 /K·min^{-1}	l_0	l_1	l_2	l_3	l_4	相关系数 r_3
A	10.0	−240644.82	−20848.85	−677.33	−9.7791	−0.05294	0.9927
B	10.0	−227442.48	−20687.83	−705.51	−10.69	−0.06073	0.9923
C	5.0	−495.15	−43.39	−1.4781	−0.0244	−0.000170	0.9945
	10.0	1905.05	221.41	9.2094	0.1641	0.00106	0.9934
	15.0	2516.79	275.47	10.86	0.1843	0.00114	0.9913
	20.0	85.53	40.26	2.3483	0.04824	0.000334	0.9853

根据表 11-10 中不同的化学反应扩散系数，考虑焦炭气化反应后期改进的扩散传质方程如下所示：

$$\ln\left[\frac{1}{3}(1-(1-\alpha)^{-\frac{1}{3}})\frac{d\alpha}{dT}\right] = \ln\frac{M(c_0-c_i)\varepsilon_P D_0}{\rho r_0^2\beta} - \frac{E}{R}\frac{1}{T} + \left[l_0 + l_1\frac{A}{T} + l_2\left(\frac{A}{T}\right)^2 + l_3\left(\frac{A}{T}\right)^3\right]$$

$$(11\text{-}20)$$

在式（11-28）中代入表 11-8 和表 11-9 中的对应数据可以定量给出不同试验改进后的扩散传质方程。

式（11-21）给出了焦炭 C 在升温速率为 10 K/min 条件下气化反应后期完善后的分子扩散方程。

同理，可以给出非等温条件下其他试验编号焦炭试验完善后的气化反应后期的扩散传质方程，需要指出的是，不同方程对应的适用温度区间不同。

$$\ln\left\{\frac{1}{3}[1-(1-\alpha)^{-\frac{1}{3}}]\frac{d\alpha}{dT}\right\} = \ln\frac{M(c_0-c_i)\varepsilon_P 18.594\times10^2}{\rho r_0^2} - \frac{1.222\times10^2}{RT} +$$

$$\left[449.56 + 40.14\frac{A}{T} + 1.1366\left(\frac{A}{T}\right)^2 + 0.01033\left(\frac{A}{T}\right)^3\right]$$

$$1410.9\ \text{K} \leqslant T \leqslant 1579.9\ \text{K}$$

$$(11\text{-}21)$$

11.4　非等温下半焦气化反应试验和结果及模型

11.4.1　非等温下半焦气化反应试验

低变质烟煤资源占我国煤炭资源总量的50%以上，采用中低温热解技术提取高附加值固气液产物，使低变质烟煤资源被高效分质利用。泥煤、褐煤和高挥发分的烟煤等经低温（773～973 K）干馏后得到的固体产物，称为半焦，因其燃烧时有很短的蓝色火焰，因此俗称兰炭[21]。半焦应用广泛，可作为铁合金和电石的还原剂、锅炉发电、民用燃料、碳质吸附剂及合成氨的造气原料等，主要用在电石、铁合金、硅铁、碳化硅等领域[22-23]。我国在未来几十年或更长时期内，高炉仍将是主流的炼铁工艺，如何改进高炉原料、燃料，提高其性价比一直备受关注[16,24]。虽然半焦反应后的强度远低于焦炭，不能在高炉内起到骨架作用，但其反应性优于焦炭，可作为焦丁添加到焦炭层里，从而使得自身优先气化而减少半焦熔损和渣铁侵蚀，对焦炭起到一定的保护作用，有利于改善炉料的透气性，保证高炉生产稳定和顺行[5,25]。

半焦气化反应过程动力学研究为基础性工作，对实现合理利用煤炭资源具有重大的实际意义[26]。关于半焦与CO_2的气化反应过程动力学，前人已有不少研究和报道，大部分都采用单一的模型，广泛被研究者使用的模型由于体积反应模拟条件的不同，对反应过程描述的侧重点各不相同。常用模型为体积反应模型、收缩核模型、随机孔模型和修正的体积模型等[10,27-29]。通常认为高温冶金反应过程的前期和后期分别为化学反应和扩散过程，而单一模型不能定量给出化学反应过程和扩散传质过程控制的转换点。

采用分段尝试法研究反应过程动力学，确定不同控制环节的相关动力学参数（化学反应速度常数、分子扩散系数）及两种控制环节，可为冶金反应过程解析提供必要定解条件中的重要参数[12,15,30-32]。由分段尝试法对前期模型与试验数据进行拟合的结果显著优于后期模型，且化学反应速率比扩散传质速率高出多个数量级。根据不可逆过程不同通量干涉理论，可认为这是化学反应过程对分子扩散过程干涉的结果[14]。考虑到在非等温条件下半焦气化反应后期在近平衡区域，依据不可逆过程热力学相关理论，建立了在气化反应后期化学反应过程对扩散传质过程干涉的方程，进而确定了化学反应扩散系数，提高了后期扩散传质方程模型与试验数据的拟合精度，完善了对分段尝试法的改进，为冶金反应工程学的建立提供了必要的基础。

试验中使用的不同的半焦工业分析、元素分析和发热值见表11-11，比表面积及孔隙结构分析见表11-12。

表 11-11　半焦的工业分析、元素分析和发热值

样品	工业分析(质量分数)/%							元素分析(质量分数)/%					发热值/kJ·g^{-1}
	M_{ad}	V_{ad}	V_{ad}/等级	FC_{ad}	FC_{ad}等级	A_{ad}	A_{ad}/等级	C_{ad}	H_{ad}	O_{ad}	N_{ad}	S_{ad}	
S1	3.01	6.22	2	83.34	5	7.43	4	88.28	1.38	9.50	0.64	0.20	31.07
S2	0.93	5.94	2	87.15	3	5.98	2	65.70	1.08	32.52	0.46	0.24	30.97
S3	0.85	8.57	2	81.94	6	8.65	5	54.97	1.54	41.57	1.64	0.29	32.15

注：角标 ad 表示在空气干燥基中测得；M_{ad} 为水分含量；A_{ad} 为灰分含量；V_{ad} 为挥发分含量；FC_{ad} 为固定碳含量；氧元素含量由差减法获得。依据《兰炭产品品种及等级划分》（GB/T 25212—2010）确定等级。

表 11-12 半焦比表面积及孔隙结构分析结果

半焦	比表面积/$m^2 \cdot g^{-1}$	孔容/$cm^3 \cdot g^{-1}$	吸附平均孔径/nm
S1	22. 174	0. 024	4. 417
S2	45. 239	0. 039	3. 440
S3	57. 049	0. 045	3. 122

不同半焦使用的煤均为神木长焰煤，S1、S2 和 S3 分别采用直立内热炉工艺生产的 WSQ（水泡熄焦）、DQ（烟气干法熄焦）和东风半焦（水喷熄焦）。

由表 11-11 中的工业分析结果可见，S3 采用水喷熄焦的固定碳含量最低，挥发分和灰分含量最高；S2 采用烟气干法熄焦的固定碳最高，挥发分和灰分最低。元素分析的结果表明，S1 的碳元素最高，S2 次之，S3 最低；氧元素的含量则相反；发热值 S1 和 S2 相差不大，S3 略高些。

表 11-12 中，S3 的比表面积和空容最大，S2 次之，S1 最小；而吸附平均孔径则是 S1 的最大，S2 次之，S3 最小。

半焦气化过程的质量变化及气体成分变化利用热分析-质谱联用分析测定，其中质量变化数据采用 Setsysevo 同步分析仪（法国，Setaram 公司）采集，气体成分数据采用 ThermoStar 四极杆质谱仪（德国，PfeifferVacuum 公司）采集。

试样制备方法：先将一定量的块焦试样进行破碎，并用圆孔筛进行逐级筛分，之后将筛分出的粒径小于 0.074 mm 的焦炭颗粒置于 01-0AS 型电热鼓风干燥箱内，在 423 K 下烘干 2 h，即得试验试样。

试验流程：称取（10 ± 0.1）mg 试样，将其放入热重分析仪的坩埚中，并以 100 mL/min 的气体流量向反应器内通入高纯 CO_2 气体，待称重示数稳定后记下试样质量，按程序设置的升温速率（半焦 S3 分别为 5.0 K/min、10.0 K/min、15.0 K/min 和 20.0 K/min，半焦 S1 和 S2 为 10.0 K/min），升温到质量不再变化，试验过程中气氛仍以 100 mL/min 通入，同时，采用质谱仪测定 CO_2 和 CO 气体（质荷比分别为 44 和 18 的信号），并与已标定的数据进行对照，确定两者在尾气中的百分比含量。升温终止后停止通气，试验结束。试验全过程动态记录数据，即焦炭的失重曲线和失重速率，及反应过程气体成分的变化，经软件处理后得到试验结果。

11. 4. 2 试验结果与分析

半焦在气化反应过程中的转化率 $\alpha = (W_0 - W)/[W_0(1 - W_A - W_M)]$，其中 W 和 W_0 分别为半焦在任一时刻 t 时的质量和初始质量；W_A 和 W_M 分别为半焦中灰分和水分的质量分数。

图 11-6 为不同条件下半焦的转化率和气体中 CO 和 CO_2 的变化。

由图 11-6(a) 可见，在相同升温速率（10 K/min）下，半焦 S2 的气化反应起始温度比另外两种半焦要低些，其值见表 11-13，半焦在高温气化反应中的起始温度与其挥发分和固定碳含量及内部结构有关；S2 半焦的挥发分和固定碳两者之和最大，S3 次之，S1 最小；S1 的气化反应的起始温度最低，S3 次之；反应结束的温度 S2 最低，S1 次之，S3 最

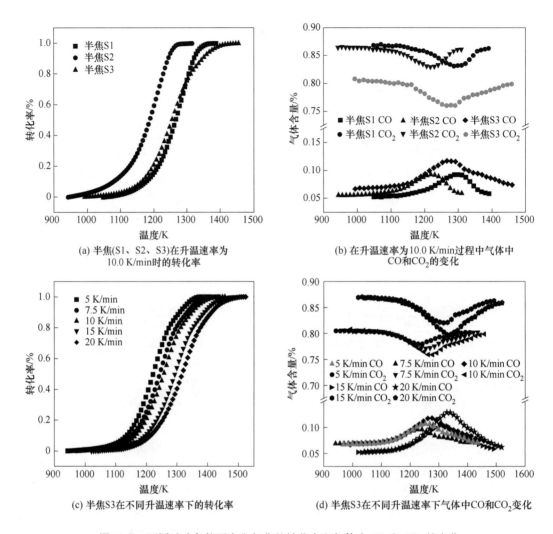

图 11-6   不同试验条件下半焦气化的转化率和气体中 CO 和 CO_2 的变化

高，这与其灰分的含量顺序相同。由图 11-6（c）可见，随着升温速率的增加，反应的起始温度和结束温度均随之提高，这是由升温速率增加后对热量传递的变化所致。

表 11-13 给出了不同条件下半焦的气化反应的温度和时间区间。

表 11-13   半焦气化过程反应过程的温度区间

半焦	升温速率 $\beta/\mathrm{K \cdot min^{-1}}$	反应温度区间/K	半焦	升温速率 $\beta/\mathrm{K \cdot min^{-1}}$	反应温度区间/K
S1	10.0	1047.55~1393.01	S3	7.5	968.64~1437.28
S2	10.0	942.54~1319.04	S3	15.0	1018.63~1495.36
S3	10.0	992.05~1461.59	S3	20.0	1040.06~1523.70
S3	5.0	941.48~1411.58			

不同试验条件下半焦气化反应的转化速率如图 11-7 所示。

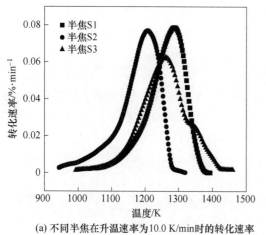

(a) 不同半焦在升温速率为10.0 K/min时的转化速率

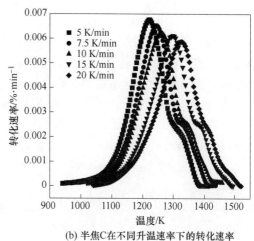

(b) 半焦C在不同升温速率下的转化速率

图 11-7 不同升温速率下半焦的转化速率曲线

由图 11-7 可见，在达到一定温度后半焦才开始发生气化反应，随着温度的升高，气化反应转化速率变化过程呈现先增加后减小的趋势，即气化反应过程中存在一个最大值，表明整个气化反应在不同的阶段其控速机理发生了变化。在半焦气化反应前期，反应速率会随着反应比表面积的增加而增大[33]。随着半焦表面固体的消耗，闭孔被打开，反应表面积增加，从而导致反应速率增加。在气化反应前期，半焦内部温度梯度不大，扩散对半焦气化过程的影响很小，气化过程处于化学反应控制区域[34]。在反应后期，由于半焦颗粒中灰熔融的影响，颗粒内部反应气的浓度梯度增大，从而导致反应气扩散阻力的增加。此时，半焦内部存在较大的浓度梯度，扩散成为制约气化反应过程的最主要因素，在高温段下气化反应速率受内扩散的控制更为显著。根据半焦气化反应的特点，将反应过程分为前期由化学反应控速和后期为扩散传质控速，并建立相应的动力学模型。

11.4.3 非等温下半焦气化反应过程动力学模型

通常研究半焦反应过程动力学是将不同的模型代入动力学方程并对其进行拟合，选取线性最佳的 $f(\alpha)$，该模型即为最合适的机理函数[10]。分段尝试法是根据半焦气化反应特性，选取常用的半焦气化机理函数微分式，采取逐一尝试的方法，将反应前期与反应后期的数据代入微分方程式进行计算与拟合，选取拟合线性关系最大的机理函数为这一阶段的控制模型[15,30-31]。

11.4.3.1 半焦气化反应前期化学反应动力学模型

通过对比不同模型的拟合结果，认为半焦前期气化的化学反应最佳机理函数为随机孔模型[10]。半焦颗粒具有典型的多孔结构，随机孔模型假设颗粒的孔结构是由不同半径的圆柱形孔所构成的，气化反应主要发生在孔隙的内表面，并假设反应速率与反应的孔隙内表面积成正比[30]。在非等温条件下结合阿累尼乌斯公式 $k_{rea} = A\exp[-E_0/(RT)]$ 可给出半焦前期反应动力学方程：

$$\frac{d\alpha}{dT} = \frac{k_{rea}}{\beta}\delta_1 f_1(\alpha) = \frac{\delta_1 A}{\beta}\exp\left(-\frac{E_0}{RT}\right) f_1(\alpha) \tag{11-22}$$

式中，α 为反应率，为半焦不同时刻失重量/半焦总失重量；β 为升温速率，dT/dt，其中 T 为温度，K，t 为反应时间，s；k_{rea} 为反应速率常数，m/s；$\delta_1 = bMC_0/(\rho r_0) = bW_0/(V_0 \rho r_0)$，其中 b 为化学反应系数，M 为半焦摩尔质量，kg，C_0 为半焦体体积浓度，mol/m^3，W_0 为反应前半焦的质量，kg，V_0 为反应物的体积，m^3；$f_1(\alpha)$ 为反应机理函数的微分形式；A 为指前因子；E_0 为反应活化能，J/mol；R 为气体常数。

假设半焦颗粒的孔结构由不同半径的圆柱形孔构成，与 CO_2 的气化反应主要发生在孔隙的内表面，且反应速率与反应的孔隙内表面积成正比，随机孔模型的反应机理函数为 $f_1(\alpha) = (1-\alpha)[1-\psi\ln(1-\alpha)]^{1/2}$。$\psi$ 是一个结构参数，定义为：

$$\psi = \frac{4\pi L_0(1-\varepsilon_0)}{S_0^2} \tag{11-23}$$

式中，L_0 为单位体积的初始孔隙总长度，m；S_0 为单位体积的初始反应表面积，m^2；ε_0 为初始孔隙度；结构参数 $\psi = 1.31$。

对于非等温条件下的程序升温情况，升温速率 $\beta = dT/dt$，代入式（11-22）中，整理得到前期化学反应模型的微分式：

$$\ln\left[\frac{d\alpha}{dT}\frac{1}{f_1(\alpha)}\right] = -\frac{E_0}{RT} + \ln\frac{A}{\beta} \tag{11-24}$$

式中，α 为反应率，为半焦不同时刻失重量/半焦总失重量；β 为升温速率。

由式（11-23）中 $\ln[(d\alpha/dt) \times 1/f_1(\alpha)]$ 和 $1/T$ 关系，代入数据进行线性拟合，可得直线斜率 K_1 和截距 B_1，再由下式分别计算出反应活化能 E_D 和指前因子 A，进而得到化学反应速度常数 k。

$$E_0 = -K_1 R; \quad k_{rea} = \frac{\beta E_0 \exp B_1}{R} \tag{11-25}$$

11.4.3.2　半焦气化反应后期扩散传质控速模型

半焦气化反应属于非均相的气固反应，在反应开始后会形成一个反应界面，随着反应的进行，在未反应部分的外层形成反应产物灰层，并逐渐变厚，反应后期气体需要通过形成的产物层才能与反应物进行反应，而且生成的产物必须通过形成的产物层才能扩散出去，该阶段为质量传输控制模型，反应后期选择内扩散控速收缩核模型[35]。根据分子扩散方程，在非等温条件下半焦气化反应进行到后期对应的反应动力学方程为：

$$\frac{d\alpha}{dT} = \frac{D}{\beta}\delta_2 f_2(\alpha) = \frac{\delta_2 D_{ABP}\varepsilon_P}{\beta}f_2(\alpha) = \frac{\delta_2 D_0\varepsilon_P}{\beta}\exp\left(-\frac{E_D}{RT}\right)f_2(\alpha) \tag{11-26}$$

式中，D_{ABP} 为 CO_2 有效扩散系数，$D_{ABP} = D_{AB} \cdot \varepsilon_P/\tau$，$m^2/s$，对于球型 $\tau = 1$；ε_P 为半焦颗粒的孔隙率，取 0.31；D_{AB} 为扩散系数，m^2/s，$D_{AB} = D_0\exp[-E_D/(RT)]$；$D_0$ 为标准状态下的扩散系数，m^2/s；E_D 为扩散活化能，J/mol；$\delta_2 = bM(c_0-c_i)/(\rho r_0^2)$，其中 c_i 为半焦颗粒表面的 CO_2 气体浓度，特指反应后的浓度；c_0 为初始时气体中 CO_2 的浓度。

半焦气化反应后期的收缩核内扩散模型机理函数为 $f_2(\alpha) = 3/2[(1-\alpha)^{-1/3}-1]^{-1}$，将其代入式（11-26）可得到后期扩散传质控速模型的微分式：

$$\ln\left[\frac{d\alpha}{dT}\frac{1}{f_2(\alpha)}\right] = \ln\frac{\delta_2 D_0\varepsilon_P}{\beta} - \frac{E_D}{RT} \tag{11-27}$$

根据式（11-27）中 $\ln[(d\alpha/dt) \times 1/f_2(\alpha)]$ 与 $1/T$ 直线关系作图，可得直线斜率 K_2 与截距 B_2，由下式分别计算扩散活化能 E_D 和标准状态下的扩散系数 D_0，进而得到有效

扩散系数 D_{ABP}。

$$E_{\text{D}} = -K_2 R; \ D_0 = \frac{\beta E_{\text{D}} \exp B_2}{\delta_2 \varepsilon_{\text{P}} R} \qquad (11\text{-}28)$$

11.5　非等温下分段尝试法拟合结果与动力学参数计算

11.5.1　试验数据与模型拟合结果

用分段尝试法将试验数据分别与前期化学反应控速模型［式（11-24）］和后期扩散传质模型［式（11-27）］进行拟合。在分段拟合中，分段点取两段拟合直线相关系数相加值最大的点，如两段相加的最大值相同，则取反应前期的相关系数值最大的点。

图 11-8 为采用分段尝试法时不同试验条件下半焦气化反应过程拟合的直线与试样数

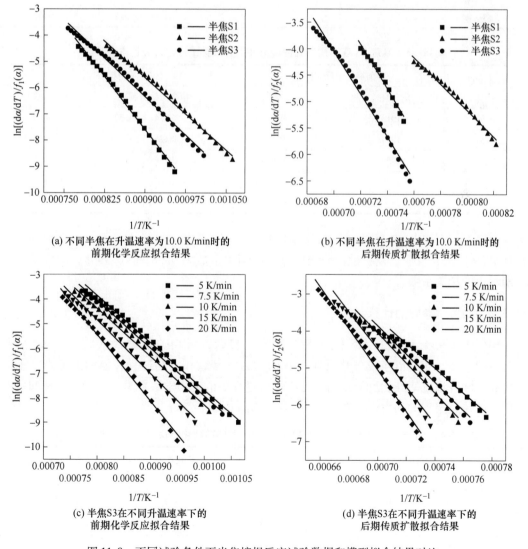

(a) 不同半焦在升温速率为 10.0 K/min 时的
前期化学反应拟合结果

(b) 不同半焦在升温速率为 10.0 K/min 时的
后期传质扩散拟合结果

(c) 半焦 S3 在不同升温速率下的
前期化学反应拟合结果

(d) 半焦 S3 在不同升温速率下的
后期传质扩散拟合结果

图 11-8　不同试验条件下半焦熔损反应试验数据和模型拟合结果对比

据的对比图，其中（a）和（c）为前期化学反应控速模型的拟合结果，（b）和（d）为后期扩散传质控速模型的拟合结果。

由图 11-8(a) 和（c）可见，反应前期用化学反应控速模型拟合的直线与试验数据点吻合得很好，反应后期用扩散传质控速模型与试验数据点拟合的直线较前期有些差距，见图 11-8(b) 和（d）。

表 11-14 和表 11-15 分别给出了不同半焦在升温速率为 10.0 K/min 时和半焦 S3 在不同升温速率条件下采用分段尝试法拟合的线性方程参数。

表 11-14   不同半焦在升温速率为 10.0 K/min 时分段尝试法拟合线性方程参数

半焦	前期化学反应控速		后期内扩散控速	
	拟合线性方程	相关系数 r_1	拟合曲线方程	相关系数 r_2
S1	$y = -26768x + 16.49$	0.9955	$y = -41885x + 26.22$	0.9828
S2	$y = -18441x + 10.98$	0.9946	$y = -24951x + 14.79$	0.9861
S3	$y = -19532x + 11.41$	0.9944	$y = -40455x + 24.25$	0.9902

表 11-15   半焦 S3 在不同升温速率条件下分段尝试法拟合线性方程参数

升温速率 /K·min^{-1}	前期化学反应控速		后期内扩散控速	
	拟合曲线方程	相关系数 r_1	拟合曲线方程	相关系数 r_2
5.0	$y = -19131x + 11.39$	0.9953	$y = -33514x + 19.79$	0.9889
7.5	$y = -19248x + 11.40$	0.9954	$y = -38126x + 22.82$	0.9883
10.0	$y = -19532x + 11.41$	0.9944	$y = -40455x + 24.25$	0.9902
15.0	$y = -21790x + 12.58$	0.9929	$y = -50567x + 30.89$	0.9880
20.0	$y = -27003x + 16.15$	0.9933	$y = -56064x + 34.18$	0.9903

由表 11-14 和表 11-15 可见，反应前期化学反应控速拟合线性方程的相关系数均保持在 0.9929 以上，反应后期扩散传质线性方程的相关系数为 0.9829 ~ 0.9903，均低于反应前期对应的相关系数。

11.5.2 动力学参数的计算

根据表 11-14 和表 11-15 拟合的线性方程参数，将相关数据代入式（11-25）和式（11-28）中，可得到半焦气化反应过程的动力学参数和不同过程转换的温度点。不同半焦和不同升温速率气化反应在前期化学反应过程中的动力学参数见表 11-16 和表 11-17，后期扩散传质过程的动力学参数见表 11-18 和表 11-19。

表 11-16   不同半焦在升温速率为 10.0 K/min 时的前期化学反应过程的动力学参数

半焦	温度区间 T /K	转化温度 T /K	指前因子 A /m·s^{-1}	活化能 E_a /kJ·mol^{-1}	反应速率常数 k_{rea} /m·s^{-1}
S1	1047.55 ~ 1330.02	1330.02	1019054597	222.54	$\ln k_{rea} = -26768/T + 20.74$
S2	942.54 ~ 1217.02	1217.02	137038034	153.31	$\ln k_{rea} = -18441/T + 18.73$
S3	992.05 ~ 1321.73	1321.73	1849055	162.38	$\ln k_{rea} = -19532/T + 14.43$

表 11-17 不同半焦在升温速率为 10.0 K/min 时的后期化学反应过程的动力学参数

半焦	温度区间 T /K	转化温度 /K	标准扩散系数 D_0 /m·s^{-1}	扩散活化能 E_D /kJ·mol^{-1}	分子扩散系数 D_{ABP} /m·s^{-1}
S1	1330.02~1393.01	1330.02	12670354	348.23	$\ln D_{ABP} = -41885/T + 16.35$
S2	1217.02~1319.04	1217.02	1368828	207.44	$\ln D_{ABP} = -24951/T + 14.12$
S3	1321.73~1461.59	1321.73	17694255	336.34	$\ln D_{ABP} = -40455/T + 16.68$

表 11-18 半焦 S3 在不同升温速率下前期化学反应过程的动力学参数

升温速率 /K·min^{-1}	温度区间 T /K	转化温度 T /K	指前因子 A /m·s^{-1}	活化能 E_a /kJ·mol^{-1}	反应速率常数 k_{rea} /m·s^{-1}
5.0	941.48~1288.76	1288.76	1812442	159.05	$\ln k_{rea} = -19131/T + 14.41$
7.5	968.64~1307.73	1307.73	1832489	160.02	$\ln k_{rea} = -19248/T + 14.42$
10.0	992.05~1321.73	1321.73	1849055	162.38	$\ln k_{rea} = -19532/T + 14.43$
15.0	1018.63~1357.14	1357.14	5982599	181.16	$\ln k_{rea} = -21790/T + 15.60$
20.0	1040.06~1369.00	1369.00	21299212	224.50	$\ln k_{rea} = -27003/T + 16.87$

表 11-19 半焦 S3 在不同升温速率下后期扩散传质过程的动力学参数

升温速率 /K·min^{-1}	温度区间 T /K	转化温度 T /K	标准扩散系数 D_0 /m·s^{-1}	扩散活化能 E_D /kJ·mol^{-1}	分子扩散系数 D_{ABP} /m·s^{-1}
5.0	1288.76~1411.58	1288.76	202983	278.63	$\ln D_{ABP} = -33514/T + 12.22$
7.5	1307.73~1437.28	1307.73	4206075	316.98	$\ln D_{ABP} = -38126/T + 15.25$
10.0	1321.73~1461.59	1321.73	17694255	336.34	$\ln D_{ABP} = -40455/T + 16.68$
15.0	1357.14~1495.36	1357.14	135445570	420.41	$\ln D_{ABP} = -50567/T + 18.72$
20.0	1369.00~1523.70	1369.00	361284152	466.12	$\ln D_{ABP} = -56064/T + 19.70$

如表 11-16 和表 11-17 所示，在半焦气化反应前期和后期，半焦 S1 的活化能和扩散活化能最大，分别为 222.54 kJ/mol 和 348.23 kJ/mol；半焦 S2 的活化能最小，分别为 153.31 kJ/mol 和 207.44 kJ/mol；半焦 S3 居中，活化能比半焦 S2 略高些，扩散活化能比半焦 S1 略低些。反应前期半焦 S1 的指前因子最大，分别比半焦 S2 和半焦 S3 高出 1 个和 3 个数量级；反应后期半焦 S3 的标准扩散系数最大，半焦 S1 次之，比半焦 S2 的要高出一个数量级。产生这种现象的原因主要是半焦的成分含量不同。通常固定碳含量高，化学反应活化能低，灰分含量高，分子扩散活化能会高。

表 11-20 为半焦 S3 在不同升温速率、不同温度下的动力学参数。

表 11-20 半焦 S3 在不同升温速率、不同温度下的动力学参数

反应温度/K	动力学参数	5 K/min	7.5 K/min	10 K/min	15 K/min	20 K/min
1050	k_{rea}/m·s^{-1}	2.22×10^{-2}	2.01×10^{-2}	1.54×10^{-2}	5.81×10^{-3}	1.44×10^{-4}
1150	k_{rea}/m·s^{-1}	1.08×10^{-1}	9.86×10^{-2}	7.78×10^{-2}	3.53×10^{-2}	1.35×10^{-3}
1250	k_{rea}/m·s^{-1}	4.09×10^{-1}	3.77×10^{-1}	3.03×10^{-1}	1.61×10^{-1}	8.84×10^{-3}

反应温度/K	动力学参数	5 K/min	7.5 K/min	10 K/min	15 K/min	20 K/min
1370	$D_{ABP}/m^2 \cdot s^{-1}$	4.82×10^{-6}	3.44×10^{-6}	2.65×10^{-6}	1.26×10^{-8}	6.10×10^{-10}
1380	$D_{ABP}/m^2 \cdot s^{-1}$	5.76×10^{-6}	4.22×10^{-6}	3.28×10^{-6}	1.65×10^{-8}	8.20×10^{-10}
1390	$D_{ABP}/m^2 \cdot s^{-1}$	6.85×10^{-6}	5.14×10^{-6}	4.05×10^{-6}	2.15×10^{-8}	1.09×10^{-9}

由表 11-20 可见，随着升温速率的增加，化学反应速率常数 k_{rea} 和 D_{ABP} 下降。在表 11-18 和表 11-19 中，半焦 S3 随着升温速率的增高，指前因子和标准扩散系数明显增大，活化能和扩散活化能也明显增加。

图 11-9 分别给出了半焦 S3 在不同升温速率条件下，前期 $\ln A$ 与 E_0 和后期 $\ln D_0$ 与 E_D 的关系图。

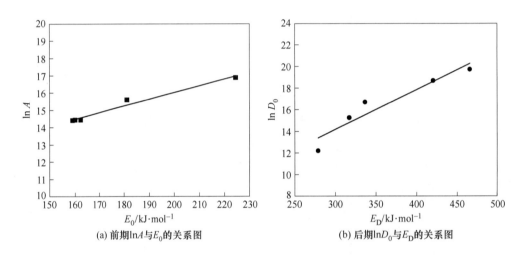

(a) 前期 $\ln A$ 与 E_0 的关系图　　　　　(b) 后期 $\ln D_0$ 与 E_D 的关系图

图 11-9　半焦 S3 不同升温速率条件下 $\ln A$ 和 $\ln D_0$ 分别与 E_0 和 E_D 的关系图

由图 11-9 可见，随着升温速率的变化，同一反应区间内的指前因子 $\ln A$ 和标准扩散系数 $\ln D_0$ 分别随着化学反应活化能 E_0 和扩散活化能 E_D 的升高而加大。

由于反应速度常数与指前因子呈正比的线性关系，与活化能呈反比的指数关系，分子扩散系数与标准扩散系数呈正比的线性关系，与扩散活化能呈反比的指数关系。随着升温速率的增加，其气化过程的温度区间会受到影响，尤其是在气化反应是强吸热反应，以及热电偶与试样会有一定的距离等情况下，补偿效应会表现出来，使得反应速度常数和分子扩散系数下降，这种现象称为补偿效应[17-18]。

11.6　非等温下研究半焦气化反应的分段尝试法的改进

11.6.1　半焦气化反应过程中化学反应对分子扩散干涉的方程

根据唯象理论，参考研究传热（热传导）与传质（分子扩散）之间相互耦合的方法，提出了在近平衡区域内单一化学反应对扩散传质干涉（耦合）的方程如下[14]：

$$J_w = \frac{\partial \alpha}{\partial t} = -D_e \text{grad} \alpha - \nu_i \left[L_{1m} \frac{A_m}{T} + L_{2m} \left(\frac{A_m}{T} \right)^2 + L_{3m} \left(\frac{A_m}{T} \right)^3 + \cdots \right] \tag{11-29}$$

式中，J_w 为扩散通量；L_{1m}、L_{2m}、L_{3m} 等为考虑化学反应对扩散过程耦合的互唯象系数。

式（11-29）中的第一项和第二项为试验得到结果的表达式，第三项为由分段尝试法按式（11-27）的模型求出的结果，第四项为化学反应过程对分子扩散过程的干涉，互唯象系数由反应后期的试验数据与分段尝试法确定的适合模型的差值，按要求的精度确定所需的高次项和相应的互唯象系数。

在图11-8(a) 和(c) 中，前期化学反应拟合直线与试验点吻合得较好；而在图11-8(b) 和(d) 中，后期扩散传质拟合直线与试验点则吻合得相对差些，其原因是在近平衡区域内化学反应对分子扩散过程的干涉引起的。令式（11-29）中的两项和式（11-27）等号左边项 $J_w = \frac{\partial \alpha}{\partial t} = \ln\left[\frac{d\alpha}{dT} \cdot \frac{1}{f_2(\alpha)} \right] = \xi(\alpha)_{试验点}$ 和 $\ln \frac{\delta_2 D_0 \varepsilon_P}{\beta} - \frac{E_D}{RT} = B_2 - K_2 \frac{1}{T} = \xi(\alpha)_{拟合点}$ 分别为试验值和模型拟合值，式（11-29）可写为：

$$J_{干涉} = \Delta\xi(\alpha) = \xi(\alpha)_{试验点} - \xi(\alpha)_{拟合点} = l_1 \frac{A}{T} + l_2 \left(\frac{A}{T} \right)^2 + l_3 \left(\frac{A}{T} \right)^3 + \cdots \tag{11-30}$$

式中，$J_{干涉}$ 为在近平衡区域内化学反应对分子扩散干涉影响的传质通量，min^{-1}；$\Delta\xi(\alpha)$ 为图11-8(b) 和(d) 后期分子扩散试验点与拟合直线的差值，min^{-1}；l_i 为化学反应的扩散系数（互唯象系数），其中包括考虑了以质量为单位转化率的系数，$mol \cdot K/(J \cdot min)$；$A$ 为亲和力，即产物与反应物的化学势差，也就是自由能差 ΔG，J/mol；T 为反应温度，K，在非等温过程中 $T = \beta t$。

即由图11-8(b) 和(d) 分别确定出不同时刻对应的 $\Delta\xi(\alpha)$ 值，与 A/T 作图，可以得出在近平衡区域的后期扩散传质控速阶段，化学反应的扩散系数 l_i 和高次的次数。

将反应后期不同时间测定的 CO 和 CO_2 成分和试验过程反应的温度代入式（11-17）和式（11-18）中，即可确定出 A/T。

图11-10(a) 和（b）分别给出了半焦 S1 和 S2 在升温速率为 10.0 K/min 条件下 $\Delta\xi(\alpha)$ 与 A/T 关系图中拟合不同高次的曲线。

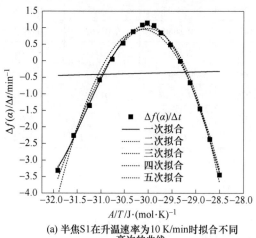
(a) 半焦S1在升温速率为10 K/min时拟合不同
高次的曲线

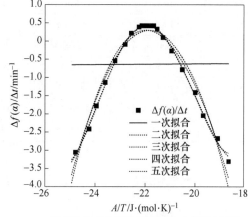
(b) 半焦S2在升温速率为10 K/min时拟合不同
高次的曲线

图 11-10　半焦气化反应后期化学反应扩散系数的拟合结果

图 11-10 中（a）和（b）按式（11-30）拟合的不同高次的关系式如下（其中 $x = A/T$）：

半焦 S1：

一次方：$0.7611 + 0.03781x$ $\qquad$ $R^2 = 0.0006$

二次方：$-1444.61 - 95.95x - 1.5922x^2$ $\qquad$ $R^2 = 0.9788$

三次方：$-7616.87 - 710.65x - 21.98x^2 - 0.2253x^3$ $\qquad$ $R^2 = 0.9929$

四次方：$125536.34 + 16959.96x + 857.01x^2 + 19.19x^3 + 0.1609x^4$ $\qquad$ $R^2 = 0.9984$

五次方：$634840.703 + 101470.22x + 6464.26x^2 + 205.15x^3 + 3.2432x^4 + 0.02043x^5$

$$R^2 = 0.9985$$

半焦 S2：

一次方：$-0.5143 + 0.00551x$ $\qquad$ $R^2 = 0.0001$

二次方：$-199.28 - 18.27x - 0.4184x^2$ $\qquad$ $R^2 = 0.9681$

三次方：$2.1942 + 9.6449x + 0.8660x^2 + 0.01962x^3$ $\qquad$ $R^2 = 0.9725$

四次方：$5902.51 + 1101.18x + 76.37x^2 + 2.3345x^3 + 0.02654x^4$ $\qquad$ $R^2 = 0.9966$

五次方：$-4455.93 - 1295.08x - 144.83x^2 - 7.8522x^3 - 0.2074x^4 - 0.00215x^5$

$$R^2 = 0.9970$$

由图 11-10 可见，一次关系式的误差较大，充分表明了化学反应对扩散传质的影响不是线性的，必须考虑高次关系式。二次关系式吻合情况有很大的改善，但不如三次以上的关系式，随着高次次数的增加，相关系数增大，在四次关系式时所有的相关系数均达到 0.990 以上，在三次关系式时只有半焦 S2 的相关系数为 0.9725，其他均在 0.990 以上。考虑到气化反应后期的化学反应扩散系数是在式（11-30）拟合的基础上进一步的拟合，如对半焦 S2 相关系数 0.9861（表 11-21），可以采用三次关系式。这与前人用非平衡态热力学方法研究反应过程动力学，采用了三次关系式，既保持有相对高的精度，又使得方程不太繁杂的思路是吻合的[36]。

表 11-21　半焦气化在后期的扩散传质方程中的化学反应扩散系数（三次关系式）

半焦	升温速率/K·min^{-1}	l_0	l_1	l_2	l_3	相关系数
S1	10.0	-7616.87	-710.65	-21.98	-0.2253	0.9929
S2	10.0	2.1942	9.6449	0.8660	0.01962	0.9725
S3	5.0	123.93	14.90	0.5729	0.00711	0.9955
	7.5	183.44	20.65	0.7408	0.00857	0.9912
	10.0	302.83	29.97	0.9625	0.01008	0.9902
	15.0	2756.71	256.97	7.8567	0.07898	0.9926
	20.0	-1557.86	-82.89	-1.2059	-0.00272	0.9915

11.6.2　半焦气化反应过程中扩散传质方程的完善

由图 11-10 可见，由于试验点不经过原点，任何高次的关系式采用回归公式进行拟合处理时都会有常数项，考虑化学反应对扩散的干涉的实质是对试验点和拟合点的修正，对式（11-30）进行了引入常数项的修正。

$$J_{\text{干涉}} = \Delta\xi(\alpha) = \xi(\alpha)_{\text{试验点}} - \xi(\alpha)_{\text{拟合点}} = l_0 + l_1\frac{A}{T} + l_2\left(\frac{A}{T}\right)^2 + l_3\left(\frac{A}{T}\right)^3 + \cdots \quad (11\text{-}31)$$

式中，l_0 为常数项。

表 11-21 给出了不同试验条件下，半焦气化反应后期考虑化学反应干涉的扩散传质方程式（11-31）中的化学反应扩散系数（三次关系式）。

根据表 11-21 中不同的化学反应扩散系数，由 $f_2(\alpha) = \frac{3}{2}\left[(1-\alpha)^{-1/3} - 1\right]^{-1}$ 和式（11-27），可给出半焦气化反应后期改进的扩散传质方程如下所示：

$$\ln\left\{\frac{2}{3}\left[1 - (1-\alpha)^{-\frac{1}{3}}\right]\frac{d\alpha}{dT}\right\} = \ln\frac{\delta_2 D\varepsilon_{\text{P}}}{\beta} - \frac{E_{\text{D}}}{RT} + \left[l_0 + l_1\frac{A}{T} + l_2\left(\frac{A}{T}\right)^2 + l_3\left(\frac{A}{T}\right)^3\right] \quad (11\text{-}32)$$

在式（11-32）中代入表 11-18 和表 11-21 的对应数据可以定量给出不同试验改进后的扩散传质方程。半焦 S1 气化反应在后期改进的扩散传质方程及对应的温度区间如下式所示：

$$\ln\left\{\frac{2}{3}\left[1 - (1-\alpha)^{-\frac{1}{3}}\right]\frac{d\alpha}{dT}\right\} = \ln\frac{1.2670354 \times 10^7 \delta_2\varepsilon_{\text{P}}}{\beta} - \frac{3.4823 \times 10^2}{RT} - 7616.87 -$$

$$710.65\frac{A}{T} - 21.98\left(\frac{A}{T}\right)^2 - 0.2253\left(\frac{A}{T}\right)^3$$

$$1330.02 \text{ K} \leqslant T \leqslant 1393.01 \text{ K} \quad (11\text{-}33)$$

同理，可以给出非等温条件下其他编号半焦气化反应改进后的扩散传质方程，需要指出的是，不同扩散传质方程对应的温度区间不同。

11.7　本 章 小 结

采用适合冶金反应工程学的研究反应过程动力学的分段尝试法，分别研究了非等温条件下不同焦炭和半焦与 CO_2 的气化反应。由气化反应前期和后期的机理模型分别对试验数据进行拟合，得到了反应过程动力学参数和不同控制环节的转化点温度等动力学参数。焦炭和半焦的前期化学反应模型与试验数据拟合的相关系数均高于后期分子扩散模型与试验拟合的相关系数，即前期由化学反应方程拟合的直线与试验点吻合得很好，后期由分子扩散方程拟合的直线与试验点有少量的偏离。

焦炭和半焦与 CO_2 气化反应过程中，化学反应活化能始终显著小于质量传输扩散活化能，这与随着温度的升高，前期化学反应的阻力相对小于后期分子扩散的阻力观点相吻合，表明采用分段尝试法将焦炭和半焦与 CO_2 气化过程分成前期为化学反应过程和后期为质量传输过程是合理的。

在升温速率相同但温度不同的条件下，不同焦炭的化学反应速度和分子扩散速度的变化与焦炭中灰分的含量成正比关系；半焦中固定碳的含量高，气化反应的开始温度相对低，反应速度快，半焦中灰分高，气化反应结束时的温度相对高。在相同的升温速率下，如化学反应速度常数和分子扩散系数低，则对应气化反应的开始温度、转化温度和结束温度都高。

焦炭和半焦与 CO_2 气化反应在不同的升温速率下，在同一反应区间内的指前因子 $\ln A$

和标准扩散系数 $\ln D_0$ 分别随着化学反应活化能 E_0 和扩散活化能 E_D 的升高而增大。产生此种补偿效应的原因是加热速率影响其气化过程的温度区间，尤其是在气化反应是强吸热反应及热电偶与试样会有一定的距离等情况下，补偿效应会表现出来。

考虑到焦炭和半焦与 CO_2 气化反应过程中化学反应速度要比分子扩散传质速度高出多个数量级，且后期模型与试验值拟合的相关系数没有前期高，表明化学反应过程对分子扩散过程的干涉效应不可忽略。依据不可逆热力学研究化学反应过程的方法，在不违反不可逆过程热力学中的基本原理的前提下，提出了在近平衡条件下确定非等温化学反应过程对分子扩散传质过程的干涉方程，分别确定了焦炭和半焦气化反应后期的近平衡区域内的化学反应扩散系数，进一步提高了模型与试验值拟合的相关系数，完善了在非等温条件下研究反应过程动力学的分段尝试法。

思 考 题

1. 在非等温条件下研究焦炭和半焦与 CO_2 气化反应过程常数补偿效应的原因是什么，如何判断补偿效应？
2. 确定后期考虑化学反应干涉的扩散传质方程式中的化学反应扩散系数高次次数的原则是什么？
3. 由对分段尝试法中对扩散传质方程的完善，讨论不可逆过程热力学原理对"三传一反"中不同过程中产生的"耦合"现象，即"干涉效应"进行定量的研究方法[37]。

参 考 文 献

[1] Park J Y, Lenvenspiel O. The cracking core model for the reaction of solid particles [J]. Chem. Eng. Sci., 1975, 30 (10): 1207-1214.

[2] 徐匡迪. 低碳经济与钢铁工业 [J]. 钢铁, 2010, 45 (3): 1-12.

[3] 吴铿, 折媛, 刘起航, 等. 高炉大型化后对焦炭性质及在炉内劣化的思考 [J]. 钢铁, 2017, 52 (10): 1-12.

[4] Liu Q H, Wang D, Zhao X W, et al. Multi-scale relationship between coke gasification kinetics and its microstructure evolution in the Blast Furnace [J]. Metallurgical Research & Technology, 2023, 120: 1-12.

[5] Zhu L, Zhan W L, Su Y B, et al. Investigation on the reaction kinetics of sinter reduction process in the thermal reserve zone of blast furnace by the modified sectioning method [J]. Metals, 2022, 12: 1-12.

[6] 吴铿, 张二华, 万鹏, 等. 关于 COREX 流程熔融气化炉风口前理论燃烧温度的思考 [J]. 钢铁, 2010, 35 (10): 1730-1734.

[7] Yang J W, Sun G L, Kang C J, et al. Oxygen blast furnace and combined cycle (OBF-CC)—an efficient iron-making and power generation process [J]. Energy, 2003, 28 (8): 825-835.

[8] Ohno Y, Matsuura M, Mitsufuji H, et al. Process characteristics of a commercial-scale oxygen blast furnace process with shaft gas injection [J]. Transactions of the Iron & Steel Institute of Japan, 1992, 32 (7): 838-847.

[9] 杨森, 吴铿, 万鹏, 等. 高炉风口焦热态性能的研究 [J]. 冶金能源, 2010, 29 (1): 52-55.

[10] 张黎, 吴铿, 杜瑞岭, 等. 分段尝试法研究半焦/CO_2 气化反应过程动力学 [J]. 工程科学学报, 2016, 38 (11): 1539-1545.

[11] 吴铿, 折媛, 朱利, 等. 对建立冶金反应工程学学科体系的思考 [J]. 钢铁研究学报, 2014, 26 (12): 1-8.

[12] Du R L, Wu K, Xu D A, et al. A modified Arrhenius equation to predict the reaction rate constant of Anyuan pulverized-coal pyrolysis at different heating rates [J]. Fuel Processing Technology, 2016 (148): 295-301.

[13] 潘文, 吴铿, 赵霞, 等. 首钢烧结矿还原动力学研究 [J]. 北京科技大学学报, 2013, 35 (1): 35-40.

[14] 折媛, 张文哲, 湛文龙, 等. 基于改进分段尝试法的高炉内热储备区焦炭熔损反应过程动力学研究 [J]. 中南大学学报 (自然科学版), 2021, 50 (12): 4227-4237.

[15] 吴铿, 刘起航, 湛文龙, 等. 分段法研究焦油析出动力学过程的探讨 [J]. 高校化学工程学报, 2014, 28 (4): 738-744.

[16] 曹昌耀, 吴铿, 杜瑞岭, 等. 煤粉与半焦的混合燃烧特性及动力学分析 [J]. 工程科学学报, 2016, 38 (11): 1532-1538.

[17] 余润国, 陈彦, 林诚, 等. 高变质无烟煤催化气化动力学及补偿效应 [J]. 燃烧科学与技术, 2012, 18 (1): 85-89.

[18] 陈鸿伟, 吴亮, 索新良, 等. 浑源煤焦 CO_2 气化反应的影响因素及动力学特性分析 [J]. 动力工程学报, 2012, 32 (3): 255-260.

[19] 德格鲁脱, 梅休尔. 非平衡态热力学 [M]. 上海: 上海科学技术出版社, 1981.

[20] 翟玉春, 王锦霞. 均向单一化学反应的不可逆过程热力学 [J]. 东北大学学报, 2004, 25 (10): 994-997.

[21] 孙会青, 曲思建, 王利斌. 半焦的生产加工利用现状 [J]. 洁净煤术, 2008, 6: 62-65.

[22] 王永军. 煤干馏生产半焦、煤焦油及干馏炉煤气的发展前景 [J]. 燃料与化工, 2010, 41 (1): 9-11.

[23] 李竹君, 赫英伦. 高炉喷吹半焦的可行性 [J]. 冶金能源, 1998, 17 (3): 12-16.

[24] 青格勒, 吴铿, 刘洪松, 等. 焙烧温度对低硅含镁球团矿还原膨胀率的影响及机理 [J]. 中国有色金属学报. 2015, 25 (10): 2905-2912.

[25] Meng X M, Jong W D, Fu N J, et al. DDGS chars gasification with CO_2: a kinetic study using TG analysis [J]. Biomass Convers Biorefinery, 2011, 1 (4): 217-227.

[26] Tangsathitkulchai C, Junpirom S, Katesa J. Comparison of kinetic models for CO_2 gasification of coconut-shell chars: carbonization temperature effects on char reactivity and porous properties of pro-duced activated carbons [J]. Eng J, 2013, 17 (1): 13-28.

[27] Bhatia S K, Perlmutter D D. A random pore model for fluid-solid reactions: Ⅰ. Isothermal, kinetic control [J]. AIChE J, 1980, 26 (3): 379-386.

[28] Bhatia S K, Perlmutter D D. A radom pore model for fluid-solid reactions: Ⅱ. Diffusion and transport effects [J]. AIChE J, 1981, 27 (2): 247-254.

[29] She Y, Zou C, Liu S W, et al. Combustion and gasification characteristics of low-temperature pyrolytic semicoke prepared through atmosphere rich in CH_4 and H_2 [J]. Green Processing and Synthesis, 2021, 10 (1): 189-200.

[30] 吴铿, 任海亮, 张二华, 等. 冶金反应工程学学科体系的初探 [C]//第十七届 2013 年全国冶金反应工程学学术会议论文集, 2013: 9-18.

[31] 青格勒, 吴铿, 员晓, 等. 采用分段法研究含镁球团等温还原过程动力学 [J]. 中南大学学报 (自然科学版), 2016, 47 (12): 3977-3981.

[32] 吴铿, 王宁, 湛文龙, 等. 冶金反应过程动力学的分段尝试法 [J]. 辽宁科技大学学报, 2016, 39 (1): 7-10.

[33] 李绍锋, 吴诗勇. 高温下神府煤焦/CO_2 气化反应动力学 [J]. 煤炭学报, 2010, 35 (4): 670-

675.

[34] 朱子彬，马智华，林石英，等. 高温下煤焦气化反应特性（Ⅰ）灰分熔融对煤焦气化反应的影响 [J]. 化工学报，1994，45（2）：147-154.

[35] 折媛，湛文龙，邹冲，等. 改进分段尝试法研究焦炭气化反应动力学 [J]. 钢铁，2022，57（4）：12-24.

[36] 翟玉春，王锦霞. 渣金两相氧化锰还原不可逆过程热力学研究 [J]. 金属学报，2004，40（2）：305-308.

[37] 吴铿. 冶金过程传输现象的耦合和非平衡态热力学简介—冶金反应工程学的基础理论 [R]. 北京科技大学讲义（内部资料）. 北京：北京科技大学，2002，1.

12 讨论和展望

本章提要：

冶金反应工程学的任务是定量研究动量、热量和质量传输（"三传"）及化学反应（"一反"）对整个反应过程的影响。依据冶金过程的特性和任务建立冶金反应工程学独立的内涵和结构体系。分段尝试法是适合冶金反应工程学的一种研究反应过程动力学的全新方法，可以为求解反应过程不同阶段的（"三传一反"）数学模型提供所需的相关动力学参数。由于冶金过程高温和复杂的特点，相关动力学参数非常缺乏，已成为影响冶金反应工程学发展的瓶颈。求解冶金过程数学模型所需的相关动力学参数，需要进行基础试验。这类试验具有高温、复杂且难度很大的特点，需要投入大量的人力、物力和财力。长期、深入、全面地进行相关动力学参数的基础研究，是建立独立完整的冶金反应工程学学科体系的基石。

12.1　适合冶金过程特点的冶金反应工程学的内涵和结构体系

在化学反应工程学快速发展的推动下，日本学者鞭岩和森山昭合于 1972 年率先将化学反应工程学的研究方法应用于冶金过程，并提出冶金反应工程学这一新的学科。国内冶金工作者对此给予了极大的关注，冶金反应工程学相关的科研和学术活动相当活跃。国内冶金院校先后开设了冶金反应工程学的课程（多为专业选修课），编写了有关冶金反应工程学的讲义或教科书，为推动冶金反应工程学学科的发展起到了极大的促进作用。冶金反应工程学全面借鉴了化学反应工程学的结构体系，将化学反应工程学的理论、学科定义、研究目的、研究方法、研究任务中的"化学"二字简单地改为"冶金"，就构成了冶金反应工程学，例如：

"冶金反应工程学，是用化学反应工程学的理论和方法来研究冶金过程及其反应设备的合理设计最优操作和最优控制的工程理论学科。"

"冶金反应工程学的研究目的是：（1）研究化学反应能否进行；（2）研究化学反应的速度如何；（3）研究反应器内的化学反应进程如何；（4）研究反应器的总速度和总效率问题。"

"冶金反应工程学的主要研究方法包括：（1）对反应器进行过程解析；（2）对反应器进行结构解析；（3）对反应器进行改造；（4）对反应器进行组合。"

"冶金反应工程学的任务之一是不仅研究化学反应速率与反应条件之间的关系及化学反应动力学，而且着重研究传递过程对化学反应速率的影响。"

随着冶金反应工程学相关研究的深入，国内的冶金研究者逐渐认识到冶金反应工程学有其特殊性，其中最主要的差别在于冶金过程的反应温度和反应物的复杂程度远高于化工过程。如不充分考虑冶金过程的特殊性，而简单地将化学反应工程学的内涵和结构体系全面地移植，则无法建立适合冶金过程的新兴交叉学科——冶金反应工程学。

化工过程中的化工产品种类繁多，使用众多不同形状的反应设备，但各反应设备主要特性突出，且化工合成制品所用的原料基本上是单一的较纯的化学物品。大部分化工反应过程的压力都很高，且反应设备为细长圆管状，反应管内物质可视为广义流体，因此可以直接利用在"三传"中流体在圆管中的流动状态与参数（如速度分布、摩擦系数、传输系数之间的公式等），建立化学反应工程学反应器的相关理论，而不需要由"三传"的基本方程来建立相应的数学模型（微分方程）。

采用反应器概念可对化工过程的不同形状设备按其主要特性进行分类，使原本非常复杂的问题得以简化，便于研究和成果推广。对不同反应器进行模型计算是化学反应工程学学科的主要研究手段之一，反应器分类方法在化学反应工程学的理论研究和生产实际中都得到了广泛应用。这表明在化学反应工程学中，以反应器构建其独立的体系和结构的方法恰当有效，达到了解决化工过程问题的目的。

冶金过程中，反应设备种类要比化工过程少很多，其主体流程生产设备经过长期发展，已较为完善，从综合性价比来看，主体流程设备容积已经基本接近上限。新冶金流程的反应设备，主要是借鉴已有流程设备的经验来改造的，但能够达到有市场竞争力的新流程非常少。主体流程的主要设备都极为复杂，相互之间的共性很少；即使在单一流程中，生产设备中的物流状态和反应体系的相态也是变化的。如果按反应器对其特性进行分类，则只能归类为复杂反应器，不同的复杂反应器之间很难找到共同特性，相互之间的可借鉴性也很低。如采用反应器对大部分冶金过程设备特性进行分类，则不但不能使研究工作简化，反而会更加烦琐。

将化学反应工程学中反应器的分类方法用于冶金反应工程学中，可以形成以研究反应器为主线的结构体系。但从近三十年来冶金反应工程学会议论文集和相关冶金专业期刊所发表的相关文章标题可以发现，鲜有用"×××形式反应器"命名的×××研究，而绝大部分是用"各冶炼流程的×××研究"命名，如烧结、高炉、转炉、电炉、反射炉等的×××研究。这充分说明了在冶金反应工程学中，传统的冶炼流程分类方法不仅合适而且便利，因此被冶金工作者广泛认可和采纳。

化学反应工程学和冶金反应工程学均以"三传一反"作为理论基础。因绝大多数化工反应都在低温、高压下进行，所以在化工过程中，化学反应是整个反应过程的控制环节，化学反应工程学的任务是研究动量、热量和质量传输（"三传"）过程对化学反应（"一反"）的反应速率的影响。

冶金过程绝大部分是在高温和低压条件下进行的，经过冶金物理化学的长期研究，已经确定并得到了冶金工作者的公认：在反应过程前期主要以化学反应为控制环节，而后期则以传质过程为控制环节，前期化学反应的速率要比后期传质过程快得多，冶金反应过程物质转化速率主要取决于质量传输的速率。由于与化工过程相比存在上述关键的差别，因此冶金反应工程学学科不能全部沿袭化学反应工程学学科的结构体系，而要建立独立的学科结构体系，确定适合冶金反应过程的研究方法和研究内容。依据冶金过程的特点，冶金反应工程学的任务是定量研究动量、热量和质量传输（"三传"）及化学反应（"一反"）各过程对整个冶金过程的反应速率的影响。这既属于反应过程动力学，也称为宏观动力学。

考虑到国内所有冶金工程专业都设有物理化学和冶金物理化学两门必修课，冶金物理化学又是研究生入学的必考课程，提供了较好的化学反应动力学（微观动力学）和反应过程动力学（宏观动力学）的基础知识。而对于"三传"，仅设置冶金传输原理一门必修课，很多冶金院校将冶金传输原理作为研究生入学的选考课程或非考课程，冶金工程专业学生的化学反应"一反"知识基础要强于传输原理的"三传"知识基础，并且对其的重视程度也高很多。

　　冶金过程主体流程的数量虽然不多，但各主要设备的特点非常突出，相互之间的共性很少。如竖炉（炼铜鼓风炉和直接还原炉）、冰铜反射炉、高炉和回转窑等，尽管都可以看作填充型反应容器，但各容器内的气体和固体原料及炉型等都有很大的差别，建立"三传"数学模型都需要通过基本方程按各自的特点分别进行研究。本教材中，包含"三传"的主要内容，如动量、热量和质量传输的基本公式；而边界层理论和对流换热及对流传质边界层微分方程组，更是基础篇中必不可少的内容，它们有助于加深对冶金传输原理的理解和全面掌握重要的基本公式。特别需要指出的是，普朗特提出的著名边界层理论开创了现代流体力学的新纪元，边界层理论的研究思路和方法，对于开展创新工作有非常重要的意义。

　　与冶金物理化学的反应过程动力学是半定量地研究控制环节对反应过程反应速率的影响不同，冶金反应工程学的反应过程动力学是定量地研究动量、热量和质量传输（"三传"）及化学反应（"一反"）各过程对整个冶金过程反应速率的影响。冶金物理化学研究反应过程动力学的方法，不能满足冶金反应工程学的要求，要考虑冶金过程的特殊性和复杂性，避免冶金反应工程学在研究方法和内容上与其他冶金学科出现雷同。需要建立适合冶金反应工程学要求的、研究反应过程动力学的新方法，并在实践过程中不断完善，最终构建冶金反应工程学独立的结构体系。

12.2　冶金反应工程学研究反应过程动力学的分段尝试法

　　分段尝试法是适合冶金反应工程学"三传一反"特点的研究反应过程动力学的一种新方法，该方法可获得反应过程中不同控制环节的动力学参数和控制环节转换的时间点，从而为冶金反应工程学的数学模型求解，提供所需的相关动力学参数。分段尝试法对反应过程不采用过渡区混合控制的概念，而考虑反应过程不同控制环节的通量相互干涉效应。应用不可逆过程热力学唯象理论完善分段尝试法，通过物理模拟试验、建立反应过程模型和编制计算动力学参数程序等多种手段，给出考虑不同控制环节通量相互干涉的反应过程的动力学参数。进而将完善的分段尝试法拓展到有通量耦合现象的冶金反应过程体系中。

　　与冶金物理化学中混合模型的稳态处理方法不同，分段尝试法不要求在整个反应过程中各阶段的速度近似相等，但要求不同控制环节的转换点上产物浓度相同，即转换点既是一个控制环节的终点，也是另外一个控制环节的起点。

　　分段尝试法适用于等温、非等温和稳态、非稳态，或它们混合存在的不同情况的反应过程。而冶金物理化学研究反应过程动力学只适用于等温、非等温和稳态、非稳态单一存在的情况。如采用分段尝试法研究原煤干馏的反应过程动力学，原煤从室温到达干馏温度的过程是非稳态升温过程（热量传输过程），之后是等温干馏过程（分别为化学反应过程和质量传输过程）。在冶金物理化学研究煤干馏的反应过程动力学时，不考虑反应初期的非稳态过程，即将开始的非等温过程忽略，仅考虑后面的等温过程。分段尝试法在保证控制环节的转换点产物浓度相同的条件下，得到了反应初始阶段的非稳态过程控制、中间阶段的化学反应控制、后期的内扩散控制的不同控制环节的转换点，及非稳态的扩散系数、化学反应速率常数和内扩散系数，进而得到了反应过程动力学参数与温度的关系，达到了冶金反应工程学定量研究"三传一反"对整个反应过程影响的目的。

采用分段尝试法确定相关动力学参数（如扩散系数和化学反应速率常数等）时必须有明确的物理意义，采用了冶金物理化学研究反应过程动力学的一些数学模型，对"一反"采用了一级化学反应公式，可与传质过程的浓度量纲保持一致，便于在冶金反应工程学中对冶金过程进行模拟计算。

在复杂的冶金过程中，化学反应、传热、传质、黏性流动、导电及其他物理过程相互干涉。不可逆过程热力学研究上述传输过程，一方面确定传输通量和推动力之间的关系；另一方面确定两个以上不可逆过程的重叠，即不同传输过程之间相互影响的"干涉"效应。采用一级化学反应基本公式建立数学模型，也为应用不可逆过程热力学的唯象理论，确定冶金反应过程不同通量相互干涉的影响奠定了基础。

按"三传一反"基本公式和反应过程条件，建立分段尝试法的化学反应和质量传输的模型。采用分段尝试法作为冶金反应工程学研究反应过程动力学的新方法，主要是为冶金过程数学模型的模拟求解提供所需的相关动力学参数，在质量传输中采用稳态或非稳态模型中的质量传输系数有明确的物理意义，得到的动力学参数也有明确的物理意义。这样质量传输和化学反应的推动力都为浓度差的一次方，便于在数学模型解析中的应用。

进行有两个以上化学反应同时存在的耦合体系的反应过程动力学试验时，用称重法连续记录反应过程质量的变化，同时也用气体分析仪连续测定气体成分的变化，根据质量守恒定律可以计算出各化学反应过程中的物质随时间的变化量，为采用分段尝试法研究两个以上化学反应的耦合体系的反应过程动力学提供可靠的试验数据。

分段尝试法适用于复杂的冶金反应过程动力学的研究，如在高温恒温试验中，在某些情况下将室温样品直接放入高温炉中，试样开始有一个非等温过程，而后进入等温反应过程。采用分段尝试法可对转炉、电炉、反射炉等冶炼过程中，先进行加热后进行整个反应过程的模拟。在分段尝试法中，准确地记录全部试验过程中试样和高温炉温的变化，确定出非等温加热和等温反应过程的转换时间点，必要时也可以测定整个反应过程的气体成分的变化，达到对整个反应过程的不同控制过程进行全面和定量的描述。

用分段尝试法选取反应过程动力学中各阶段合适模型时，通常是比较不同模型的相关系数。在模型建立过程中采用质量守恒定律，由控速环节速率与样品的消耗速率相等的条件，同时考虑成分和体积的变化，得出相应的微分式和积分式，也可以采用冶金物理化学研究反应过程动力学建立相关模型的微分式和积分式，采用分段尝试法时，可根据使用便利性来选择微分式或积分式数学模型。

本教材建立了分段尝试法。由于课题组在研究方向和人力、物力及财力等方面受限，仅对炼铁过程中一些相关的固-气反应过程采用分段尝试法进行了初步研究。冶金生产中如按流程分类有炼焦、炼铁、炼钢、炼铝和制备其他有色金属等流程，涉及了液态金属、熔渣、熔锍和熔盐的冶金熔体。不同流程中反应过程如按物质形态进行分类，则有气-固反应、固-液反应、气-液反应和液-液反应。例如，熔渣和铁水之间的脱硫反应过程动力学，采用不同碱度的熔渣与高硫铁水进行脱硫反应过程动力学研究；熔盐和液态金属的反应，采用铝液还原熔盐渣中的 ZrO，从而生成 Zr 的反应过程动力学研究；熔锍在熔分过程的反应，由铜尾矿制备的金属化含碳球团在高温下形成粒铁与熔渣（锍）分离的反应过程动力学；耐火材料被渣或铁水侵蚀的反应，精炼炉内高 MgO 炉衬被熔渣侵蚀及高炉炉底碳砖被高炉渣侵蚀的反应过程动力学；煤在熔渣中气化的反应；不同种类的煤（烟煤、无烟煤和贫煤）在含不同碱度高炉渣中气化的过程动力学；气体吹入到熔锍中吹炼的反应过程动力学；氧气吹入不同含硫量的熔铜锍渣生成 SO_2 的反应过程动力学；氩气吹入钢水中的精炼反应；高碳钢中吹氩脱碳的反应过程动力学等。采用分段尝试法可以对冶金工业生产中的各种反应过程进行研究，定量确定出"三传一反"对于整个反应过程的影响，提供求解数学模型所需的定解条件的相关动力学参数，但需要进行大量的基础研究工作。通过大量的相关研究，分段尝试法也将得到进一步的改进和完善。

需要指出的是，分段尝试法也适用于其他研究领域中，定量确定整个过程有不同控制环节的情况，为其模型求解提供必要的参数，还可以对不同通量之间产生的干涉现象进行深入研究。

12.3　完善冶金反应工程学基础研究的重要性和艰巨性

应用冶金反应过程学在冶金生产实践中取得成果的反应过程，大多是单一的物质和形态，基本不涉及化学反应（或忽略化学反应的影响），更重要的是求解的动量和热量传输数学模型所需相关动力学参数的获取较便利，如高炉炉料入炉下降到料面的轨迹；在高炉炉底和侧壁预埋热电偶测定的温度等。这些研究确定了动量传递和热量传递对反应过程的影响，属于冶金反应工程学的研究目的和范畴。而从另一个角度看，这些研究也可以被认为是流体力学和传热学研究内容的外延，因为其中有些研究工作在冶金反应工程学这一概念被提出之前就已开始。传统的流体力学（动量传输）和传热学（热量传输）经过长时期的发展已经非常成熟和完善，使用计算机和相应商业计算软件，在获得冶金过程生产实际中的单一物质和形态的相关动力学参数后，就可较为方便地确定出"三传一反"数学模型的解，完成对反应过程的解析，得到的结果可以应用到相对简单的冶金生产过程中。在复杂的冶金过程中，绝大部分情况是多种物质共存，非单一形态，其相关动力学参数严重缺乏，也不易获得。如采用单一物质和形态，对相关动力学参数进行简化，则使用商业计算软件也可求出数学模型的解。由于单一物质和形态的相关动力学参数与生产实际情况的差异很大，对数学模型解析的结果无法对复杂冶金生产过程进行准确的描述，难以在生产实践中得到应用。由此可见，确定复杂冶金过程中的相关动力学参数是发展冶金反应工程学亟须解决的瓶颈问题。

近几十年来，我国的冶金工作者一直定期举行冶金反应工程学学科的学术会议，经常在国内外的冶金专业期刊发表文章，交流我国冶金工作者在冶金反应工程学学科取得的新进展和新成果。其研究内容大部分是建立"三传一反"对于反应过程的相关数学模型，再利用国外的先进的专业软件进行计算求解。然而对于冶金反应过程中的基础部分，特别是对于复杂反应过程的动力学参数研究得非常少。

确定高炉内上升的煤气流和下降的炉料对流运动规律，对能否控制高炉生产保持稳定、顺行、高产和低耗至关重要。研究高炉内不同部位上升煤气流的分布状态属于冶金反应工程学定量确定"三传一反"对于反应过程影响的内容。根据动量传输可知，上升煤气流过高炉内不同炉料时，会形成阻力损失与炉料表面的摩擦，摩擦系数是求解数学模型的一个重要的相关动力学参数。对于单一物质和形态，可以查找相关的理化特性数据；而对于高炉内复杂的非单一物质和形态的情况，则必须通过大量的试验研究来确定。

在第 5 章中，通过对高炉风口前水平方向不同位置处的试样进行研究，确定了在风口前水平方向上不同位置物质的物性参数（粒度、密度和形状系数等）所发生的变化，其变化量在水平方向上与距离的关系是非线性的复杂函数关系。根据 Ergun 公式，压力梯度（$\Delta p/L$）与气体流经物质的粒度、密度和形状系数等有关，也就是说，不同炉料表面摩擦系数沿水平方向与空间呈现复杂函数关系，这与由单一物质和形态查找到相关物性参数的数据计算表面摩擦系数差别很大。如果要准确地确定生产高炉内上升煤气流的分布，则首先要确定炉料从加入到炉内后在下降过程中不同位置炉料形态的变化，以及所引起的表面摩擦系数的变化。影响高炉内下降炉料物性参数变化的因素有很多，而且不同容积的高炉内下降炉料物性参数的变化规律不同，不能简单地进行放大处理，需要通过大量的不同因素影响的实验室模拟试验及生产现场的高炉解剖试验，在获得大量的基础试验数据后，借助人工智能方法建立高炉内不同位置物质摩擦系数的算法，进而求解数学模型，将计算结果在生产实践中多次进行验证，并修改摩擦系数的算法，使之不断完善。

另外，通过基础试验数据用人工智能建立的算法给出的高炉内不同位置物质表面的摩擦系数有可能与空间或时间呈复杂函数关系，国外通用商业软件很可能不适用，需要开发适合冶金反应过程学复杂情况的计算软件。

采用分段尝试法研究反应过程动力学可为求解冶金反应过程相关数学模型提供一些必要的动力学参数，本教材仅进行了与炼铁过程相关气固的反应过程动力学研究。冶金过程中炼焦、炼铁、炼钢、炼铝和制备其他有色金属等大部分流程会涉及固-液、气-液和液-液的反应过程，其反应温度远高于气-固反应过程。根据经验，在实验室进行试验的温度超过 1273 K 后，每升高 200 K，试验难度就会升高数倍，特别是在试验温度超过 1873 K 后，试验难度会更大。

综上所述，由于冶金反应过程高温和复杂的特点，严重缺乏数学模型求解所需的相关动力学参数，迫切需要在实验室进行难度大、费用高和周期长的相关基础试验，只有通过大量、深入和长期的基础理论研究，方能突破冶金反应工程学发展的这个瓶颈。冶金反应工程学的基础内容也会随着复杂反应过程的相关反应动力学参数研究的深入而不断得到充实。

与冶金反应工程学学科在国内冶金界得到重视和取得长足发展的情况明显不同，在国际上，欧美的冶金界一直未起用冶金反应工程学的名称，即使在最先提出冶金反应工程学概念的日本冶金界也鲜见冶金反应工程学学科有关的学术活动。其原因是，从冶金反应工程学学科本身发展看，还没有达到国际公认的完整、独立的学科体系，且未满足有其他学科不可代替的研究方法和内容，需要不断地进行创新工作来改进和完善。

进入 21 世纪后，欧美和日本等发达国家因国家战略和产业调整等因素，冶金工业的发展基本趋于停滞状态，冶金方面的高等院校和研究院不断地缩减，冶金专业人才大幅度减少，对冶金方面研究项目的投入和发表的相关论文和专利也明显下降。在冶金工业的生产和研究的重心已经完全由发达国家转移到我国的背景下，经过几十年的努力，特别是在改革开放后，我国的冶金工业在各个方面都得到了飞速的发展，我国钢铁、铝和其他主要的有色金属产品的产量都达到世界产量的一半以上，生产技术和相关设备的水平也居世界领先地位。我国冶金方面的高等院校和研究院不仅在数量上占据全世界的大半，且在人才培养和科研水平上也处于领先地位。更为重要的是，我国冶金人才队伍和每年毕业的本科生和博士、硕士研究生的数量都远远超过世界其他国家的总和。发展冶金反应工程学学科的任务理所当然地落在了我国冶金工作者的肩上，这也为我国引领该领域发展提供了有利的契机。

经过几十年不断地深化改革开放，我国冶金工艺学、冶金物理化学和试验技术、系统工程和控制技术、计算机科学等学科都得到了长足发展，这些都为开展复杂冶金反应过程求解数学模型的相关反应动力学参数基础研究，以及开发有自主知识产权的算法和软件奠定了必要基础。只要坚持长期不断地对冶金反应工程学体系进行完善，创新相关基础研究并将结果应用于实际的冶金过程中，融入到大数据、云计算和人工智能的第四次工业革命的浪潮和把握好百年不遇大变革的机遇，就能为我国由冶金大国向冶金强国发展做出应有的贡献。

12.4　本　章　小　结

冶金反应工程学的任务是定量研究动量、热量和质量传输"三传"及化学反应"一反"对整个反应过程的影响。根据国内冶金工程专业学生的知识结构，将"三传"主要基本公式，特别是边界层理论和对流换热及对流传质边界层微分方程组作为其基础理论是必要的。冶金工程的生产中主体流程数量较少，各主要设备复杂且特性非常突出，相互之间的共性很少，其中物料流动状态和反应体系的相态也会变化。用反应器对大部分冶金过程设备进行分类，不但不能使研究工作简化，反而会使其更加烦琐。按冶金过程不同冶炼流程来分类是合适和方便的，且被国内冶金工作者普遍地认可和采纳。全面照搬化学反应工程学的结构体系不适合构建冶金反应工程学，要依据冶金过程的特性和任务，建立独立的内涵和结构体系。

分段尝试法是冶金反应工程学研究"三传一反"对反应过程影响的一种新方法。虽然在分段尝试法的研究中采用了冶金物理化学中的反应过程动力学所建立的一些数学模型，但在研究目的、研究方法和适用的反应过程情况等方面有本质上的差别。需要对冶金过程中炼焦、炼铁、炼钢、炼铝和制备其他有色金属等流程涉及的气-固、固-液和气-液和液-液反应过程采用分段尝试法进行大量的基础研究，在获得必要的求解数学模型的相关动力学参数的同时进一步改进和完善分段尝试法。

由于冶金过程高温和复杂的特点，求解"三传一反"数学模型所需的相关动力学参数非常缺乏，确定复杂冶金过程中相关动力学参数是发展冶金反应工程学亟须解决的瓶颈问题。相关动力学参数的基础试验复杂且在高温条件下，试验难度很大，需要投入大量的人力、物力和财力进行长期、深入、全面的相关动力学参数的基础研究，建立完整和独立的冶金反应工程学学科体系。

"当前，世界之变、时代之变、历史之变正以前所未有的方式展开"，需要用新发展理念，着力推进高质量发展，得出符合客观规律的科学认识，形成与时俱进的理论成果，实践没有止境，理论创新也没有止境。推进实践基础上的理论创新的精神，把握好百年不遇大变革的机遇，融入到大数据、云计算和人工智能的第四次工业革命的浪潮中，为我国向冶金强国发展做出应有的贡献。

附　　录

在国内学者将冶金反应工程学教材从日本引入国内后，魏寿昆院士在国内冶金物理化学年会和国内其他冶金高校讲学时，多次对冶金反应工程学学科的内容和研究方法进行了深入的讨论并提出了非常有远见的观点和看法，这些对目前建立独立的适合冶金生产实际所需的冶金反应工程学有着重大的指导意义。因此本教材将魏老先生于1984年在全国第五届冶金过程物理化学年会上发表的论文作为附录（浓度单位和参考文献仍保持原文中的形式）。

冶金过程动力学与冶金反应工程学
——对其学科内容及研究方法的某些意见的商榷

魏寿昆

近二十余年来国内外对冶金过程动力学及冶金反应工程学二领域的研究工作比较活跃。但文献上对二领域在学科内容及研究方法上存有分歧，或有不同程度的混淆，下列各点说明此问题。

1. 冶金过程动力学与冶金反应工程学在学科内容上视为等同。例如常用的矿石还原的未反应核模型本应属于冶金工程动力学的范畴，而在同一书[1]内竟在反应动力学及反应工程学二章同时加以叙述。又如《冶金工程中的速度现象》[2]及《提取冶金过程中的速度》[3]二书似应属于阐明冶金过程动力学的专门书籍，但有人认为是冶金反应工程学的成就。

2. 将化学反应工程学的设计要求及研究方法无条件加之于冶金反应工程学。自计算机广泛应用于科学技术及工业之后，在化学反应工程学领域内，可以利用计算机基本上不经过中间工厂的工业试验设计有机化合物制备车间，决定反应器的尺寸及几何形状，确定最优化操作条件，设计自动化控制的措施。由于冶金，特别是火法冶金，是多相的复杂反应，各种冶金反应设备（冶金炉）的设计多采用经验数据，化学反应工程学一系列的研究方法尚不能完全应用于冶金过程。冶金反应工程学尚未发展到化学反应工程学现有的成熟阶段。但现有一趋势，即将化学反应工程学的设计要求及研究方法无条件地加诸于研究过程而称之为冶金反应工程学，因而造成一定程度的混淆。

基于上列原因，本文对冶金过程动力学及冶金反应工程学的学科内容及研究方法提出一些不成熟的意见，提请商榷，并讨论二学科的交叉及其不同点，以期更全面地发展此二学科。

冶金过程

　　冶金过程包括低温湿法冶金过程及高温的火法冶金过程。电冶金过程既有低温的水溶液电解过程，又包括高温的熔盐电解及电热的电弧冶炼过程。一般来讲，冶金过程是极其复杂的多物质的多相反应，含有气—液—固三态的物质，而且其中的液态或固态物质，经常以两个或更多的相出现。气态物质包括 O_2、N_2、H_2、Cl_2、H_2O、CO、CO_2、SO_2、SO_3，碳氢化合物气体，HCl 或 H_2SO_4 的蒸汽以及各种金属及其化合物的蒸汽或混合气体。液态物质包括金属液、熔渣、熔盐、熔锍（冰铜、冰镍、冰钴及黄渣等）、水溶液及有机液等。固态物质包括矿石（烧结块、球团或精矿粉）、熔剂、固体燃料、耐火材料、固体金属合金及其化合物等。这些多相的物体相互结合，造成错综复杂的冶金过程。冶金过程有属于物理性质的，如蒸发、升华、凝聚、熔化、凝固、溶解、结晶、熔析、蒸馏、过滤、吸附、萃取等，以及传输现象中的物质扩散、热量传递、流体输运等物理过程。这些物理过程仿照化学工程学可称为单元操作（unit operation）。当然，选矿过程中的破碎、细磨、筛分、重力分选、磁选、浮选、电场分离等也可称为属于物理性质的冶金过程。属于化学性质的冶金过程有燃烧、焙解（煅烧）、焙烧、烧结、氯化、造锍熔炼、造渣、还原冶炼、氧化吹炼、氧化精炼、浸取、离子交换、沉淀、电解等。对炼钢的精炼，经常有"四脱二去"，即脱硫、脱磷、脱碳和脱氧的化学过程，去气和去非金属夹杂物的物理过程。这些冶金的物理过程主要是由于物质的相的转变、物质的转移或分离而造成。冶金的化学过程都伴有化学反应发生，因之它们也可称为冶金的化学反应过程[4-5]。

冶金过程动力学

　　冶金过程动力学是冶金过程物理化学学科的一个重要组成部分。众所周知，冶金过程热力学研究分析冶金过程进行的可能性亦即其进行的方向，以及反应产物得到最大收得率的热力学条件。冶金过程动力学则研究分析冶金过程进行的速度及机理，求出其中限制速度的环节，提高反应强度及缩短反应时间的途径。带有化学反应的冶金过程，其反应速度除受温度压力和化学组成及结构等因素的影响外，还受冶金反应设备（各种冶金炉）内的物体流动、热量传递及物质扩散等因素的影响。当反应的条件变化时，反应进行的途径（步骤）即反应机理称为微观动力学（microkinetics），亦即通常在物理化学中讲授的化学动力学，而对在伴有传质、传热及物质流动情况下研究化学反应的速度及机理则称为宏观动力学（macrokinetics）。冶金过程动力学属于宏观动力学的范畴[6]。

　　化学动力学研究分析不同类型的化学反应，如单向反应、可逆反应、并行反应、连续反应、自动催化反应、链锁反应（包括直链及支链）等。绝大部分的反应是属于均相的气相或水反应，一部分是多相反应，如有催化剂参加的气-固相反应。

　　化学反应的速度方程式与反应机理有关。表1是化学动力学常用的分析方法。可以看出，对同类型反应机理给出不同的反应速度。

表 1 化学反应的速度方程式与反应机理

化 学 反 应	反 应 机 理	反 应 速 度	文献
$H_2 + Cl_2 \Longrightarrow 2HCl$	$Cl_2 \xrightarrow{K_1} 2Cl$ $Cl + H_2 \xrightarrow{K_2} HCl + H$ $H + Cl_2 \xrightarrow{K_3} HCl + Cl$ $2Cl \xrightarrow{K_4} Cl_2$	$\dfrac{dC_{HCl}}{dt} = kC_{H_2} C_{Cl_2}^{1/2}$	[7]
$H_2 + Cl_2 \Longrightarrow 2HCl$	$Br_2 \xrightarrow{K_1} 2Br$ $Br + H_2 \xrightarrow{K_2} HCl + H$ $H + Br_2 \xrightarrow{K_3} HBr + Br$ $H + HBr \xrightarrow{K_4} H_2 + Br$ $2Br \xrightarrow{K_5} Br_2$	$\dfrac{dC_{HCl}}{dt} = kC_{H_2} C_{Cl_2}^{1/2}$	[8]
$H_2 + I_2 \Longrightarrow 2HI$	$I_2 \leftrightarrow 2I$ $2I + H_2 \xrightarrow{K_3} 2HI$ $H_2 + I_2 \rightarrow 2HI$	$\dfrac{dC_{HI}}{dt} = kC_{H_2Cl_2}$ $\dfrac{dC_{HI}}{dt} = kC_{H_2Cl_2}$	[9] [10]

冶金过程动力学比较复杂，和化学动力学相比，有下列不同点：

1. 反应速度有不同而更多的表示方法。

$\dfrac{dC_i}{dt}$ mol/(cm³·s) 或 g/(cm³·s)

$\dfrac{dn_i}{dt}$ mol/s

$\dfrac{dn_i}{V dt}$ mol/(cm³·s)   V—流体体积；均相反应

$\dfrac{dn_i}{W dt}$ mol/(g·s)   W—固体重量；气固或液固的界面反应

$\dfrac{dn_i}{S dt}$ mol/(cm³·s)   S—界面面积；气液或液固的界面反应

$\dfrac{dn_i}{V_s dt}$ mol/(cm³·s)   V—固体体积；气固反应

$\dfrac{dn_i}{V_R dt}$ mol/(cm³·s)   V—反应器体积

$\dfrac{d[\%i]}{dt}$ 1/s   炼钢过程中的液液反应

2. 由于冶金过程动力学涉及到多相反应，它不研究均相内部的反应速度（称为 intrinsic rate of reaction），而更多地研究全过程的综合反应速度（global 或 overall rate of reaction）。

3. 冶金过程动力学不着重研究反应的机理，而着重研究整个多相反应的过程中控制速度的环节。研究方法常用的有：

（1）准稳态处理法

化学动力学常用的稳态处理法始于20世纪20年代[11]，它作出中间产物浓度不变的假设。冶金过程动力学进一步认为各个反应步骤的速度近似地相等，发展为准稳态处理法[12]。液-液相反应的双膜理论模型的计算公式为：

$$\dot{n} = \frac{dn}{dt} = \frac{A\left(C^{\mathrm{I}} - \dfrac{C^{\mathrm{II}}}{K}\right)}{\dfrac{1}{\beta^{\mathrm{I}}} + \dfrac{1}{k_+} + \dfrac{1}{k\beta^{\mathrm{II}}}}$$

式中，$\dot{n}$ 为传质速度；A 为界面面积；$C^{\mathrm{I}}, C^{\mathrm{II}}$ 为第一相、第二相的内部浓度；K 为反应平衡或分配常数；$\beta^{\mathrm{I}}, \beta^{\mathrm{II}}$ 为第一相、第二相的传质系数；k_+ 为反应前进方向的速度常数。气-固相反应的未反应核模型（或称退缩核模型）的计算公式为：

$$\dot{n} = \frac{dn}{dt} = \frac{4\pi r_0^2 (C_0 - C^*)}{\dfrac{1}{\beta_{\mathrm{g}}} + \dfrac{r(r - r_0)}{D_{有效} \cdot r} + \dfrac{K}{k(1 + K)} \dfrac{r_0^2}{r^2}}$$

式中，n 为总反应速度；r_0 为球形颗粒的半径；r 为未反应核的半径；C_0 为气体内部的还原气体的浓度；C^* 为同气体产物平衡的还原气体的浓度；β_{g} 为气体边界层的传质系数；k 为反应前进方向的速度常数；$D_{有效}$ 为有效扩散系数。

二模型均是典型例子。界面的化学反应经常按一级反应处理。二式中分母的各项代表各步骤的阻力，阻力最大的步骤即是控制速度的环节。

（2）虚设的最大速度处理法（virtual maximum rate method）[13]

对液-液相反应，例如 $(\mathrm{FeO}) + [\mathrm{Mn}] = (\mathrm{MnO}) + \mathrm{Fe}_{(1)}$，可假定在界面上只有一个元素 i 的 C_i 浓度等于平衡浓度 C_i^*，其余元素的浓度均等于溶液内部的浓度，则元素 i 由金属相向熔渣转移的最大速度为：

$$\dot{n} = A \cdot \frac{D_i}{\delta_i} \cdot C_i (1 - Q/K)$$

而元素 i 由渣相向金属相转移的最大速度为：

$$\dot{n} = A \cdot \frac{D_i}{\delta_i} \cdot C_i (K/Q - 1)$$

通过每个元素的计算，即可求出最慢步骤，亦即速度的控制性环节。

（3）非稳态处理法[14-15]

利用费克第二定律处理物质的扩散，肯定熔体内部浓度随时间而变化，即

$$C_i(x, 0) = C_{i(0)}$$
$$C_i(x, t) = C_{i(b)}$$

而
$$C_{i(b)} \neq C_{i(0)}$$

本法可以求出熔体中不同时间的浓度分布，但相当麻烦，尚属尝试阶段。

4. 上列几种研究方法可在恒温条件下进行研究。但可以看出，平衡常数 K、反应速度常数 k、扩散系数 D、传质系数 β 等都与温度有关。同时，一个反应进行经常有热效应

发生。所以，更准确的分析必须在温度变化条件或传热条件下进行。

5. 冶金反应动力学是研究有化学反应发生的冶金过程的动力学。但物理过程如连铸中的凝固现象，其冷却速度对金属锭的表面质量及内部结构产生决定性作用，因此研究凝固动力学有重要意义。这种物理工程的动力学不能称为冶金反应动力学，但可称为冶金过程动力学。因之，"冶金过程动力学"是比"冶金反应动力学"更广泛的研究课题[16]。诸如：冶金熔体的自然对流及强制对流对传质的作用，冶金系统搅拌的作用，气泡、液滴及固体颗粒在熔体中运动的规律及其对传质和各种物质交换的影响，乳状液及泡沫渣生成机理及对传质的影响，喷射气流（包括加入的固体颗粒）与熔体间的作用，非金属夹杂物上浮规律及其影响因素，凝固过程中晶核成长动力学，凝固过程中冷却速度的影响，以及结合流体力学在不同温度研究温度、浓度及速度场的模型实验等。

化学反应工程学

化学反应工程学的定名始于 1957 年在荷兰首都召开的第一次欧洲化学反应工程会议[17-18]。载在各专门书籍中该学科的定义列举于后：

以化学反应器的成功设计及操作为目的的工业规模的化学反应的应用研究的工程学科（Levenspiel[19]）。

关于各种类型反应器的设计及最优化的学科（Roberts et al.[20]）。

确定生产化学产品的反应器的形状及尺寸，并对现有各种反应器的操作进行评价的学科（Cooper & Jeffrey[21]）。

将反应器内部发生的化学反应速度和热量、质量及动量等物理变化的速度分别按反应速度理论和传输现象理论进行分析的工程学科，其重要课题则为设计反应器，分析其特性，确定反应条件和控制反应过程（鞭岩、森山昭[22]）。

有关化学反应过程的设计及操作的工程学科（森山昭[23]）。

后来，化学反应工程学包括的内容为：（1）分析研究光化学反应动力学；（2）设计反应器；（3）求出最优化操作条件；（4）寻求自动控制的措施。

化学反应工程学的研究方法主要分下列步骤：

1. 化学反应动力学方程的建立。

对均相反应，通过实验室或小型装置的实验研究求出反应速度与浓度（对溶液则应用活度）的关系式，即所谓的内部反应速度式或内部动力学方程（infrincic rate equation）。对多相反应，结合传质、传热及动量传递现象进行分析，作出必要的假定，求出反应动力学方程（global 或 overall rate equation）。为便于计算，动力学方程内产物的浓度常以转化率代替。

2. 反应器的过程分析及数学模型的建立。

根据反应器内物料流动、混合、停留时间及分布状况等以及传热、传质及动量传输理论，利用物料衡算、热量衡算及动量衡算在一系列近似的假定下，对反应器内所发生的过程进行数学的描述，即列出一组或几组代数方程、微分方程、偏微分方程或差分方程。这些方程统称为数学模型。

3. 模拟反应器的数学实验。

按照数学模型在电子计算机上进行数值计算，或改变各种参数作模拟反应器（或实验装置）的"数学实验"（也称模拟实验）。用计算结果与中小型实验在相同条件下测得的结果核对，以验证数学模型建立得是否正确。如果不符，则需要重新调整数学模型或某些原始数据，直至理论模型与实验结果相符合为止。通过此数学模拟，可决定出反应器的尺寸及几何形状和求出产物能达到的转化率。

4. 最优化操作条件的研究。

在给定的原料、产品规格、设计决定的反应器尺寸及工艺条件等所谓限制性条件下，考虑到经济效益、安全生产、环境保护及劳动舒适等因素对工艺操作进行综合分析，运用最优化数学方法求出最优的操作条件。

5. 反应器的动态分析及自动控制。

研究反应器及整个过程受到外界条件波动或干扰时反应器的稳定性及操作控制的灵敏性，寻求效率高效果好的调节控制方法，以维持在给定条件下进行的检测和调节，建立自动控制。

进行上列研究需用大量参数的数据，例如物质的密度、热容、自由能、平衡常数、焓、反应速度常数、黏度、扩散系数、传质系数、热导率、传热系数等。有些数据可查自文献，有的则需要自行测定，例如某些反应的速度常数、一定流动条件下的传质系数、某些多孔物体的迷宫度等。

绝大多数的化学反应过程，通常只进行物料衡算及热量衡算，而动量衡算则应用得很少。物料流动的形式对好多参数如扩散系数、传质系数、传热系数、物料分布及停留时间等有显著影响。不可逆过程热力学的"熵平衡"则在化学反应工程学尚未见采用。

在计算机未被广泛应用之前，中间试验厂研究被誉为工业化生产的摇篮。当时一个产品制备的过程在工业化生产之前，必须经过一段中间试验厂的试验研究，求得必要的工艺参数，进行逐步放大，最后达到工业化生产。但有了计算机之后，运用数学实验模拟，可以不经过中间试验厂的过程开发及工程放大，即可得到设计反应器资料，直接建厂生产。这在一些现象比较明确的设备如固定床反应器、搅拌金属已有成功的实例[24]。

Levenspiel[19]一书是以《化学反应工程学》命名，但有化学反应工程学的内容而用其他命名的书籍很多。例如Smith[25]一书则以《化学工程动力学》命名，已发行到第三版。Hill[26]一书则称为《化学工程动力学及反应器设计》，Cooper及Jeffrey[21]一书则命名为《化学动力学及反应器设计》等。总之，化学反应工程学是一门涉及反应器设计的工程科学。

冶金反应工程学

将化学反应工程学的研究方法应用于冶金即形成冶金反应工程学。但在英美冶金界迄今尚未起用冶金反应工程学的名称，只于1972年，在日本鞭岩的《冶金反应工程学》一书问世[4]。在英美之所以尚未起用该命名的原因，即在于冶金反应工程学作为一学科尚很不成熟，尚难说已达到成立该学科的阶段。从上面化学反应工程学的简略叙述看出，化学反应工程学的特点是：（1）以反应动力学为基础；（2）利用数学实验，进行反应器设计并求得最优化操作及自动控制。而其关键在于反应器的设计。

从上面研究化学反应工程的五个步骤来看，第一步动力学方程式的建立属于冶金过程动力学的范畴，已做过不少工作。而第二到第五步，如果全面地加诸于冶金反应过程，便很难达到化学反应工程学能达到的要求。当然，对某些湿法冶金过程例如浸取，或某些火法冶金过程例如焙烧，可以利用化学反应工程学的方法对浸取釜或焙烧炉进行设计研究，但对绝大多数火法冶金过程，如高炉炼铁、转炉或电弧炉炼钢等，全盘采用化学反应工程学的数学模拟方法对冶金炉进行设计或进行过程分析，则为时尚早。此乃因：

1. 冶金过程所用原料比化工所用的原料既成分复杂而且又多种多样。化工合成制品所用的原料基本上是单一的较纯的化学物品。

2. 冶金产品绝大部分不是纯净的物质。钢铁、有色金属锭都含有杂质。在金属凝固过程中往往伴有化学反应发生，如 CO、CO_2 和 SO_2 气泡及非金属夹杂物的生成，又有晶体偏析、杂质偏析、相变过程等。这些都影响过程的分析，使其复杂化。

3. 炉型设计基本上依靠经验数据。欲扩大高炉产量，主要扩大其炉身各部分的直径，其高度受到焦炭强度的限制，不能任意加高。高炉炉身部分都按经验数据设计。对高炉只能作局部炉料的衡算，局部炉身的热量衡算，和上升气体局部的动量衡算。对转炉炉型，如高度与直径之比，基本上按经验数据放大决定。水力模型难以模拟高温的生产操作。

4. 高温测试手段颇不完备，所得信息既不稳定又欠准确，对复杂的多相反应难以进行准确的数学模拟。

纵然如此，冶金反应工程学在逐步发展中。特别是作为它的基础的冶金过程动力学的研究，近二十余年来非常活跃，研究成果也较显著。喷射冶金开始采用动量衡算以分析射入气流或颗粒的运动规律。以 Szekely 为首的学派大量研究不同流动场中流动速度、温度及浓度的分布规律。局部自动控制在不同的冶金过程和阶段已加以应用，例如高炉布料、转炉终点控制、连铸钢流在结晶器内流速及温度的自动控制等，对提高产品质量、降低产品成本等均收到显著的成效。

作为一门工程学，研究冶金反应工程学时必须考虑到工程学的意义。工程是利用先进技术改造自然、造福人民大众的事业，例如水利工程、铁道工程、市政工程等。另外，工程又是开发运用先进技术以取得最高经济效益的、生产设备或产品的事业。而工程学则是研究这些工程事业系统的科学。冶金过程动力学，和冶金反应工程学不同，是一门带有理科性质的应用基础科学，它可以从理论上研究某些不涉及反应器实际的反应动力学规律。但冶金反应工程学则属于工科性质的工程科学，它必须联系实际，联系生产，注重经济效益。所以进行冶金反应工程学的研究必须具有生产观点和经济观点，必须结合反应器研究其中发生的过程，提出数学模型进行数学实验。为此，我们必须熟悉冶金生产过程，进行合理分析，准确地用数学语言对冶金过程加以描述，求出答案，然后在生产实践或中大型实验中加以验证，反复修改模型以探明冶金过程的规律性，从而提出改进操作的措施，逐步做到最优化的自动控制。无目的的、空想不联系实际而又难以在实践中取得验证的数学模型是劳而无功的。

结束语

冶金过程动力学是冶金反应工程学的基础。建立数学模型开展数学实验是冶金反应工程学的关键。

必须熟悉冶金过程，根据生产实际，运用数学工具，建立冶金炉内各种反应过程的数学模型。进行数学模拟的实验。

无目的的不结合生产实际的数学模型是劳而无功的。

冶金反应工程学尚很不成熟，有待于创造性的开发。

参 考 文 献

[1] 盛利贞等（陈襄武等译）：钢铁冶金基础，冶金工业出版社，1980，P. 78 及 P. 106.

[2] J. Szekely & N. J. Themlis：Rate Phenomena in Process Metallurgy, Wiley-Interscience, New York, 1971.

[3] H. Y. Sohn & M. E. Wadsworth：Rate Processes of Extractive Metallurgy Plenum Press, New York, 1979.

[4] 鞭岩，森山昭（蔡志鹏，谢裕生译）：冶金反应工程学，科学出版社，1981，P. 1.

[5] 唐有祺：化学动力学和反应器原理，科学出版社，1974，P. 80.

[6] D. W. van Krevelen：Chemical Reaction Engineering, 1st European Symposium of Chemical Engineering, Pergamon 1957, P. 8；另见文献 [4]，P. 3.

[7] 文献 [5]，P. 43.

[8] K. J. Laidler：Reaction Kinetics, Pergamon, 1963, VolI, P. 163.

[9] 文献 [5]，P. 57；W. J. Moore：Physical Chemistry, Longman, London, 1976, P. 399.

[10] 文献 [8]，P. 43.

[11] 见文献 [8] P. 163.

[12] 韩其勇主编：冶金过程动力学，冶金工业出版社，1983，P. 152.

[13] C. Wagner：Kinetics Problems in steelmaking, Physical Chemistry of Steelmaking, M. I. T. Technology Press, 1958, P. 241.

[14] 魏季和及 A. Mitchell：冶金反应动力学学术讨论会论文集（下），中国金属学会冶金过程物理化学学术委员会冶金动力学小组，重庆，1981，P. 159.

[15] 魏季和及 A. Mitchell：见本论文集.

[16] W. Dahl, K. W. Lange & D. Papamantellos：Kinetik metallurgischer Vorgänge bei der Stahlherstellung, Verlag Stahleisen 1972.

[17] 李启兴，唐玉华等：化学反应工程学基础-数学模拟法，人民出版社，1981，P. 2.

[18] K. Rietema：Chemical Reaction Engimeering, Pergamon 1957；另见陈敏恒，翁元恒等：化学反应工程基本原理，化学工业出版社，1982，P. 1.

[19] O. Levenspiel：Chemical Reaction Engineering, Wiley & Sons, 2nd Ed. 1972 (1st Ed. 1962).

[20] F. Roberts, R. F. Taylor & T. R. Jenkins：High Temperature Chemical Reaction Engineering, Institution of Chemical Engineers, London, 1971.

[21] A. R. Cooper & G. V. Jeffreys：Chemical Kinetics and Reactor Design, Prentice-Hall, 1973, P. 1.

[22] 文献 [4]，P. 2.

[23] 森山昭：金属，47 No. 11 (1977) −48 No. 4 (1978).

[24] 文献 [17]，P. 6.

[25] J. M. Smith：Chemical Engineering Kinetics, McGraw Hill, 1st Ed. 1956, 2nd Ed. 1970, 3rd Ed. 1981.

[26] C. G. Hill：Chemical Engineering Kinetics and Reactor Design, Wiley & Sons, 1977.